U0275525

国家科学技术学术著作出版基金资助出版

现代化学专著系列·典藏版　24

毛细管电色谱理论基础

张维冰　著

科学出版社

北　京

内 容 简 介

毛细管电色谱作为一种新型微分离分析技术,其分离过程具有多种机理协同作用的特征,其理论研究也具有自身的特点,不仅要考虑系统的电属性,还需兼顾溶质的两相分配特征。本书在系统综述毛细管电色谱理论最新发展的同时,对分离过程中影响峰展宽的因素及规律加以探讨;以作者发展的弛豫理论和唯象的输运过程处理手段,系统地阐述了毛细管电色谱中存在的动力学和热力学问题;还采用这些理论分别就不同分离模式的选择性规律和柱内富集理论与技术、梯度洗脱中的溶质输运特征加以说明。

本书可作为从事色谱及毛细管电泳、电色谱理论及应用研究科技人员的参考书,也可供分析化学专业研究生参考。尤其对于采用电色谱进行分离分析方法建立的科技人员,能够在条件优化和方法选择等方面提供必要的理论指导。

图书在版编目(CIP)数据

现代化学专著系列：典藏版 / 江明，李静海，沈家骢，等编著. —北京：科学出版社，2017.1

ISBN 978-7-03-051504-9

Ⅰ.①现… Ⅱ.①江… ②李… ③沈… Ⅲ.①化学 Ⅳ.①O6

中国版本图书馆 CIP 数据核字(2017)第 013428 号

责任编辑：黄　海 / 责任校对：朱光光
责任印制：张　伟 / 封面设计：铭轩堂

科学出版社 出版
北京东黄城根北街 16 号
邮政编码：100717
http://www.sciencep.com
北京厚诚则铭印刷科技有限公司印刷
科学出版社发行　各地新华书店经销

*

2017 年 1 月第　一　版　开本：B5(720×1 000)
2017 年 1 月第一次印刷　印张：13 1/2
字数：252 000

定价：7980.00 元(全 45 册)

(如有印装质量问题，我社负责调换)

序

毛细管电色谱作为一种新型微分离技术，近年来得到迅猛发展，其应用领域日益拓宽，尤其在生物样品、天然产物分析等方面发挥了重要的作用。目前，毛细管电色谱主要侧重于应用研究，由于方法自身的完善和发展离不开理论的指导，理论研究与技术应用具有相辅相成的关系，因此，迫切需要一本能够从理论高度指导毛细管电色谱实践的著述。

张维冰博士自从来到我们研究组，一直致力于毛细管电色谱理论与方法学的研究，甘于淡泊，潜心治学。基于唯象的方法和弛豫理论的基本思想，系统发展了毛细管电色谱的基础理论，取得了丰硕的成果。自我在 2000 年将毛细管电色谱技术的发明者之一阎超博士作为中国科学院"百人计划"人才引入到研究组后，理论与实践携手，对于张维冰的理论研究也起到了一定的促进作用。

张维冰博士以其坚实的数学物理基础，对我们近年来在毛细管电色谱方面的相关研究工作加以梳理总结，撰写成这本专著，这是他对毛细管电色谱的一大贡献，希望能够促进和推动这一前沿技术的发展。本书的研究成果是一个良好的开端，可以预料，张维冰博士以持之以恒、锲而不舍的学风一定会以更加厚重的成果，为毛细管电色谱理论研究做出新的贡献。

遂君所请，与君共勉，言不尽意，是以为序。

2005.11 于大连

前　言

10 余年前，在我开始师从张玉奎院士时，先生给我的研究方向为"构建一套毛细管电色谱理论"。今天我将这份答卷递交给先生，也奉献给诸位读者，尽管可能不甚完美，但已尽我全力了。

从毛细管电色谱问世至今已有 20 年的历史，在理论研究、仪器开发和分析方法建立等方面都有了很大的发展。国际上，有几个研究小组一直致力于电色谱理论的研究工作，在一定程度上奠定了这种新型微分离技术逐渐趋于成熟的基础。在我们的研究中，发展了一整套系统的毛细管电色谱热力学和动力学研究方法。通过将连续的溶质输运过程进行非连续化处理，建立了毛细管电色谱动力学研究的基本框架。本书主要以这种理论作为主线，也结合唯象的处理方法，使得大多数试验现象可以得到合理的解释。本书包括 6 章内容，首先对毛细管电色谱理论的研究成果加以系统综述，说明这种新型微分离技术的能力和应用潜力。从第二章开始分别从影响电色谱分离效率的因素分析、电色谱分离机理、动力学输运过程以及在线富集理论和梯度洗脱过程中溶质的输运过程等方面在理论上加以全面阐述。书中的部分公式由中国科学院大连化学物理研究所生物样品高效分离与表征课题组检验和实验验证，书中包括作者本人、张丽华、平贵臣、尤慧艳和陈国防博士，以及姬磊、张凌怡的研究工作。

这里我首先要感谢导师张玉奎院士的指导与鞭策，给我智慧，催我上进。也要感谢恩师史景江教授，是他将我引进分离科学之门，令人遗憾的是，由于他最近仙去，没能看到本书的出版。特别感谢戴朝政教授、邹汉法教授、许国旺教授给予我的指导。感谢李彤、汪海林、刘震、李瑞江、张丽华、阎超以及张庆合、单亦初等诸位博士在模型建立及其完善过程中与我进行的有益讨论。感谢Andreas Seidel-Morgenstern 教授给了我在德国进行访问和交流的机会，使我可以接触到更多的资料，也有足够的时间对前期工作加以整理和补充。

国家科学技术学术著作出版基金资助本书出版，国家自然科学基金项目"多维分离系统的输运特征与正交性研究"（20375040）资助本研究工作，在此向一贯支持与帮助我们工作的国家科技部、国家自然科学基金委员会和科学出版社同仁表示衷心的感谢！

理论研究是很枯燥乏味的，没有妻子郑彦的支持和鼓励，将不可能有本书的问世。这里，我要把本书献给她，也献给所有支持、帮助我取得不断进步的人们，更要献给同行专家和广大的读者，希望得到他们的批评和指正，以使毛细管电色谱理论更加完善，应用于更多的领域，贡献社会。

张维冰

2005 年 6 月于 Magdeburg

常用符号表

a	常数	K^l	电解质溶液的电导
A	塔板高度方程系数	l	长度
A_s	峰对称度	l_{inj}	进样区带长度
b	常数	L	柱长
B	塔板高度方程系数	m	计数，无量纲柱长
C	浓度，塔板高度方程系数	m_0	无量纲进样区带长度
$C(0)$	样品浓度	M	进样质量
C_m	流动相传质阻力系数	n	计数
C_s	固定相传质阻力系数	N	塔板数
d_0	毛细管柱外径	N_0	阿伏伽德罗常数
d_c	毛细管柱内径	q	热量
d_f	固定相液膜厚度	Q	带电粒子的有效电荷
d_p	颗粒直径	r_0	毛细管内半径
D	扩散系数	r_p	粒子的表观流体动力学半径
D_m	溶质在流动相中的扩散系数	s	本征值，Laplace 参量
D_r	径向扩散系数	t	时间
D_s	溶质在固定相中的扩散系数	t_0	死时间
e	电子的电量	t_{inj}	进样时间
E	电场强度	t_m	溶质的保留时间
f	摩擦系数	T	热力学温度
F	力	u	速度
h	峰高	u_{eo}	电渗流速度
i	计数	u_{ep}	电泳迁移速度
H	塔板高度	u_+	正向迁移速率
I	离子强度	u_-	反向迁移速率
j	计数	$\bar{u}$	平均速度
k	分配系数	V	体积
k'	溶质的容量因子	V_0	柱死体积
k_B	玻耳兹曼常数	V_c	填充床的总体积
K^σ	表面电导	V_f	颗粒间空隙的体积

$W_{1/2}$	半峰宽	Ω	色谱柱结构参数
z	离子所带的电荷数	ϕ	体积比
α_T	黏度温度系数	φ	静电势
β	相比	φ_0	毛细管壁处的电势
δ	双电层厚度（Debye 长度）	κ	双电层参数
$\mathcal{D}_u$	Dukhin 数	κ_d	脱附速率常数
σ	固体表面电荷密度	κ_i	色谱柱结构参数
σ^*	填充床柱的电导率	κ_w	管壁的热导率
σ_b	空心柱中的电导率	γ	色谱柱结构参数
ε	溶液的介电常数	γ_1	流出曲线一阶原点矩
ε_0	真空中的介电常数	ϑ	富集倍数
ε_{inter}	颗粒内部孔隙率	θ	曲折因子
ε_P	颗粒间孔隙率	τ	时间积分产量
ε_r	相对介电常数	μ_2	流出曲线二阶中心矩
ε_T	总孔隙率	μ_3	流出曲线三阶中心矩
λ	摩尔电导率	μ_{eo}	电渗流淌度
λ_c	热传导率	μ_{ep}	电泳迁移淌度
λ_i	摩尔电导	ω	色谱柱结构参数
η	介质黏度	ζ	Zeta 电势

目 录

第一章　毛细管电色谱柱中的电动现象

Jorgenson 等[1]于 1981 年首次报道采用毛细管电色谱（CEC）进行多环芳烃分离的研究标志着现代电色谱的开端。在此后的 20 余年间，毛细管电色谱作为一种微分离技术，在基础理论、仪器研发和应用等方面皆取得了长足的进步[2~4]。近年来，生命科学、环境科学等领域的快速发展，为毛细管电色谱方法提供了更为广阔的应用空间，也预示着这种高效分离分析方法将能够发挥更大的作用。

毛细管电色谱借鉴了毛细管区带电泳和高效液相色谱的基本原理，在分离效能和选择性调节等方面均具有更大的优势。毛细管电色谱以电渗流替代压力降作为流动相的驱动力，有效地改善了流动相流型，使分离柱效提高。而由于电压的施加，也使得流动相及溶质在柱内输运过程的特征发生变化。在电色谱柱内发生的电动现象是分离的基础，研究其本源和变化规律对于毛细管电色谱方法发展具有重要意义。

§1.1　双电层理论

电动现象包括电泳（electrophoresis），电渗（electroosmosis），沉降电位（sedimentation potential）和流动电位（streaming potential）等多种形式，而这些电动现象都与固液相界面形成的双电层密切相关。由于双电层的性质确定了电动现象的发生和特征，这里首先对双电层理论加以系统阐述。

§1.1.1　双电层的形成

当固体和极性液体接触时，固体表面通过离解、特异性吸附等方式而带电。带电的固体表面将影响液体中界面附近离子的分布。反离子（counter-ions）通过静电作用被吸引到固体表面附近，而同离子（co-ions）则被排斥出固体表面区域。同时，在熵增加原理的作用下，离子处于不停地无规则热运动中，吸引和排斥的静电相互作用机理和杂乱的热运动相结合最终导致在固相表面形成如图 1-1 所示的双电层结构[5]。

按照近代双电层模型[6~9]，双电层溶液由两层组成。靠近固体表面的第一层为 Stern 层（也叫做 Helmholtz 层或紧密层）。Stern[10]曾指出在紧密层内除了存在离子间静电作用外，还存在特异性化学吸附作用。在 Stern 层中与固体表面接触的特异性吸附离子的溶剂化层被部分破坏，其外面主要是靠静电力吸附的水合反离子，

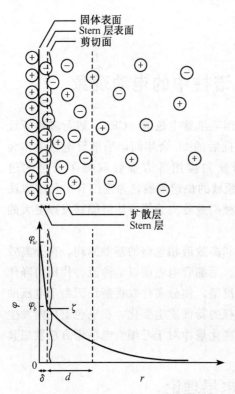

图 1-1　双电层的结构与界面附近的静电势

而在固体表面以吸附状态存在的离子基本上固定不动，不参与电动现象。图 1-1 中给出了表面附近静电势的变化趋势。如图 1-1 所示，通过水合离子中心联线构成的面为 Stern 面。靠近 Stern 层的第二层为扩散层，或叫做 Gouy-Chapman 层。这一层中包含除 Stern 层以外的与固体表面对应的剩余反离子，其电荷密度随着远离表面而逐渐与本底溶液接近。由于扩散层中离子与本底溶液中离子的频繁交换，以致不能够将两者严格区分开来。在扩散层一侧紧靠 Stern 层的剪切面上的电势被称之为 Zeta 电势或 ζ 势。ζ 势一般在 10～100mV 的数量级。

§1.1.2　扩散双电层中离子的分布

　　根据 Gouy-Chapman 理论[6,7]，与固体表面电荷相反的离子以一定的浓度梯度分散在固体周围，直至与本底溶液浓度相同。静电吸引作用使得离子的分布趋于有序化；而熵增加作用使得离子分布趋于随机化。两种作用的综合结果导致正、负离子在固体表面附近的分布满足 Boltzmann 分布的形式。

　　在静电势为 φ 的点，对应的离子浓度为

$$C_+ = C_{+,0} \exp\left(-\frac{ez_+ \varphi}{k_B T}\right) \qquad (1\text{-}1)$$

$$C_- = C_{-,0} \exp\left(-\frac{ez_- \varphi}{k_B T}\right) \qquad (1\text{-}2)$$

式中：C_+、C_- 分别为正、负离子的局部物质的量浓度；$C_{+,0}$、$C_{-,0}$ 分别为正、负离子在本底电解质中的物质的量浓度；z_+、z_- 分别为正、负离子所带的电荷数；e 为电子电量；k_B 为玻耳兹曼常数；T 为热力学温度。

　　由于电荷分布的不均匀性，导致空间电荷密度随位置的不同而变化。在局部浓度分别为 C_+、C_- 的位置，空间电荷密度

$$\rho_{cd} = N_0 e(z_+ C_+ + z_- C_-) \qquad (1\text{-}3)$$

式中：N_0 为阿伏伽德罗常数。

　　结合式 (1-1)～式 (1-3)，有

$$\rho_{cd} = N_0 e \left[z_+ \, C_{+,0} \exp\left(-\frac{e z_+ \, \varphi}{k_B T}\right) + z_- \, C_{-,0} \exp\left(-\frac{e z_- \, \varphi}{k_B T}\right) \right] \tag{1-4}$$

如果本底电解质的浓度为 C_0，对于对称的电解质，$z_+ = z_- = z$，$C_{+,0} = C_{-,0} = C_0$，式（1-4）可以改写成

$$\rho_{cd} = -2 N_0 e z C_0 \sinh\left(\frac{e z \varphi}{k_B T}\right) \tag{1-5}$$

式（1-5）说明在固体表面附近的空间电荷密度随电势 φ 呈指数降低。

§1.1.3 扩散双电层中的静电势分布

假设电解质溶液的介电常数与空间位置和浓度无关，这样极化作用和电致伸缩作用可以忽略不计。对于开管毛细管柱内表面与其中的流动相所构成的体系，电荷的空间分布与表面所形成的电场之间的关系可以采用 Poisson 方程描述

$$\varepsilon_r \varepsilon_0 \, \nabla^2 \varphi = -\rho_{cd} \tag{1-6}$$

式中：ε_0、ε_r 分别为真空的介电常数和溶液的相对介电常数。

对于对称电解质，结合式（1-5）与式（1-6），并注意到扩散双电层只沿径向变化，可以得到

$$\frac{d^2 \varphi}{dr^2} + \frac{1}{r} \cdot \frac{d\varphi}{dr} = \kappa^2 \sinh\left(\frac{e z \varphi}{k_B T}\right) \tag{1-7}$$

式中

$$\kappa = 1/\delta = \left(\frac{8\pi N_0 e^2}{\varepsilon k_B T}\right)^{1/2} \tag{1-8}$$

δ 为双电层厚度（Debye 长度）；ε 为溶液的介电常数，$\varepsilon_r \varepsilon_0 = \varepsilon/4\pi$。

式（1-7）为经典的 Poisson-Boltzmann 表达式，可以表述静电势在双电层中的径向分布规律。

在毛细管中心处，有

$$\left.\frac{d\varphi}{dr}\right|_{r=0} = 0 \tag{1-9}$$

而在毛细管内壁表面

$$\left.\frac{d\varphi}{dr}\right|_{r=r_0} = -\frac{\sigma}{\varepsilon_0 \varepsilon_r} \tag{1-10}$$

式中：r_0 为毛细管半径；σ 为固体表面电荷密度。注意到，在毛细管壁处的电势为 φ_0，因此，边界条件式（1-10）也可以被替换为

$$\varphi \big|_{r=r_0} = \varphi_0 \tag{1-11}$$

图 1-2 为以式（1-9）和式（1-10）［或式（1-11）］为边界条件，求解式（1-8）得到的不同条件下电势沿柱管径向分布的理论结果。可以看出，随着表面

电荷密度的加大，或 φ_0 的增加，双电层的厚度被压缩，沿径向的电势分布逐渐变陡。

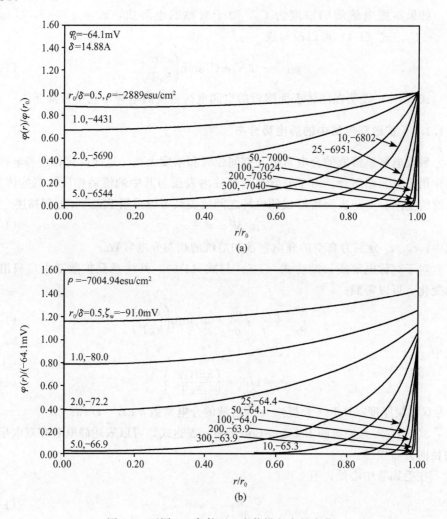

图 1-2　不同 κr_0 条件下，电势沿径向的变化

电解质溶液：80% 乙腈－20% 25mmol/L Tris-HCl，pH 8.0；场强：60kV/m。

(a) $\varphi_0 = -64.1$mV，采用边界条件式（1-11）；(b) $\rho = -7004.94$esu/cm²，采用边界条件式（1-10）

§1.1.4　表面电荷密度与固体表面静电势

根据式（1-5），表面电荷密度 σ 与表面静电势 φ_0 的关系为

$$\sigma = -2N_0 ez C_0 \sinh\left(\frac{ez\varphi_0}{k_B T}\right) \tag{1-12}$$

Hückel 认为 $\varphi_0 \leqslant 25\text{mV}$ 时，可以对式 (1-12) 取一级近似，这样

$$\sigma = \varepsilon_r \varepsilon_0 \kappa \varphi_0 \tag{1-13}$$

此时，Poisson-Boltzmann 方程被简化为

$$\frac{\mathrm{d}^2 \varphi}{\mathrm{d}r^2} + \frac{1}{r} \cdot \frac{\mathrm{d}\varphi}{\mathrm{d}r} = \kappa^2 \varphi \tag{1-14}$$

式 (1-14) 为 Bessel 方程的形式，在式 (1-9) 和式 (1-10) 的边界条件下，其解的形式为

$$\varphi = \varphi_0 \cdot \frac{I_0(\kappa r)}{I_0(\kappa r_0)} \tag{1-15}$$

式中：$I_0(r)$ 为零阶第一类虚宗量 Bessel 函数。

§1.2 带电粒子的电泳迁移

电泳指荷电粒子在外加电场作用下产生的泳动现象。离子在溶液中的迁移过程，不仅与自身质量及所带的电荷有关，也与外加电场和其所处的化学氛围有关。毛细管区带电泳中，带电溶质根据荷质比的不同实现分离；在毛细管电色谱中，带电溶质的电泳迁移对于分离选择性的调节也有显著影响。根据连续介质的电动力学原理[11]，从带电粒子的受力分析出发，可以说明各种因素对电泳迁移速率的影响规律。

§1.2.1 电场中带电粒子的受力特征

连续介质中带电粒子的受力可以分为四种[11]：

1. **电场力 F_1**

电场力正比于带电粒子的有效电荷 ez 和电场强度 E

$$F_1 = ez \cdot E \tag{1-16}$$

2. **黏滞阻力 F_2**

黏滞阻力源于带电粒子与其周围介质的摩擦作用，正比于粒子的运动速度 u

$$F_2 = f \cdot u \tag{1-17}$$

式中：f 为摩擦系数，与粒子的大小和形状有关。

对于球形颗粒，根据 Stokes 定律，有

$$f = 6\pi\eta \cdot r_p \tag{1-18}$$

式中：η 为介质黏度；r_p 为粒子的表观流体动力学半径。

3. **电泳延迟力 F_3**

电泳延迟力为反离子对中心粒子迁移的阻滞力，与双电层的组成、离子湍度等因素有关。电泳延迟力的表达式较为复杂，由于其与 F_1 和 F_2 相比，相对较

小，一般可以忽略。

4. 极化力 F_4

在外电场作用下，带电粒子的电荷中心和其周围反离子集合的电荷中心一般不重合，因此产生诱导偶极矩。极化的场强与外加场强方向相反，粒子的运动将受到附加电场的阻力作用。

通常情况下，$F_4 < F_3$。对于特殊的体系，F_4 可能很大，甚至使粒子运动淌度减小 $10\% \sim 50\%$，此时 F_4 将不能被忽略。F_4 和 F_3 具有一定的耦合作用，彼此依赖，不能简单相加。

§1.2.2　Hückel-Onsager 定律

当带电粒子周围双电层厚度 δ 远大于其半径 r_p 时，$\kappa r_p \ll 1$。粒子本身的电荷密度相对很小，外加电场强度几乎不会引起颗粒周围的液体运动。此外，由于双电层较厚，带电粒子不会引起外加场强方向的变化。如图 1-3（a）所示，双电层中大多数离子在微扭曲的场强作用下运动。

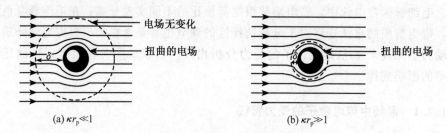

(a) $\kappa r_p \ll 1$　　　　　　　　　　　　　　(b) $\kappa r_p \gg 1$

图 1-3　带电粒子周围电场的扭曲

（a）双电层较厚，粒子周围的电场几乎不变；（b）双电层较薄，粒子周围的电场被扭曲

由于粒子周围的电场几乎不被粒子所影响，因此可以忽略 F_3 和 F_4 的作用，认为粒子只受到 F_1 和 F_2 两种力的影响。稳态情况下，粒子在电场中恒速运动，合力为零，此时

$$F_1 = F_2 \tag{1-19}$$

结合式（1-16）～式（1-18），可以得到

$$u_{ep} = \frac{ez}{6\pi\eta r_p} E_\infty \tag{1-20}$$

式中：E_∞ 为远离粒子处的电场强度；u_{ep} 为粒子的电泳迁移速度。

由于 $\kappa r_p \ll 1$，因此可用颗粒表面电势 φ_0 替代 ζ 势，得到

$$\zeta = \varphi_0 = \frac{1}{4\pi\varepsilon_0\varepsilon_r} \cdot \frac{ez}{r_p} \tag{1-21}$$

结合式（1-20）和式（1-21），带电粒子的电泳迁移淌度表达式为

$$\mu_{ep} = \frac{2}{3} \frac{\varepsilon_0 \varepsilon_r \zeta}{\eta} \qquad (1-22)$$

§ 1.2.3　Helmholtz-Smoluchowski 定律

这里考虑另外一种极端的情况，如图 1-3（b）所示，双电层的厚度远小于带电粒子的半径，即 $\kappa r_p \gg 1$。此时，双电层中将失去电中性，外加电场可以引起粒子周围带电液体的运动。这样，带电粒子不仅受到电场力和黏滞阻力的作用，电泳延迟力的作用也不能忽视。

带电粒子使其附近的外加电场被扭曲变形。在以粒子中心为原点的极坐标系中，作用于运动粒子的外加电势为[12,13]

$$\varphi(r) = -E_\infty r\cos\theta_a - \frac{E_\infty r_p^3}{2r^2}\cos\theta_a \qquad (1-23)$$

式中：θ_a 为扭曲角度。

假设带电粒子为电荷只存在于表面的刚性非导电体，且表面电导率可忽略不计。如果表面电势保持一致，而粒子周围电解质溶液的介电常数和黏度也保持不变，Helmholtz[14]得到粒子电泳淌度的表达式为

$$\mu_{ep} = \frac{\varepsilon_0 \zeta}{\eta} \qquad (1-24)$$

Smoluchowski[15]在式（1-24）的基础上，综合考虑电解质溶液中介电常数的作用，得到

$$\mu_{ep} = \frac{\varepsilon_0 \varepsilon_r \zeta}{\eta} \qquad (1-25)$$

比较式（1-22）与式（1-25），两者具有相同的形式。

§ 1.2.4　Henry 定律

在较小的 ζ 势条件下，Henry[16]研究任意双电层厚度时球形颗粒的电泳淌度，得到的理论表达式为

$$\mu_{ep} = \frac{2}{3} \frac{\varepsilon_0 \varepsilon_r \zeta}{\eta} f(\kappa r_p) \qquad (1-26)$$

式中

$$f(\kappa r_p) = 1 + \frac{(\kappa r_p)^2}{16} - 5\frac{(\kappa r_p)^3}{48} + \cdots \qquad (1-27)$$

在 κr_p 很大或很小时，式（1-26）可以还原为式（1-25）的形式。通常情况下，对于带电粒子电泳行为的研究可以采用式（1-27）的零级或一级近似结果。

§1.2.5　弛豫效应

ζ 势较大时，带电粒子周围的电场将偏离图 1-4（a）所示的对称形式。由于极化作用，非平衡的电势分布不再是外加电势和双电层电势的简单加和，如图 1-4 所示，双电层将出现扭曲。

(a)　　　　　　　　　　　　　　　　　(b)

图 1-4　带电粒子在电解质溶液中的电泳弛豫作用
(a) 较低 ζ 势下的球型对称双电层结构；
(b) 较高 ζ 势下，双电层偏离球型对称结构，发生扭曲

在带电粒子的运动过程中，其周围形成非对称双电层将需要一定的时间，即产生所谓"弛豫效应"。由于静电吸引作用，反离子靠近中心粒子时，速度加快；而当其离开时，速度减慢。离带电粒子较远的反离子运动速度恒定不变。这种效应使得反离子在离开中心粒子时要花更长的时间，结果导致双电层的极化，形成不对称的双电层结构。

极化作用和随之产生的液体运动对粒子的电泳迁移产生阻滞作用，导致其电泳淌度与 ζ 势的关系并非单调。在一特定的 ζ 势下将出现电泳淌度的极大值。

Overbeek[17] 和 Booth[18] 已经推导出在任意 ζ 势值下的电泳淌度理论表达式；Wiersema 等[19] 和 O'Brien[20] 采用计算机数值解的方法对带电粒子的电泳淌度加以研究。Dukhin[21] 在考虑到存在表面电导作用的情况下也得到了电泳淌度的理论表达式。Ohshima 等[22] 基于对离子化学势的探讨，得到比较精确，但非常复杂的电泳淌度理论表达式。在 $\kappa r_p \geqslant 10$ 范围内，相对误差仅为 1%。由于毛细管电色谱中通常只涉及电泳迁移的宏观属性，因此，这里将不对连续介质中的电动力学性质作更详细的探讨。

§1.2.6　表面电导

表面电导是由于双电层的存在，带电粒子表面过剩的离子在外电场作用下运动而产生的电动现象。表面电导 K^σ 包括紧密层中反离子的电导 $K^{\sigma,i}$、扩散层中

电荷（包括正反离子）的贡献 $K_m^{\sigma,d}$ 和电渗流的贡献 $K_{eo}^{\sigma,d}$ 三部分

$$K^\sigma = K^{\sigma,i} + K_m^{\sigma,d} + K_{eo}^{\sigma,d} \qquad (1\text{-}28)$$

表面电导对外加场强影响的程度取决于 Dukhin 数 （D_u），D_u 的定义为[11,23]

$$D_u = K^\sigma/(r_p K^l) \qquad (1\text{-}29)$$

式中：K^l 为电解质溶液的电导。

图 1-5 给出了非导电体粒子在不同 D_u 数下对外加场强影响的结果。在低 D_u 数下，表面电导的影响可以忽略不计，但是在高 D_u 数下，较强的表面电导收缩粒子附近的电力线，从而阻滞颗粒的电泳运动。

D_u 值的范围可以为 $-\infty \sim +\infty$，但实际上通常为 $10^{-2} \sim 10^2$。D_u 取决于 ζ 势和双电层厚度。ζ 越大，D_u 也越大；但是 D_u 随着 κr_p 的增大而减小。

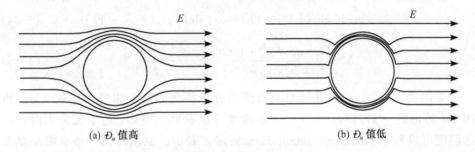

(a) D_u 值高　　　　　　　　　(b) D_u 值低

图 1-5　带电粒子表面电导对外加电场的影响

§1.2.7　浓悬浮液中胶体粒子的电泳

对于浓悬浮液中胶体粒子的电泳行为，可以采用图 1-6 所示"细胞"模型（cell model）加以研究。半径为 r_p 的每个颗粒被同心的电解质溶液外壳所包围，外壳半径为 r_b。每个细胞单元中颗粒对溶液的体积比恰好等于整个系统中颗粒体积占有的百分比，即 $\phi=(r_p/r_b)^3$，细胞单元外表面不存在涡流现象。

基于"细胞"模型，Levine 等[24]得到了适应于低 ζ 势的胶体颗粒电泳淌度表达式。Davis 等[25,26]也在忽略双电层重叠的情况下，发展了适用于浓缩悬浮液和多孔颗粒的电动力学通用理论，这些

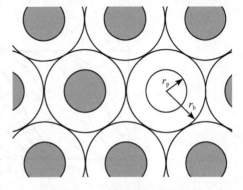

图 1-6　浓悬浮液中的
胶体粒子的"细胞"模型

表达式中由于包含有数值积分，应用不很便捷。Ohshima[27] 对 Davis 等[25,26] 的表达式加以适当简化，得到适用于较低 ζ 势的胶体粒子电泳淌度表达式

$$\mu_e = \frac{\varepsilon_0 \varepsilon_r \zeta}{\eta} f(\kappa r_p, \phi) \tag{1-30}$$

式中

$$f(\kappa r_p, \phi) = \frac{2}{3}\left[1 + \frac{1}{2[1 + 2.5/\kappa r_p(1 + 2e^{-\kappa r_p})]^3}\right] M_1 + M_2 \tag{1-31}$$

$$M_1 = 1 - \frac{3}{(\kappa r_p)^2} \frac{\phi}{1-\phi}[1 + a(\kappa r_p)] - \frac{(\kappa r_p)^2}{3b(1-\phi)}\left[\phi^{1/3} + \frac{1}{\phi^{2/3}} - \frac{9}{5\phi^{1/3}} - \frac{\phi^{4/3}}{5}\right]$$
$$\tag{1-32}$$

$$M_2 = \frac{1 + \phi/2}{1 - \phi} \cdot \frac{2(\kappa r_p)^2}{9b}\left[\phi^{1/3} + \frac{1}{\phi^{2/3}} - \frac{9}{5\phi^{1/3}} - \frac{\phi^{4/3}}{5}\right] \tag{1-33}$$

$$a = \cosh[\kappa r_p(\phi^{-1/3} - 1)] - \frac{\phi^{1/3}}{\kappa r_p}\sinh[\kappa r_p(\phi^{-1/3} - 1)] \tag{1-34}$$

$$b = \frac{1 - \kappa r_p \phi^{-1/3} \cdot \tanh[\kappa r_p(\phi^{-1/3} - 1)]}{\tanh[\kappa r_p(\phi^{-1/3} - 1)] - \kappa r_p \phi^{-1/3}} \tag{1-35}$$

采用式（1-30）的计算结果与数值积分所得到的结果相对偏差仅 4%。由图 1-7 给出的 $f(\kappa r_p, \phi)$ 与 κr_p 关系曲线可以看出，当 κr_p 趋于无穷大时，电泳淌度可以采用 Helmholtz-Smoluchowski 定律表示。也就是说，当双电层厚度很小时，浓缩悬浮液中胶体颗粒的电泳淌度与颗粒体积百分比 ϕ 无关。随着 κr_p 减小，以及 ϕ 的增加（孔隙率减小），电泳淌度由于颗粒间相互作用而显著减小。

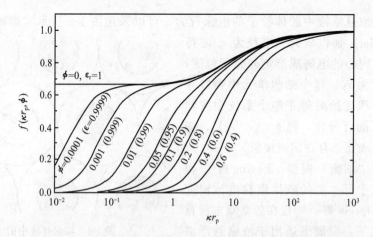

图 1-7　浓悬浮液中的胶体粒子的 $f(\kappa r_p, \phi)$ 与 κr_p 的关系

§1.3　毛细管柱中的电渗现象

电渗是在外电场作用下，带电固体附近的电解质溶液相对于固体表面运动的现象。由于固体表面带有电荷，并在与其接触的电解质溶液中产生双电层。电渗是由于扩散层中反离子在外电场作用下迁移，也携带着本底溶液一起运动的结果。几乎所有的电渗流理论研究皆基于 von Smoluchowski 的经典理论。在不同的系统中，根据考虑因素的侧重点不同，可以得出不同的结果。

在毛细管电色谱中，电渗流作为流动相的驱动力，直接影响到分析速度和分离效果。对于开管柱电色谱过程，电渗流的产生主要取决于毛细管内表面的双电层性质。而填充柱的电色谱过程，电渗流的产生主要靠固定相颗粒表面形成的双电层。此外，采用无孔、有孔或大孔固定相颗粒时，电渗流的产生机制和变化规律也有所不同。Liapis 等[28]对电色谱中电渗流的理论模型进行了系统的综述。

§1.3.1　电色谱填充柱的结构

大多数实验研究在开管柱或硅胶基质的键合相、连续床层柱中完成。常用的填充电色谱柱可分为连续床层柱和固定相颗粒填充柱两种。连续床层柱中固定相为一整体，可以采用烧结、在柱内原位合成等方法制备[1]。固定相颗粒填充柱中采用与液相色谱类似的颗粒型固定相。为了阻挡固定相颗粒，避免其流出色谱柱，需要在填充段两端分别烧制进口和出口塞，其结构如图 1-8 所示。检测窗口按柱上（on-column）和柱内（in-column）检测分别位于开管段和填充段。为了减少柱外效应[1]的影响，柱上检测窗口常开在紧靠出口塞的位置。

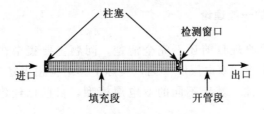

图 1-8　填充毛细管电色谱柱的结构

填充柱中，电渗流可以在毛细管壁及固定相表面产生。与毛细管内表面相比，由于固定相表面有较多的可电离基团和非常大的比表面积，因此，可以将填充柱看成是球形颗粒的列阵，电渗流起源于颗粒之间的通道。通道直径一般为颗粒直径的 1/5～1/4。

在理论研究中，常将毛细管电色谱柱中的填充床描述成图 1-9 的理想结构。图 1-9（a）为一束平行微管，类似于硬纤维的集束，这种情况下柱内通道均一，可以产生楔形流型的电渗流，理论处理也非常方便，但是几乎不可能实际制备出这种结构的色谱柱。图 1-9（c）为填充良好的颗粒填充床的情况，由于通道弯曲，导致电渗流速度较空管的情况更慢一些。图 1-9（b）是连续床层柱中的情况，与一般填充床相比，这种结构中通道的弯曲程度降低，性能优于图 1-9（c）。在一般的电色谱理论研究中，可以将图 1-9（b）、1-9（c）的结构转换成图 1-9（a）结构的模型，简化处理过程。

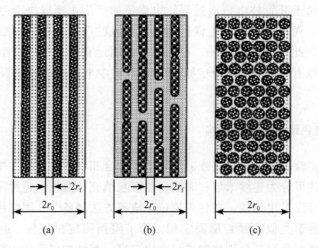

图 1-9　三种理想的填充床结构

r_0：毛细管半径；r_f：通道半径

§1.3.2　电渗流的一般理论

电渗流产生的原理目前还不完全清楚，问题主要集中在对于双电层的描述。虽然传统上使用"双电层"一词，实际上其结构相当复杂，可能包含三层或更多层。尽管如此，基于不同的双电层模型，目前已经建立了多种电渗流理论。

1. von Smoluchowski 模型

von Smoluchowski 模型[29]建立在平板表面形成的电荷分布均一扩散双电层的基础上。与式（1-24）的推导类似，对于平板表面的电渗驱动黏性流动，如果认为电场力和黏滞阻力二种力达成平衡，可以得到电渗流速度的理论表达式

$$u_{eo} = -\frac{\varepsilon_0 \varepsilon_r \zeta E}{\eta} \tag{1-36}$$

对于图 1-9（c）所示的多孔颗粒床，如果将"塞子型"的电渗流看作为图 1-9（a）所示的情况，也可将 von Smoluchowski 模型用于多孔颗粒床层的电渗流研究。

2. Overbeek 模型

Overbeek 模型[30~32]基于 von Smoluchowski 模型，并且假设填充床中的带电颗粒为非导电体，表面 ζ 电势一定。在无限长柱管中，认为边壁效应对于多孔介质起主要作用。如果双电层厚度与颗粒间隙的孔半径相比可忽略不计，而电场强度较低，双电层不被极化，那么平均电渗流速度可以表示为

$$\langle u \rangle = \frac{1}{V_T} \int_{V_f} u \mathrm{d}V_T = -\frac{\epsilon_r \epsilon_0 \zeta_P}{\eta V_T} \int_{V_f} E \mathrm{d}V_T \tag{1-37}$$

式中：V_T 和 V_f 分别为填充床的总体积和颗粒间空隙的体积。

由图 1-8 的电色谱柱结构，如果填充床和开管中的摩尔电导率分别为 σ_p 和 σ_b，根据串联电路中电流的特征，有

$$\sigma_p E = \frac{\sigma_b}{V_T} \int_{V_f} E \mathrm{d}V_T \tag{1-38}$$

结合式（1-37）和式（1-38），可以得到平均电渗流速度的表达式

$$u_{eo} = -\frac{\epsilon_0 \epsilon_r \zeta_p E}{\eta} \left(\frac{\sigma_p}{\sigma_b} \right) \tag{1-39}$$

式（1-39）适用于任意形状的多孔和无孔颗粒床层。

3. Dukhin 模型

采用离子交换固定相进行的实验研究中，如果施加的电压较高，常产生比传统方法至少高一个数量级的电渗流速度。Dukhin 等[33,34]认为当填充床颗粒的电导率高于电解质溶液的电导率时，在高电场作用下，带电固定相颗粒表面的双电层将被极化，使电渗流速度与施加的电场强度之间的关系偏离线性，从而产生较大的电渗流速度。

如图 1-10 所示，由于填充床颗粒的电导率高于电解质溶液的电导率，其周围的电力线向表面收缩，外加电场分解为切向和法向两个分量。两个不同方向分量的综合作用导致在颗粒邻近的溶液中产生"诱导本底电荷"。颗粒外部的电解质溶液由远到近可以分为四层，即本底溶液，电中性扩散层，诱导本底电荷层

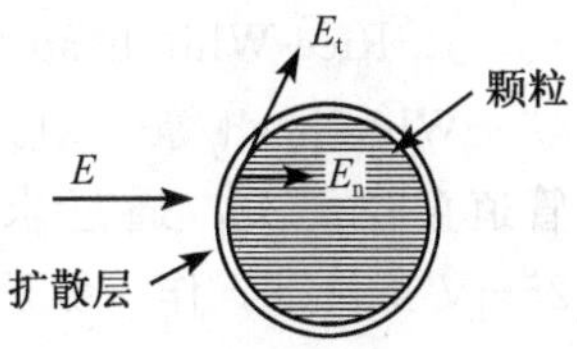

图 1-10 颗粒表面电场的分解

和双电层。在很高的外电场作用下，本底电荷层尽管较颗粒直径而言很薄，但仍要比双电层和扩散层厚得多。

Dukhin 模型的一个显著特征是在高场强下导电的颗粒周围可以产生"电渗涡动"(electroosmotic whirlwind),并导致宏观电渗流的增加(见图 1-11)。由于诱导本底电荷层的存在,颗粒表面的 ζ 势也与一般情况下有所不同,在式(1-39)中采用表观 ζ 势 ζ_p^+ 替代 ζ_p,可以得到

$$u_{eo} = -\frac{\varepsilon_0 \varepsilon_r E}{\eta} \zeta_p^+ \left(\frac{\sigma_p}{\sigma_b}\right) \tag{1-40}$$

注意到,只有当填料颗粒的电导率大于流动相的电导率,且在施加很高电场的情况下,这种特殊的电渗流增加效应才可能发生。在一般情况下,随着固定相颗粒电导率的增加,电渗流也相应增加;但当电导率增加到一定值时,电渗流将不再继续增加,而是保持不变。

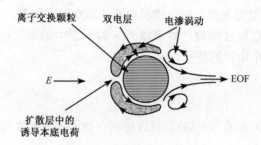

图 1-11　颗粒表面的流型变化

§1.3.3　电色谱中的电渗流模型

由于电色谱柱中复杂的微观结构,理论上精确地计算电渗流速度是一项复杂而又艰巨的工作。在简化的理论研究中(例如,Rice-Whitehead 模型和 Grossman-Probstein 模型),一般将填充柱看作具有图 1-9(a)结构的一束相同内径的平行微管,每根微管的电动行为与开管柱中进行的区带电泳类似,而得到的理论结果通常能够用于定性描述电色谱中的电渗流产生机制和变化规律。

1. Rice-Whitehead 模型

Whitehead 等[35]对开管毛细管柱中的电渗流行为加以研究。假设表面 ζ 势与管道直径无关,通过求解 Poisson-Boltzmann 分布方程,在表面 ζ 势值小于 25mV 条件下,作一级近似得到

$$u(r) = \frac{\varepsilon_0 \varepsilon_r \zeta E}{\eta} \left[1 - \frac{I_0(\kappa r)}{I_0(\kappa r_0)}\right] \tag{1-41}$$

式中

$$\kappa = 1/\delta = F \sqrt{\frac{2I}{RT \varepsilon_0 \varepsilon_r}} \tag{1-42}$$

$I = \dfrac{1}{2}\sum C_i z_i^2$ 为电解质溶液的离子强度；R、F 分别为摩尔气体常量和 Faraday 常数。

式（1-42）与式（1-8）对应。对比式（1-15）与式（1-41），并结合式（1-36），可以看出：式（1-41）实际上是根据静电势沿径向的变化对经典电渗流表达式的简单修正。

对式（1-41）在毛细管柱整个截面上进行积分，可以得到平均电渗流速度的理论表达式

$$u_{\mathrm{eo}} = \frac{\varepsilon_0 \varepsilon_r \zeta E}{\eta}\left[1 - \frac{2 I_1(\kappa r_0)}{\kappa r_0 I_0(\kappa r_0)}\right] \qquad (1\text{-}43)$$

式中：$I_1(r)$ 为 1 阶第一类虚宗量 Bessel 函数。

为了减少因双电层重叠导致的流型改变，毛细管或通道的直径至少应大于双电层厚度的 20 倍，即 $\kappa r_0 > 10$，此时管道中 80% 的流体由电渗流输运；当 $\kappa r_0 > 20$ 时，电渗流输运的流体将达到 90% 以上；而通道的直径大于双电层厚度的 100 倍以上，即 $\kappa r_0 > 50$ 时，可以不考虑双电层重叠的影响，几乎 100% 的流体皆由电渗流输运。此时，式（1-43）可以还原为 von Smoluchowski 方程的形式。

2. Grossman-Probstein 模型

Grossman 等[36,37]考虑矩形通道中的电渗流行为，忽略通道弯曲的影响，在 Debye-Hückel 线性近似条件下，得到的电渗流表达式为

$$u(r) = \frac{\varepsilon \varepsilon \zeta E}{\eta}\left\{1 - \exp[-\kappa r_0(1 - r/r_0)]\right\} \qquad (1\text{-}44)$$

由式（1-44），κr_0 对电渗流速度沿径向的分布影响很大，因此通道半径 r_0 是影响电渗流流型的重要参数。

3. 两种电渗流理论的比较

式（1-41）和式（1-44）皆可被用于描述毛细管柱中的电渗流行为。Luo 等[38]对两种电渗流表达式在不同通道直径和离子强度下的计算结果加以比较，图 1-12 中给出了对应的电渗流流型。

式（1-41）的基本假设为 ζ 小于或等于 25mV，而式（1-44）的边界条件为 $\zeta = 70$mV。可以看出 $\kappa r_0 > 100$（$I > 0.1$，或 $\delta < 1$nm）时，流型接近于楔形。$I < 0.001$，或 $\delta > 10$nm 时，采用两种公式所得结果的差别已经十分明显。尤其在 $\kappa r_0 < 5$ 时，两者的差别很大。一般情况下，电色谱系统中的 κr_0 至少大于 50，因此采用两种公式的结算结果差别不大，但采用式（1-44）计算的结果与采用计算机数值模拟的结果更接近。

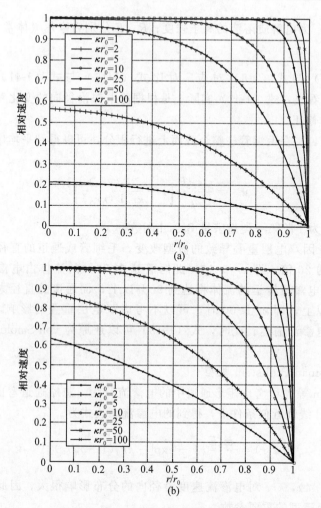

图 1-12　采用不同公式计算的电渗流流型

（a）Rice-Whitehead 模型；（b）Grossman-Probstein 模型

§1.3.4　填充大孔硅胶颗粒色谱柱中的电渗流

Tallarek 等[39~41]将填充大孔硅胶颗粒的色谱柱作为一束含有两种类型通道的集合体考虑，如图 1-13 所示，两种类型的通道分别为颗粒之间间隙的流体通道和颗粒内部的孔构成的流体通道。

若固定相颗粒外表面与其内表面的 ζ 势相同，则在两种通道中的电渗流速度可以分别表示为

$$u_1 = \frac{\varepsilon_0 \varepsilon_r \zeta E}{\eta} \cdot f(\kappa r_i) \tag{1-45}$$

$$u_2 = \frac{\varepsilon_0 \varepsilon_r \zeta E}{\eta} \cdot f(\kappa r_f) \qquad (1-46)$$

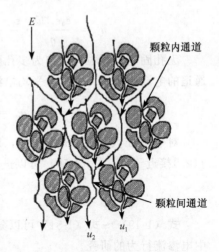

图 1-13　两种类型的流体通道

图 1-14 显示了不同通道孔径的 $f(\kappa r)$ 随流动相离子强度的变化关系。随着离子强度的增加，$f(\kappa r)$ 逐渐趋近于 1。对于颗粒间隙通道（内径为 672nm），当离子强度等于 0.1 时，$f(\kappa r)$ 为 0.76，此时因双电层重叠导致的电渗流减小约为 24%。当离子强度等于 0.6 时，$f(\kappa r)$ 为 0.9，双电层重叠导致的电渗流减小约为 10%。这说明在通常使用的电解质浓度范围内（0.1~40mmol/L），颗粒间隙通道内的双电层重叠程度很小，可以忽略不计。由图 1-14 也可以看出，对于同一离子强度，随着孔径的增加，$f(\kappa r)$ 逐渐增大，因此颗粒内部通道中的双电层重叠程度随着孔径的增大而减小。

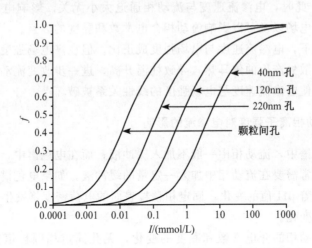

图 1-14　不同通道孔径的 $f(\kappa r)$ 随缓冲液离子强度的变化

流动相的整体电渗流体积流速 u_T 为间隙电渗流体积流速 u_1 和颗粒内部孔的电渗流体积流速 u_2 的加和

$$u_T = u_1 + u_2 \qquad (1-47)$$

如果颗粒内部孔隙率和颗粒间孔隙率分别为 ε_p 和 ε_f，则总孔隙率

$$\varepsilon_T = \varepsilon_f + \varepsilon_p (1 - \varepsilon_f) \qquad (1-48)$$

结合式（1-46）~式（1-48），可以得到表观电渗流速度的表达式为

$$u_{eo} = \frac{\varepsilon_0 \varepsilon_r \zeta E}{\eta} \cdot \frac{\varepsilon_f \cdot f(\kappa r_f) + \varepsilon_p (1 - \varepsilon_f) \cdot f(\kappa r_i)}{\varepsilon_T} \qquad (1-49)$$

无孔固定相颗粒可看作为多孔颗粒的一种特殊情况，电渗流全部由颗粒间隙通道的电渗流贡献，因此，平均电渗流淌度

$$\mu_{eo} = \frac{\varepsilon_0 \varepsilon_r \zeta}{\eta} \cdot f(\kappa r_f) \qquad (1-50)$$

对于直径大于 $2\mu m$ 的颗粒，颗粒间隙通道内的双电层重叠可忽略不计，$f(\kappa r)$ 接近于 1，式（1-50）可以进一步简写成

$$\mu_{eo} = \frac{\varepsilon_0 \varepsilon_r \zeta_f}{\eta} \qquad (1-51)$$

式（1-49）～式（1-51）可以分别用于不同性质固定相颗粒填充的电色谱柱中电渗流行为的研究。

§1.4　毛细管电色谱中影响电渗流速度的因素

在忽略双电层重叠和热效应影响的情况下，电渗流速度可近似采用式（1-36）计算，此时，电渗流速度与流动相通道大小无关。影响电渗流速度的主要因素为外加电场以及可以影响流动相介电常数和黏度的因素。

通常情况下，电渗流速度与电场强度成正比。但在高电场强度下，由于毛细管不能有效地散失产生的焦耳热，导致柱温升高，进一步改变流动相的介电常数和黏度，也将使电渗流速度与电场强度的线性关系被破坏[42]。

§1.4.1　流动相离子强度对电渗流的影响

在液相色谱中，流动相中一般不加入缓冲液；而在电色谱中，为了获得稳定的电渗流，通常需要在流动相中加入一定量的缓冲液。如果电色谱流动相不采用缓冲溶液，随着 pH 值的变化，固定相颗粒表面的电荷密度将发生改变，并引起电渗流的较大变化。

不考虑流动相的介电常数和黏度的变化，无孔固定相颗粒填充的电色谱柱中，电渗流淌度随缓冲溶液浓度的变化仅由 ζ 势决定。由式（1-41）和式（1-42），双电层厚度 δ 与 $\sqrt{I}$ 成反比。因此，离子强度的增加将造成双电层厚度的减少，ζ 势降低，最终导致电渗流速度的减小。图 1-15 为一组在不同离子强度下得到的电渗流测试实验结果。在较宽的 Tris 浓度范围内，电渗流速度几乎随 Tris 浓度线性下降。

采用大孔固定相颗粒的电色谱中，孔内电渗流对整体电渗流的贡献将不能忽略。图 1-16 给出了不同大孔硅胶颗粒（400-ODS，1200-ODS 和 2200-ODS）填充的电色谱中电渗流淌度随缓冲液浓度变化的实验结果。

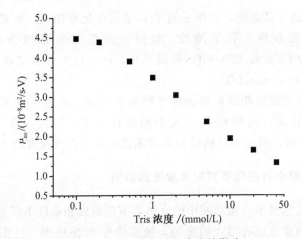

图 1-15　离子强度对电渗流的影响

实验条件：固定相，Micra NP ODS-I，3μm；流动相，乙腈-Tris（pH 8.30）

（80∶20，体积比），有效离子强度 0.1～40mmol/L

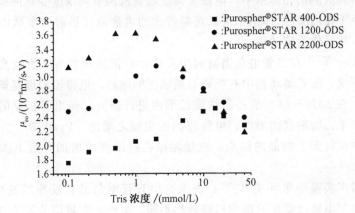

图 1-16　大孔硅胶颗粒填充的电色谱中电渗流淌度随缓冲液浓度的变化

实验条件：固定相，Purospher®STAR 400-ODS, 1200-ODS 和 2200-ODS（<3μm）；

流动相：acetonitrile-Tris（pH 8.30）（80∶20，体积比）；有效离子强度：0.1～40mmol/L

由式（1-49），在低浓度范围内，随着 Tris 浓度的增加，双电层厚度减小，颗粒间隙和颗粒孔内的 $f(\kappa r)$ 增大，最终导致整体平均电渗流淌度的增加。此时大部分电渗流来自于孔内。在这种情况下，"灌流"效应在控制整体平均电渗流淌度的变化趋势中起着主要作用。

在高浓度 Tris 范围内，当 κr 大于 50 时，双电层不再重叠，大孔硅胶颗粒间隙和颗粒孔内的 $f(\kappa r)$ 都趋近于 1。与无孔填料的情况类似，ζ 势在控制电渗流淌度的变化趋势方面起到决定性作用。随着 Tris 浓度的增加，双电层被压缩，导致整体平均电渗流淌度的下降。

　　由图 1-16 也可以看到，在研究的 Tris 浓度变化范围内，电渗流淌度存在极大值。随着硅胶颗粒孔径的增加，极值点向低 Tris 浓度方向移动。对于 400-ODS，1200-ODS 和 2200-ODS 硅胶填料，产生最大电渗流速度的 Tris 浓度分别为 15，2 和 0.7mmol/L。

　　同一系列硅胶固定相颗粒表面的 ζ 势基本不变。在高 Tris 浓度下，电渗流淌度仅与 ζ 势有关，与颗粒孔径大小和粒径无关。因此，在 Tris 浓度增至 10mmol/L 以上时，所有孔径的硅胶颗粒床层中的电渗流速度趋于一致。

§1.4.2　流动相中有机调节剂对电渗流的影响

　　在毛细管电色谱中，流动相中的有机调节剂组成和浓度不仅影响溶质的保留行为，而且对电渗流也有很大的影响。张丽华等[43]在反相电色谱中系统考察了有机调节剂种类（乙腈，甲醇，四氢呋喃和异丙醇）及其浓度对电渗流的影响。在相同的有机溶剂浓度下，电渗流速度按乙腈，甲醇，四氢呋喃，异丙醇的顺序递减。在不同的流动相体系中，电渗流淌度随有机调节剂浓度变化的规律并不完全一致。由于在乙腈/水体系中可以获得较大的电渗流，目前大多数电色谱实验都采用这一体系作为流动相。

　　Kenndler 等[44]在开管电色谱研究中发现：在流动相的 pH 值较高时，保持离子强度不变，随着流动相中有机调节剂浓度的增加，电渗流淌度逐渐减小。而 Crego 等[45]在 50%～65% 的乙腈浓度范围内进行研究，得出了相反的结论，即随着流动相中乙腈浓度的增加，电渗流淌度也随之增加。Pyell 等[46,47]在反相电色谱实验中也得到了类似的结论，流动相中乙腈浓度的增加导致电渗流淌度增加。

　　已有诸多实验结果证实[47~52]：在未涂层开管电色谱和反相填充电色谱中，有机调节剂对电渗流淌度的影响趋势截然不同。显然，有机调节剂浓度的变化不仅会引起流动相的 ε_r/η 变化，而且可导致固定相及毛细管壁的特征发生改变。随着有机调节剂浓度的增加，流动相极性逐渐减小。流动相能够更有效地润湿硅氧烷化的固定相表面，进一步使自由硅羟基的密度相对增加[53]。表 1-1 中给出了几种常用有机调节剂浓度与流动相 ε_r/η 的关系。

表 1-1　常用有机调节剂浓度与流动相 ε_r/η 的关系

溶　　剂	0%	50%	100%
丙　　酮	88	23	68
乙　　腈	88	75	105
甲　　醇	88	37	60
异丙醇	88	15	7

注：其余组成为水；25℃。

§1.4.3　pH 值对电渗流的影响

　　流动相 pH 值通过影响填料表面硅羟基的解离而对电渗流产生影响。pH 值越高，硅羟基的解离越充分，负电荷密度越大，ζ 势也越大，其结果是电渗流速度也越大。

当 pH 值大于 9 时，表面硅羟基完全离解，电渗流速度将不再改变。在低 pH 下，固定相上硅羟基的离解较少，表面电荷密度下降，ζ 势减小，使得电渗流速度也减小。

§1.4.4　柱温对电渗流的影响

温度对电渗流速度的影响通过改变 ζ 势、流动相的黏度和介电常数实现。由式（1-8）和式（1-13），ζ 势随温度的变化可以表示为

$$\zeta = a_\zeta \sigma \frac{T^{1/2}}{\epsilon_r^{1/2}} \tag{1-52}$$

而介电常数随温度的变化可以采用多项式的形式表示

$$\epsilon_r(T) = a_\epsilon + b_\epsilon T + c_\epsilon T^2 \tag{1-53}$$

通常，黏度与温度的关系可以表示为

$$\lg\eta = a_\eta + b_\eta/T + c_\eta T + d_\eta T^2 \tag{1-54}$$

式（1-52）～（1-54）中 a、b、c 和 d 皆为与温度无关的常数。

若温度变化小于 10℃，流动相黏度和温度的关系可以近似表示为

$$\mathrm{d}\eta/\eta = \alpha_T T \tag{1-55}$$

式中：α_T 为黏度温度系数，对于水和甲醇 α_T 分别为 0.026 和 0.013。

与式（1-55）对应，黏度与温度的关系也可以写成

$$\eta = \eta_0 e^{\alpha_T \Delta T} \tag{1-56}$$

式中：η_0 为 T_0 时的黏度。

随着温度的增加，ζ 势增加，电渗流速度相应增加；同时温度的增加也导致流动相黏度和介电常数的变化，并进一步影响到电渗流速度的改变。Walhagen 等[54] 发现，电渗流速度对 $\sqrt{T}$ 的变化呈线性关系，说明温度对 ζ 势影响的效果远大于对黏度和介电常数的影响。但是 Zhang 等[55] 和 Djordjevic 等[56] 的研究结果说明电渗流速度对 $1/T$ 呈近似线性关系，由此认为温度对电渗流速度的影响主要通过诱导黏度的变化而实现。实际上，温度对电渗流的影响比较复杂，对于不同的体系可能满足不同的近似规律。

参 考 文 献

1　Jorgenson J W, Lukacs K D. J. Chromatogr. , 1981, 218: 209

2　邹汉法，刘震，叶明亮，张玉奎. 毛细管电色谱及其应用. 北京：科学出版社，2001：第一章

3　Bartle K D, Myers P. Capillary Electrochromatography. Royal Society of Chemistry, Canada，2001：Ch. 1

4　Krull I S，Stevenson R L，Mistry K，Swartz M E. Capillary Electrochromatography and Pressurized Flow Capillary Electrochromatography：An Introduction. HNP Publishing，2000：Ch. 1

5　Jackson J D. 经典电动力学. 北京：高等教育出版社，2004

6　Gouy G. J. Phys. ，1910，9：457

7　Chapman D L. Philos. Mag. ，1913，25：475

8　吴树森，章燕豪. 界面化学—原理与应用. 上海：华东化工学院出版社，1989：239

9　邓延倬，何金兰. 高效毛细管电泳. 北京：科学出版社，2000：21

10　Stern Z. Electrochem，1913，25：475

11　Lyklema J. Fundamentals of Interface and Colloid Science：Solid-Liquid Interfaces. London：Academic Press，1995：123

12　Delgado A V. Interfacial Electrokinetics and Electrophoresis. New York：Marcel Dekker，2002：126

13　Ohshima H，Furusawa K. Electrical Phenomena at Interfaces. New York：Marcel Dekker，1998

14　van Helmholtz H. Ann. Phy. ，1879，7：337

15　von Smoluchowski M. Z. Phys. Chem. ，1918，93：129

16　Henry D C. Proc. Roy. Soc. ，1931，133A：106

17　Overbeek J T G. Kolloidchem. Beih. ，1943，54：287

18　Booth F. Proc. R. Soc. (London) Ser. A，1950，203：514

19　Wiersema P H. On the Theory of Electrophoresis. Utrecht：Rijkuniversiteit，1964

20　O'Brien R W，White L R. J. Chem. Soc. Faraday Trans. 2，1978，74：1607

21　Semenikhin N M，Dukhin S S. Kolloidn. Zh. ，1975，37：1127

22　Ohshima H，Healy T W，White L R. J. Chem. Soc. Faraday Trans. ，2. 1983，79：1613

23　Lyklema J，Minor M. Colloids and Surfaces A：Physicochemical and Engineering Aspects. 1998，140：33

24　Levine S，Neale G H. J. Colloid Interface Sci. ，1974，47：520

25　Kozak M W，Davis E J. J. Colloid Interface Sci. ，1989，127：497

26　Kozak M W，Davis E J. J. Colloid Interface Sci. ，1989，129：166

27　Ohshima H. J. Colloid Interface Sci. ，1997，188：481

28　Liapis A I，Grimes B A. J. Chromatogr. A，2000，877：181

29　von Smoluchowski M，Graetz I. Handbuch der Elektrizität und des Magnetismus. Leipzig：Barth. 1921：366

30　Overbeek J T G，Wijga P W O. Rec. Trav. Chim. ，1946，65：556

31　Overbeek J T G，Kruyt H R. Colloid Science. New York：Elsevier，1952：115

32　Overbeek J T G，Kruyt H R. Colloid Science. New York：Elsevier，1952：194

33　Dukhin S S. Adv. Colloid Interface Sci. ，1991，35：173

34　Dukhin S S, Mishchuk N A. J. Membr. Sci. , 1993, 79: 199

35　Rice L, Whitehead R. J. Phys. Chem. , 1965, 69: 4017

36　Probstein R F. Physicochemical Hydrodynamics: An Introduction. New York: John Wiley & Sons, 1994

37　Grossman P D, Colburn J C. Capillary Electrophoresis: Theory and Practice. New York: Academic Press, 1992: 19

38　Luo Q, Andrade J D. J. Microcolumn Sep. , 1999, 11: 687

39　Tallarek U, Leinweber F C, Nischang I. Electrophoresis, 2005, 26: 391

40　Nischang I, Tallarek U. Electrophoresis, 2004, 25: 2935

41　Tallarek U, Paces M, Rapp E. Electrophoresis, 2003, 24: 4241

42　Knox J H, Grant I H. Chromatographia, 1987, 24: 135

43　张丽华, 邹汉法, 施维, 倪坚毅, 张玉奎. 色谱, 1998, 16: 106

44　Kenndler S E. Anal. Chem. , 1991, 63: 1801

45　Crego L, Martínez J, Martina M L. J. Chromatogr. A, 2000, 869: 329

46　Pyell U. J. Chromatogr. A, 2000, 869: 363

47　Rebscher H, Pyell U. Chromatographia, 1994, 38: 737

48　Choudhary G, Horvath C. J. Chromatogr. A, 1997, 781: 161

49　Dittmann M M, Rozing G P. J. Microcol. Sep. , 1997, 9: 399

50　Adam T, Unger K K. , Würzburger Kolloquium, Fortschrittserichte, Bertsch Verlag, Straubing, Germany, 1997

51　Cikalo M G, Bartle K D, Myers P. J. Chromatogr. A, 1999, 836: 35

52　Wright P B, Lister A S, Dorsey J G. Anal. Chem. , 1997, 69: 3251

53　Wie W, Luo G A, Hua G Y, Yan C. J. Chromatogr. A, 1998, 817: 65

54　Walhagen K, Unger K K, Heam M T W. J. Chromatogr. A, 2000, 893: 401

55　Zhang S, Zhang J, Horvath C. J. Chromatogr. A, 2001, 914: 189

56　Djordjevic N M, Fitzpatrick F, Houdiere F, Lerch G, Rozing G. J. Chromatogr. A, 2000, 887: 245

第二章 毛细管电色谱中的峰展宽和分离柱效

与传统液相色谱中流动相的抛物线状流型不同，毛细管电色谱中流动相的流型接近于楔形，使得溶质的纵向扩散作用得到有效抑制，色谱峰形尖锐、分离效率提高[1,2]。此外，由于焦耳热的产生以及系统的带电属性也会对色谱峰造成附加的影响。这里对毛细管电色谱中影响谱带展宽的因素加以系统分析，并探讨改善谱带展宽的可能措施。

§2.1 影响毛细管电色谱中谱带展宽的因素

目前，几乎所有在液相色谱中采用的固定相都已被用于毛细管电色谱研究与应用。对于中性分子的毛细管电色谱分离，一般可以认为与其在液相色谱中满足相同的分离机理，差别仅在于流动相驱动形式的不同。因此，在高效液相色谱中影响分离效率的因素在毛细管电色谱中同样对溶质的谱带展宽产生影响。此外，电驱动引起的热效应、带电溶质的电泳迁移等也会影响到谱带展宽。

§2.1.1 塔板方程

无论是高效液相色谱还是毛细管电色谱，影响分离柱效的因素都有很多种。由概率论可知，如果有 n 个独立影响概率分布曲线的因素，则该概率分布曲线总的方差等于各个因素独立影响时方差的加和。按照塔板高度的统计意义，若存在 n 个相互独立影响色谱流出曲线的因素，则总的塔板高度应等于所有因素对塔板高度的贡献之和。即

$$H = \sum_{i=1}^{n} H_i \tag{2-1}$$

式（2-1）表明：如果不考虑影响柱效的多种因素之间的耦合作用，即认为每一种因素单独对柱效产生影响，那么所有因素对柱效影响的加和将可以用于评价整个分离系统的总体分离效果。在非平衡过程中，每种因素对塔板高度的贡献可表示为

$$H = \frac{2D_c}{\bar{u}} \tag{2-2}$$

式中：D_c 为非平衡效应扩散系数；$\bar{u}$ 为溶质的平均移动速率。

通常情况下，高效液相色谱中分离柱效与柱系统及操作参数的关系可以采用简化的 van Deemter 方程来描述

$$H = A + \frac{B}{u} + Cu \tag{2-3}$$

式中：H 为塔板高度；u 为流动相线速度。公式右边第一项为涡流扩散项，表示填充柱中涡流扩散和柱外效应的贡献；第二项表示溶质纵向扩散的作用，一般只有在流动相线速度很低时，才有较为明显的影响；第三项为传质阻力项，由溶质在两相间的传质作用产生。

图 2-1 中给出了式（2-3）中的三项随流动相线速度变化对总柱效的影响。根据经典色谱理论[3~5]，色谱柱中采用多孔固定相时，由于固定相孔内的传质速度较慢，因此 C 值较大。由式（2-3），采用比最佳流速稍高的流动相线速度可以建立稳定的具有较好分离效果的分析方法。此时流动相线速度在相对较窄的范围内变化时，A 和 C 项与流速的依赖关系可以被忽略[6,7]。

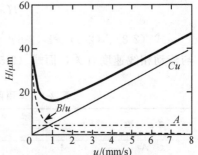

图 2-1　van Deemter 方程中
不同因素对塔板高度的贡献
$A = 5\mu m$，$B = 6mm^2/ms$，$C = 5ms$

可以用于描述液相色谱和毛细管电色谱中分离柱效与操作参数关系的理论表达式有很多种[8~12]。Horvath 等[3,8]提出了用于描述高效液相色谱中溶质输运的"间隙滞流模型"，如图 2-2 所示。他们认为在液相色谱过程中，固定相与流动相接触的表面上存在着一个滞留层，在滞留层上，流动相几乎静止不动。流动相中溶质分子在自由扩散的作用下穿过滞留层液膜，并进入固定相颗粒内部实现传质。

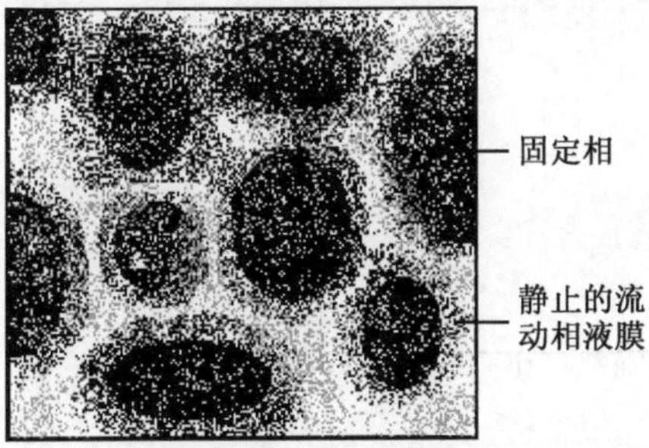

——固定相

——静止的流动相液膜

图 2-2　间隙滞流模型

根据间隙滞流模型推导得到的液相色谱塔板高度方程为

$$H = \frac{2\gamma D_m}{u} + \frac{2\upsilon d_p u^{1/3}}{u^{1/3} + \omega(D_m/d_p)^{1/3}} + \frac{2k'u}{(1+k')^2(1+\kappa_0)\kappa_d}$$
$$+ \frac{\theta(\kappa_0 + \kappa_0 k' + k')^2 d_p^2 u}{30 D_m \kappa_0 (1+\kappa_0)^2 (1+k')^2} + \frac{\kappa_i (\kappa_0 + \kappa_0 k' + k')^2 d_p^{5/3} u^{2/3}}{3\kappa_0 \Omega D_m^{2/3} (1+\kappa_0)^2 (1+k')^2} \tag{2-4}$$

式中：D_m 为溶质在流动相中的扩散系数；d_p 为固定相颗粒的粒径；k' 为溶质的容量因子；κ_d 为溶质分子与固定相表面的脱附速率常数；θ 为固定相颗粒的曲折因子；υ、κ_i、ω 和 Ω 均为描述色谱柱结构的参数。对于式（2-4）中各项的变化特征还将在下面作详细讨论。

式（2-4）也可以被改写成

$$H = A + \frac{Bu^{1/3}}{1 + au^{2/3}} + (C_1 u + C_2 u^{2/3}) \tag{2-5}$$

式中：a 为常数。

Knox 等[13]在综合考虑液相色谱中多种因素影响的情况下，得到另一种形式的流动相线速度与柱效关系的表达式

$$H = Au^{1/3} + \frac{B}{u} + Cu \tag{2-6}$$

式（2-3）、（2-5）和（2-6）中三项的物理意义类似，只是式（2-6）中 A 项与流动相线速度有关，而式（2-5）中的 C 相被分成两部分。表 2-1 和图 2-3 中给

表 2-1　采用两种柱效方程的系数相关性比较

参　数	苯甲醛		联　苯	
	斜　率	相关系数（r）	斜　率	相关系数（r）
A	1.3	0.99	1.2	0.99
B	1.0	0.95	1.0	0.95
C	0.9	0.99	0.97	0.98

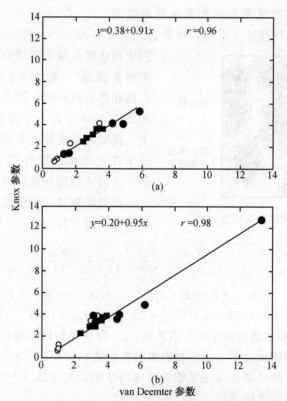

图 2-3　van Deemter 与 Knox 方程系数之间的关系

采用相同的柱系统，在液相色谱和电色谱模式下分别进行试验。样品：（a）苯甲醛；（b）联苯。

系数：（○）A；（■）B；（●）C

出了采用式（2-3）和式（2-6）处理实验数据得到的对应系数之间的关系[11]。与式（2-3）相比，由式（2-6）拟和得到的 A 值较高，而 C 值稍低。刘震[14]采用式（2-5）进行拟合的结果也与式（2-3）类似。这些结果说明在一般的实验条件下，采用不同公式得到的结果之间存在相关性，因此，在电色谱中一般可以采用较为简单的 van Deemter 方程进行分离柱效的研究。

§2.1.2　与液相色谱对应的谱带展宽因素

在填充柱电色谱中，式（2-4）的各项都会对分离柱效产生影响。表 2-2 中给出了不同因素对塔板高度影响的理论表达式。

表 2-2　填充床对柱效的贡献

纵向扩散相	$H_{disp} = \dfrac{2\gamma D_m}{u} + \dfrac{2\upsilon d_p u^{1/3}}{u^{1/3} + \omega(D_m/d_p)^{1/3}}$
相互作用动力学项	$H_{kin} = \dfrac{2k'u}{(1+k')^2(1+\kappa_0)\kappa_d}$
固定相内扩散项	$H_{i,diff} = \dfrac{\theta(\kappa_0 + \kappa_0 k' + k')^2 d_p^2 u}{30 D_m \kappa_0 (1+\kappa_0)^2 (1+k')^2}$
液膜阻力项	$H_{s,diff} = \dfrac{\kappa_i(\kappa_0 + \kappa_0 k' + k')^2 d_p^{5/3} u^{2/3}}{3\kappa_0 \Omega D_m^{2/3}(1+\kappa_0)^2(1+k')^2}$

$\dfrac{2\gamma D_m}{u}$ 代表溶质分子纵向扩散引起的谱带展宽对塔板高度的贡献。当电场强度较低时，这一项在影响电色谱柱效的因素中占据主导地位。对于一根填充良好的高效液相色谱柱，这一项大约等于 d_p。在普通填充柱电色谱中，这一项大约等于 $2d_p$[15,16]。图 2-4 中为 Poppe 等[17]采用不同的填料得到的流速与柱效关系的实验结果，可以看出填料颗粒大小对塔板高度影响非常明显。

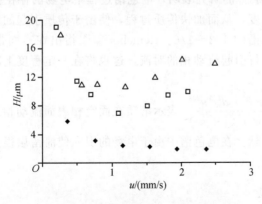

图 2-4　固定相大小对柱效的影响

固定相颗粒直径：（△）5μm；（□）3μm；（◆）1.5μm

$\dfrac{2\gamma d_p u^{1/3}}{u^{1/3}+\omega(D_m/d_p)^{1/3}}$ 代表柱过程中流动相流场与固定相颗粒间隙间分子扩散引起的溶质谱带展宽对塔板高度的贡献，即涡流扩散对塔板高度的贡献。因为涡流扩散由固定相颗粒间流动相流速变化引起，所以该项大小与柱的填充质量有密切关系。在 Horvath 的模型中，固定相颗粒表面由几乎静止的滞留层包围，流体不能借助外力穿过滞留层及固定相颗粒。在电色谱过程中，多孔固定相颗粒骨架界面上存在的双电层使滞留层消失，因此流动相在电渗流的作用下可以直接穿透固定相颗粒，使得电色谱中的涡流扩散减小，这一现象在采用大孔固定相颗粒时尤其明显。Horvath[11]等系统地考察了电色谱与液相色谱过程中由流动相涡流扩散引起的谱带展宽，结果表明：在电色谱中该项贡献的数值仅为液相色谱的 $1/2\sim1/4$。

$\dfrac{2k'u}{(1+k')^2(1+\kappa_0)\kappa_d}$ 代表溶质在流动相与固定相表面之间的传质过程对塔板高度的贡献。在电色谱过程中，柱内温度高于环境温度，因此 κ_d 值一般比液相色谱大，而两相传质过程对塔板高度的贡献比液相色谱中小。

$\dfrac{\theta(\kappa_0+\kappa_0 k'+k')^2 d_p^2 u}{30 D_m \kappa_0(1+\kappa_0)^2(1+k')^2}$ 代表溶质分子在固定相颗粒内部的传质过程对塔板高度的贡献。液相色谱过程中，溶质在固定相颗粒的孔道内和周围流动相之间缓慢的传质是造成谱带展宽的重要原因，并且这种影响在高流速的情况下尤为突出[3,8]。在电色谱中，由于固定相颗粒表面的滞留层仅有双电层的厚度。在采用大孔固定相颗粒时，甚至流动相在电渗流的驱动下可以直接穿过固定相颗粒内部，使溶质分子在固定相与流动相之间的传质速率大大加快，从而减小了由两相间传质阻力而引起的谱带展宽。此时，这一项可以简写为 $\dfrac{\theta' k'^2 d_p^2 u}{D_m(1+k')^2}$，其中 $\theta'=\theta/30\kappa_0$。Horvath 等[11]的研究表明，电色谱过程中电场的存在会加快溶质在流动相中的有效扩散速度，从而加快传质过程，使由于传质引起的谱带展宽减小，该项一般只为液相色谱的 $1/2\sim1/6$。Remcho 等[18]指出在表面带电的大孔固定相颗粒中电场的存在将引起流动相的对流，这也将在一定程度上减少传质阻力对柱效的贡献。

$\dfrac{\kappa_i(\kappa_0+\kappa_0 k'+k')^2 d_p^{5/3} u^{2/3}}{3\kappa_0 \Omega D_m^{2/3}(1+\kappa_0)^2(1+k')^2}$ 表示溶质在固定相表面流动相滞留层中的传质过程对塔板高度的贡献。在电色谱中由于电场的引入使滞留层很薄，因此通常可以忽略这一项的贡献。

§2.1.3　柱外效应

柱外效应指除柱内分离过程以外的所有其他影响因素，包括进样过程，溶质在连接管中的输运以及检测过程中引起的峰展宽。在通常的液相色谱系统中，柱外效应对柱效的影响不是很明显，但是，对于微柱液相色谱，张玉奎等[19]早已证实柱外效应可能是影响分离效率的决定性因素。毛细管电色谱作为一种微分离技术，柱外效应对分析结果的影响一般不容忽视。戴朝政[20]在推导液相色谱动力学方程时考察了进样与其他柱外效应引起的谱带展宽，认为在考虑柱外效应时溶质的扩散系数可表示为

$$D = \frac{r_0^2 u^2}{48D_\mathrm{m}} + D_\mathrm{m} \qquad\qquad (2\text{-}7)$$

毛细管电色谱通常采用柱上检测，有人[21~23]认为柱上检测时间常数小于0.05s时由检测过程对塔板高度的贡献可以忽略。进样过程引起的谱带展宽与样品谱带宽度和进样时间有关，研究表明矩形脉冲进样时，样品区带长度应小于0.96mm，而且进样时的电压变化也会对柱效产生影响。如果电动进样过程升压速度太快，热效应将导致样品溶液的膨胀，使得相同时间内进入到毛细管内的样品量减少。

如果样品以脉冲形式进入到毛细管柱中，在高效液相色谱中进样长度对塔板高度的影响为

$$H_\mathrm{inj} = \frac{l_\mathrm{inj}^2}{12L} \qquad\qquad (2\text{-}8)$$

式中：l_inj 为进样区带长度；L 为柱长。

相应地，在电色谱中采用电动进样时进样时间对柱效的影响可以表示为

$$H_\mathrm{inj} = \frac{[(\mu_\mathrm{eo} + \mu_\mathrm{ep})E_\mathrm{inj}t_\mathrm{inj}]^2}{12L} \qquad\qquad (2\text{-}9)$$

式中：t_inj 为进样时间；μ_eo、μ_ep 分别为电渗流淌度和溶质的电泳淌度。

显然，进样时间越长，所施加的电压越高，峰展宽越严重。由于电动进样与溶质电泳淌度有关，因此电色谱更便于进行柱上浓缩操作。

§2.1.4　开管柱中的谱带展宽

在开管电色谱柱中，当组分在柱上不保留时，其理论塔板高度为

$$H = \frac{2D_\mathrm{m}}{u} \qquad\qquad (2\text{-}10)$$

如果组分在柱上有保留作用，可以将式（2-4）简化为 Golay 方程的形式

$$H = \frac{2D_\mathrm{m}}{u} + C_\mathrm{m}\frac{d_\mathrm{c}^2 u}{D_\mathrm{m}} + C_\mathrm{s}\frac{d_\mathrm{f}^2 u}{D_\mathrm{s}} \qquad\qquad (2\text{-}11)$$

式中：d_f 为固定相液膜厚度；d_c 为毛细管内径；D_s 为溶质在固定相中的扩散系数。

若固定相中的传质阻力可以忽略不计，则式（2-11）可以进一步简化为

$$H = \frac{2D_{\mathrm{m}}}{u} + C_{\mathrm{m}} \frac{d_{\mathrm{c}}^2 u}{D_{\mathrm{m}}} \tag{2-12}$$

由式（2-12），随着毛细管内径的减小，理论塔板高度也相应下降，因此采用细内径毛细管柱可以获得更高的分离柱效。

§2.1.5　填充柱电色谱中的谱带展宽

在填充毛细管柱中，柱结构对分离柱效、所建立分析方法的稳定性等至关重要。理论塔板高度可以采用式（2-4）或（2-3）和（2-5）的简化形式计算，其中涡流扩散、纵向分子扩散、传质阻力等因素都会对谱带展宽产生影响。

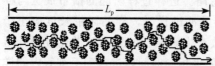

流体在通道中的迁移距离 L_0，$\theta = L_{\mathrm{p}}/L_0$

图 2-5　曲折因子 θ' 示意图

式（2-4）中有多个描述色谱柱结构的微观参数。曲折因子 θ' 是描述溶质在填充柱中行进路线曲折程度的参数。溶质在固定相颗粒之间穿行时，并非简单地沿着直线迁移，如图 2-5 所示，溶质分子必须要绕过固定相颗粒曲折地行进。

Horvath 等[24,25]特别针对电色谱柱部分填充、部分开管的特征从电导率变化的角度考察了柱结构参量的变化。利用填充后与填充前空管的电导率变化的结果可以得到色谱柱的孔隙率和曲折因子等参数。

毛细管填充前后电导率的比值为

$$\frac{\sigma_{\mathrm{p}}}{\sigma_{\mathrm{b}}} = \frac{i_{\mathrm{p}} L_{\mathrm{p}}}{i_{\mathrm{b}} L - i_{\mathrm{p}} L_{\mathrm{b}}}$$

式中：σ_{b} 和 σ_{p} 分别为毛细管填充前后的电导率；i_{b} 和 i_{p} 分别为毛细管填充前后的电流；L_{p} 为填充部分的长度；L_{b} 为开管部分的长度。

如果认为电导率的比值只受固定相影响，而与流动相的性质无关，可以得到电导率的比值与填充柱中总的孔隙率 ε_{T} 之间的关系

$$\frac{\sigma_{\mathrm{p}}}{\sigma_{\mathrm{b}}} = \varepsilon_{\mathrm{T}}^{1.5} \tag{2-13}$$

类似地，曲折因子 θ' 与相关实验参数的关系为

$$\theta' = \frac{L}{L_{\mathrm{p}}} \sqrt{\frac{i_{\mathrm{b}}}{i_{\mathrm{p}}}} - \frac{L_{\mathrm{b}}}{L_{\mathrm{p}}} \tag{2-14}$$

这样，由式（2-13）和式（2-14）可以方便地通过实验确定柱系统的结构参数。

姬磊[26,27]为了避免柱外效应等因素的影响，采用连续床层电色谱柱研究柱结构参数与柱效的关系，图 2-6 中给出了基于式（2-4）计算得到的理论结果与实验结果的对比。

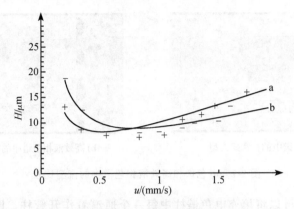

图 2-6　柱结构参数对塔板高度影响

实验条件：毛细管，$75\mu m$ I. D. ；有效长度/总长度$=21cm/30cm$；样品：硫脲，苯；进样条件：$1kV\times 2s$；流动相，$5mmol/L$ 磷酸盐缓冲溶液（pH$=9$）：乙腈$=20：80$；室温 20℃；检测波长：214nm。

计算参数：a 柱：$D_m=3.5\times 10^{-3}mm^2/s$，$\kappa_d=500s^{-1}$，$\lambda=0.01$，$D_r=2.5\times 10^{-2}mm^2/s$，$\gamma=0.3$，$\varepsilon_T=0.53$，$\theta'=1.647$；b 柱：$\gamma=0.5$，$D_r=4.5\times 10^{-2}mm^2/s$，$\varepsilon_T=0.58$，$\theta'=1.54$，其余参数取值同 a 柱

由图 2-6 可以看出，孔隙率大的固定相在流动相线速较高的条件下塔板高度随流速的变化比较平缓，说明流速增大会使径向传质速率加快。当电色谱柱孔隙率增大时，一方面固定相颗粒内部孔隙导致径向弥散系数 D_r 增加；另一方面由于流动相流动通道的增大会在一定程度上引起通道内外流动相对流程度的加强，从而使流速的不均匀性降低。两方面因素皆导致径向传质速率加快。在流动相线速较大的情况下，传质速率的加快在提高柱效的作用方面占主导地位。

§2.2　流型对电色谱柱效的影响

在毛细管电色谱中，电渗流驱动流动相以楔形的流型迁移，避免了压力驱动情况下因流速沿径向分布导致的溶质弥散，从而可以获得更高的柱效。然而，由于装填技术、固定相特征的非均一性以及热效应等因素，可能会引起电色谱流型在一定程度上的改变，并进一步影响到分离柱效。

加压电色谱是近年来新发展起来的一种将毛细管电色谱与高效液相色谱结合的微分离技术，流动相同时受电渗流和压力驱动，其流动相流型介于经典电色谱和液相色谱之间，流型对柱效的优势部分丧失。

§2.2.1　电色谱流型

流动相的驱动力不同，流型也不相同。在电色谱中，流动相由电渗流驱动，流型近似为楔形。在压力驱动的液相色谱中，流动相速度在各通道中按抛物线形分布。图 2-7 为在电渗流和压力驱动下流动相的流型比较。

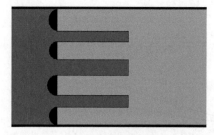 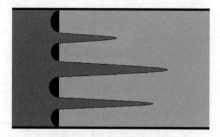

(a) 电色谱中的柱塞式流型　　　　　　　　(b) 高效液相色谱中的抛物线流型

图 2-7　电色谱和高效液相色谱中的流型比较

由图 2-7，可以将填充电色谱柱中每一个通道看作开管柱，即相当于细的电色谱开管柱。在电渗流的驱动下，不发生双电层重叠时，电渗流速度不受通道性质的影响，整个流型呈楔形平推流，涡流扩散对塔板高度的贡献较小。

在液相色谱中，流动相在压力驱动下流动，流型呈抛物线形。离通道壁越近，流速越小，越远则流速越大，而且流速与通道的大小有关。通道直径大的地方流速较快，反之则较慢，径向速度分布有一定的不均匀性。因此，在液相色谱中涡流扩散对塔板高度的贡献比较大。

在毛细管电色谱中，由于不受液相色谱中柱压降的限制可以使用粒径更小的固定相，使由流动相在不同大小通道处形成的流速差异而造成的涡流扩散大大地减小，并且极大地削弱了涡流扩散引起的谱带增宽[5,20]。由于电渗流的存在，滞留层引起的传质阻力消失，也可以使溶质在固定相和流动相间的非瞬间传质平衡引起的谱带展宽大大降低。

§2.2.2　开管柱中流型与柱效的关系

对于开管柱中进行的流体输运，由于黏性流动在径向上的剪切力作用，一般可以认为在压力驱动下流体的流型为"标准抛物线形"；而由电渗流驱动的开管电色谱中的流型为"标准楔形"。理论研究表明[28]，由于多种因素的影响，电渗流流型并非简单的楔形，其表达式非常复杂。通常情况下，毛细管柱中流体的流型应介于上述两种极端情况之间。为了简化处理过程，可以将流型表示为一种中间的形式

$$u = u_0 \left[1 - a \left(\frac{r}{r_0} \right)^2 \right] \qquad (2\text{-}15)$$

式中：u_0 为毛细管中心处的流动相线速度，即最大线速度；r 为流体所处位置到柱中心的距离。$0 \leqslant a \leqslant 1$，对于典型压力驱动下的滞流流体，$a = 1$，对应于一般的抛物线流型；而对于典型的楔形流型，$a = 0$。

开管柱中溶质输运过程的质量平衡方程可以写成

$$\frac{\partial C}{\partial t} = D_m \cdot \frac{\partial C}{\partial x^2} + D_r \frac{1}{r} \frac{\partial}{\partial r}\left(r \frac{\partial C}{\partial r}\right) - u \frac{\partial C}{\partial x} \tag{2-16}$$

溶质在固定相与流动相间传质过程的驱动力为化学势，而溶质在流动相中径向传质的主要驱动力为浓差梯度。这样，认为溶质在两相间线性分配，有

$$\frac{\mathrm{d}A}{\mathrm{d}t} = -\kappa_d (A - kC_e) \tag{2-17}$$

$$D_r \frac{1}{r} \frac{\partial}{\partial r}\left(r \cdot \frac{\partial \overline{C}}{\partial r}\right)\bigg|_{r=r_0} = -\beta \frac{\mathrm{d}A}{\mathrm{d}t} \tag{2-18}$$

式中：C_e 为在固定相表面附近流动相中的溶质浓度；A 为固定相中溶质浓度；β 为相比。

注意到，在柱中心处

$$\frac{\partial \overline{C}}{\partial r}\bigg|_{r=0} = 0 \tag{2-19}$$

设进样函数为

$$C(r,t) = f(r,t) \tag{2-20}$$

式（2-18）～（2-20）构成式（2-16）和式（2-17）的初始条件及边界条件。

结合式（2-15）和式（2-16），有

$$\frac{\partial C}{\partial t} = D_m \cdot \frac{\partial^2 C}{\partial x^2} + D_r \frac{1}{r} \frac{\partial}{\partial r}\left(r \frac{\partial C}{\partial r}\right) - u_0 \frac{\partial C}{\partial x} + a \cdot \left(\frac{r}{r_0}\right)^2 u_0 \frac{\partial C}{\partial x} \tag{2-21}$$

模仿 Giddings[4,29,30] 在推导速率理论时采用的基本方法，令

$$a \cdot \left(\frac{r}{r_0}\right)^2 u_0 \frac{\partial C}{\partial x} = aD_1 \frac{\partial^2 C}{\partial x^2} + aD_2 \frac{1}{r} \frac{\partial}{\partial r}\left(r \frac{\partial C}{\partial r}\right) \tag{2-22}$$

式中：D_1、D_2 分别表示流型对纵向和径向传质的贡献。

将式（2-22）代入式（2-21）中整理得

$$\frac{\partial C}{\partial t} = (D_m + aD_1) \frac{\partial^2 C}{\partial x^2} + (D_r + aD_2) \frac{1}{r} \frac{\partial^2}{\partial r}\left(r \frac{\partial C}{\partial r}\right) - u_0 \cdot \frac{\partial C}{\partial x} \tag{2-23}$$

式（2-23）和式（2-18）、（2-19）、（2-20）皆为线性方程，可以采用 Laplace 变换的方法求解。对式（2-23）进行 Laplace 变换，有

$$s\overline{C} = (D_m + aD_1) \frac{\partial^2 \overline{C}}{\partial x^2} + (D_r + aD_2) \frac{1}{r} \frac{\partial^2}{\partial r}\left(r \cdot \frac{\partial \overline{C}}{\partial x}\right) \tag{2-24}$$

式（2-24）的完备解集为

$$\overline{C} = \sum_{n=0}^{\infty} A_n \mathrm{e}^{s_n x} \mathrm{I}_0(\alpha_n r) + B_n \mathrm{e}^{s_n x} \mathrm{K}_0(\alpha_n r) \tag{2-25}$$

式中：A_n，B_n 为常数；s_n 为由边界条件确定的参量；$\mathrm{K}_0(\alpha_n r)$ 为零阶第二类 Bessel 函数。

$$\alpha_n = \sqrt{\frac{D_m + aD_1}{D_r + aD_2} s_n^2 - \frac{s + s_n u_0}{D_r + aD_2}} \tag{2-26}$$

注意到 $x \to \infty$ 时，$C \to 0$；再由 $K_0(\alpha_n r)$ 的性质有：$B_n = 0$，$s_n < 0$。这样式（2-25）可以简化为

$$\overline{C} = \sum_{n=0}^{\infty} A_n e^{s_n x} I_0(\alpha_n r) \tag{2-27}$$

将式（2-27）与式（2-18）、式（2-19）结合，有

$$\sum_{i=1}^{\infty} \frac{4i^2}{i! \Gamma(i+1)} \cdot \left(\frac{a_n}{2}\right)^{2i} r_0^{2i-2} = -\frac{\beta k' s \kappa_d}{(D_r + aD_2)(s + k')} \tag{2-28}$$

式（2-28）的解系可用于确定系数 α_n。由于 α_n 不能构成正交系，因此采用直接变换的方法研究 A_n 与初始条件式（2-19）的关系。通常可以不考虑进样函数沿径向的变化。对于矩形脉冲进样函数的极端情况，注意到 $s \to 0$，$\overline{f}(s,r) = A_0 I_0(\alpha_0 r)$，因此，式（2-27）可以改写成

$$\overline{C} = \overline{f}(s,r) e^{s_n x} \tag{2-29}$$

根据流出曲线的 Laplace 变换解与其统计矩之间的关系

$$\gamma_1 = -\lim_{s \to 0} \frac{\mathrm{d} \ln \overline{C}}{\mathrm{d}s} \tag{2-30}$$

$$\mu_2 = \lim_{s \to 0} \frac{\mathrm{d}^2 \ln \overline{C}}{\mathrm{d}s^2} \tag{2-31}$$

而塔板高度可以表示为

$$N = \frac{\mu_2}{\gamma_1^2} \tag{2-32}$$

式中：γ_1 和 μ_2 分别为流出曲线一阶原点矩和二阶中心矩。

忽略进样函数的影响可以得到流出曲线的一阶原点矩和二阶中心矩分别为

$$\gamma_1 = \frac{L}{u_0} \left(\frac{D_r + aD_2}{D_r} k' + 1 \right) \tag{2-33}$$

$$\mu_2 = \frac{2L(D_m + aD_1)}{u_0^3} \left(\frac{D_r + aD_2}{D_r} k' + 1 \right)^2$$

$$+ \frac{2(D_r + aD_2)k'L}{\kappa_d D_r u_0} + \frac{(D_r + aD_2)Lr_0^2}{6D_r^2 u_0} k'^2 \tag{2-34}$$

γ_1 的物理意义为溶质的保留时间，μ_2 的物理意义为流出曲线的方差。由式（2-33）可以看出，采用这种处理方法可以了解径向传质对保留时间的影响。对于正常色谱峰，峰形的不对称性导致出峰最高点偏差峰中线，使得理论保留时间与实际值有少许的偏离。式（2-34）右边第一项表示纵向传质作用对峰展宽的影响，其中也包含了径向与纵向传质的贡献。

结合式（2-32）和式（2-34）得到柱效的表达式

$$H = \frac{2(D_m + aD_1)}{u_0} + \left[\frac{2}{k_d} + \frac{k' r_0^2}{6(D_r + 2D_2)} \right] \frac{k_r'}{(1 + k_r')^2} u_0 \tag{2-35}$$

式中

$$k'_r = (1 + aD_2/D_r) \cdot k' \tag{2-36}$$

根据式（2-35）和式（2-36），流型对柱效的影响由三部分构成，一方面折合成溶质在流动相中纵向扩散的影响，另一方面可以反映在对容量因子的影响，以及对径向扩散的影响上。在液相色谱和毛细管电色谱中，同一种溶质的容量因子之间的关系为

$$k'_{HPLC} = \frac{(1 + D_2/D_r)}{(1 + aD_2/D_r)} \cdot k'_{CEC} \tag{2-37}$$

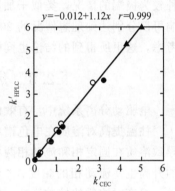

$$y = -0.012 + 1.12x \quad r = 0.999$$

Horvath 等[11]将不同溶质在液相色谱和毛细管电色谱中的容量因子相关联得到图 2-8 的结果。可以看出两者有很好的线性关系，而小的截距可以认为由实验误差、进样等因素产生，显然，两者之间的正比例关系近似成立。结合式（2-34）也可以说明对于不同的溶质、在不同的流动相体系中，$(1 + D_2/D_r)/(1 + aD_2/D_r)$ 几乎不变。由图 2-8 的结果，在 $a = 0$ 时，$D_2/D_r = 0.0957$；而在 $a = 0.3$ 时，$D_2/D_r = 0.187$。这可以解释为在理想楔形流型的情况下，流型对径向扩散影响的大小相当于总径向扩散系数的 10% 左右。当流型偏离楔形 30% 时，对径向传质的影响可达到楔形情况的近一倍，这些影响使得总径向扩散系数增加约 20%。采用张丽华等[31]的试验结果进行回归分析，也可以得到相近的结果。

图 2-8　两种不同分离模式中溶质
的容量因子关联结果

色谱柱：（○）21/29cm×50μm，
5μm Spherisorb ODS 300Å；

（●）23/31cm×50μm，6μm Zorbax 300Å；

（▲）20/28cm×50μm，6μm Zorbax 80Å；

流动相 10mmol/L 磷酸缓冲溶液＋
乙腈（2∶3，体积比）；

样品：苯甲醛，联苯，芴，三联苯

类似地，流型对纵向扩散的作用可以通过 Horvath 方程中的系数 B 结合式（2-37）加以讨论。在两种不同的分离模式中，如果认为 B 的差异完全由流型的变化导致，那么有

$$B_{HPLC} - B_{CEC} = \gamma(1-a)D_1 \tag{2-38}$$

来自不同文献的 B 值差别较大[11,31]，$B_{HPLC} - B_{CEC}$ 的大小在 0.05～-0.3 之间，不同的流动相体系中同一种溶质的 B 值随操作条件的变化趋势和幅度也不尽相同。一般情况下，$B_{CEC} > B_{HPLC}$，说明 $D_1 < 0$。也即流型对于纵向扩散具有负贡献。表 2-3 中给出了 Horvath 等[11]通过实验得到的 B 值以及结合式（2-38）计算得到的相关参数。

已经通过照相等手段证实，一般的电色谱中，流动相流型与楔形偏差很小。由表 2-3，如果认为实验采用电色谱柱中的流型与理想的楔形相差 30%（这是一

表 2-3　流型对扩散系数的贡献

B_{HPLC}	B_{CEC}	B^*	$D_1/D_{ma=0.3}$	$D_1/D_{ma=0}$	$D_1/D_m{}^*$
2.7	3.2	0.843	-0.209	-0.156	1.34
3.2	3.5	0.914	-0.118	-0.085	1.38
2.7	3.6	0.75	-0.322	-0.25	1.29
3.8	3.7	1.02	0.0390	0.027	1.44
2.4	3	0.8	-0.263	-0.2	1.32
2.3	3.2	0.718	-0.358	-0.281	1.27

注：$B^* = B_{HPLC}/B_{CEC}$；$D_1/D_m{}^* = D_1/D_{ma=0.3}/D_1/D_{ma=0}$

种较为极端的情况，类似于加压电色谱），那么流型对径向扩散和纵向扩散的影响可以分别达到理想情况的 20% 和 30%～40%。如果将填充柱作为一束开管柱考虑，这里所得到的结论也同样适用。

§2.3　焦耳热效应对柱效的影响

电驱动分离系统中，有效的热传导是分析方法重现性和高效分离的基础。

柱温提高对溶质在电色谱中的分离行为有很大的影响。首先，柱温的升高会导致溶质在固定相和流动相两相间分配系数的改变，使得样品的保留减小；柱温的升高也使流动相的黏度、ζ势和介电常数等改变，导致电渗流速度变化。此外，温度对溶质的扩散系数、缓冲液的离子强度、pH 值以及固定相的结构等都有影响。

径向呈抛物线形状分布的温度场对柱分离效率同样有很大的影响。呈"楔形"的电渗流在径向"抛物线形"的温度场中将逐渐变形，直接影响到电色谱的分离效率。宏观上，在电色谱分离过程中，随着温度的升高，样品的保留时间减小，分离效率下降。

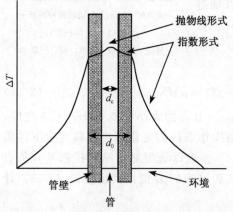

图 2-9　毛细管柱内及其环境的温度分布

§2.3.1　热效应与柱效的关系

电流通过电色谱柱中的流动相时，产生的热量导致沿色谱柱的径向出现不均匀的温度分布。Knox[32]根据如图 2-9 所示的理论模型探讨了由于运行缓冲溶液的自热产生的温度变化及其对柱效的影响。

电流通过电解质所产生的热量首先通过管壁，并进一步散发到环境中。由于流动相缓冲溶液、色谱柱材质以及管外环境的导热性能不同，因此其温度梯度也有较大差别。在环境气相中温度梯度最大，而在管壁中温差最小。

流动相电解质中单位体积的放热量为

$$q = E^2 \lambda C \varepsilon_T \tag{2-39}$$

式中：λ 是溶液的摩尔电导率；ε_T 是电色谱柱总的空隙率。对于开管柱 $\varepsilon_T = 1$，而对于填充柱，ε_T 介于 $0.4 \sim 0.8$ 之间。在典型情况下，$E = 50\ 000\text{V/m}$，$C = 10\text{mmol/L}$，$\varepsilon_T = 0.8$，则 $q = 300\text{kW/L}$。

色谱柱中心与管壁之间的温度差可以表示为

$$\Delta T_1 = q d_c^2 / 16 \kappa_T \tag{2-40}$$

式中：κ_T 为流动相热导率。当 $d_c = 100\mu\text{m}$，$\kappa_T = 0.4\text{W/m}^\circ\text{C}$ 时，$\Delta T_1 = 0.47^\circ\text{C}$。

类似地，毛细管内外表面之间的温度差

$$\Delta T_2 = \frac{q d_c^2}{8 \kappa_w} \ln\left(\frac{d_0}{d_c}\right) \tag{2-41}$$

式中：κ_w 为管壁的热导率；d_0 为毛细管外径。典型情况下 $d_0/d_c = 2$，$\kappa_w = 1.0\text{W/m}^\circ\text{C}$，$\Delta T_2 = 0.11^\circ\text{C}$。显然，$\Delta T_1$ 和 ΔT_2 都很小。

空气中水平放置的电色谱柱的散热主要靠自然对流和强制对流两种形式，热传导的作用相对较低。图 2-10 中给出了自然对流的散热速度与柱直径的关系。如果柱管的直径为 $100\mu\text{m}$，在热产生功率为 300W/cm^3 时，温度差可以达到 50°C，而在电色谱柱内部的温度差只有 1°C 左右。如果柱直径为 $350\mu\text{m}$，热产生功率为 30W/cm^3 时，温度差就可以达到 50°C。显然，仅采用自然对流不可能使电色谱柱中产生的热量及时散发出去，也因此限制了电色谱方法的应用，尤其在采用高电压下进行快速分析时更是如此，必须采用强制对流以保证系统的稳定性。Knox[32] 的研究表明，在热产生功率为 300W/cm^3 时，如果强制对流的速度

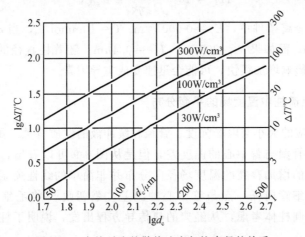

图 2-10 自然对流的散热速度与柱直径的关系

为 10m/s，与自然对流相比，温度差将降低 5 倍。

由于自热产生的温度梯度导致系统整体特性的变化是影响电色谱分离柱效的重要原因之一。由式（1-52）～（1-54），温度梯度不仅会导致流动相黏度的变化，也会导致其他因素的变化，最终影响到整体分离效果和发展的分析方法的稳定性。

由式（1-55），在温度变化较小时，可以认为 $d\eta/\eta$ 和温度呈正比例关系。类似地，可以将温度对其他因素的影响写成同样的形式，这一过程相当于对复杂的数学关系式进行一级线性近似。经简化后，温度变化对溶质迁移速度总的影响可以表示为

$$\delta u_{mig}/u_{mig} = \Delta T_1 \sum \alpha_i \qquad (2\text{-}42)$$

式中：α_i 为第 i 种影响因素的温度系数；在典型情况下 $\sum \alpha_i$ 约为 0.03。

径向温度梯度将产生一个径向的速度梯度，并进一步影响到柱效，这种影响可以表示为

$$H = \frac{96D_m}{d_c^2 \bar{u}} \qquad (2\text{-}43)$$

式中：$\bar{u}$ 为平均流速，相当于流动相线速度的一半；而电驱动分离系统中径向流速的平均值近似为压力驱动对应值的两倍。因此

$$\delta \bar{u}/u = \frac{1}{2}\delta u_{mig}/u_{mig} = 0.015\Delta T_1 \qquad (2\text{-}44)$$

式中：$\delta \bar{u}$ 为电色谱柱中心与管壁处的流动相速度差。

将相关参数的表达式代入到式（2-43）中，最后得到热效应对塔板高度的总贡献

$$H_T = 10^{-8} \frac{\varepsilon_0 \varepsilon_r \delta}{D_m \eta \kappa_T^2} E^5 d_c^6 \lambda^2 C^2 \qquad (2\text{-}45)$$

在典型的分离条件下，$E=50\,000\text{V/m}$；$C=10\text{mmol/L}$，当 $d_c=100\mu m$ 时，$H_T=0.006\mu m$；而如果 $d_c=200\mu m$，$H_T=0.4\mu m$。随着柱直径的加大，热效应对分离柱效的影响增加很快，可能会迅速变成主导因素。

§2.3.2　电色谱柱中温度场的平衡分布

焦耳热效应的大小与电场强度、管径和缓冲液的性质有关。虽然从式（2-38）可以得到毛细管壁与管中心的温度差，但是从图 2-9 可以看出，毛细管内随着与管中心距离的增加存在的温度场径向分布并非简单的线性关系，因此该公式并不能得到毛细管内任一点与管中心的温差。戴朝政[20]将毛细管柱作为均匀发热的无限长圆柱体考虑，从经典的热传导方程出发，说明了柱内温度场的分布状况。

由于柱长 L 远大于柱内半径 r_0，在平衡时间足够长的情况下，柱内温度分布将趋于稳定。求解热传导方程，可以得到均匀内热源引起的温度沿柱截面径向的分布

$$T = Kr_0^2 \left[1 - \left(\frac{r}{r_0} \right)^2 \right] + T_0 \tag{2-46}$$

式中：r 为距毛细管轴心的距离；T_0 为柱内壁的平衡温度；$K = E^2 \lambda C \kappa_1 / \kappa_T$，为与热源强度、热传导系数有关的系数；$\lambda$、$C$ 分别为流动相的摩尔电导率和浓度。

柱内任意一点与管壁的温度差为

$$\Delta T = Kr_0^2 \left[1 - \left(\frac{r}{r_0} \right)^2 \right] \tag{2-47}$$

基于式（2-47）可以进一步从理论上研究热效应对柱效的影响。

§2.3.3　热扩散系数

在 Knox[32] 的研究中将温度对黏度和溶质容量因子等的影响皆简化为正比例关系，说明了柱内的径向温度差对塔板高度的影响。Rathore 等[33] 将填料作为热的非良导体处理，也即认为填料不导热，而只是由流过系统的流动相完成热量的传递，通过测定各种流动相条件下的电导率，计算出导热系数，并且将在柱两端施加的电压对电流作图，评价热效应的作用。其结果为：在典型的电色谱流动相和固定相条件下，填充柱中的温度比环境温度高 23℃ 以上，而在开管柱中甚至可以达到 35℃，这些结果也被 NMR 和 Raman 光谱实验所证实。

温度对电色谱柱内溶质迁移的影响非常复杂，为了更精确地说明温度对分离柱效的影响，必须基于温度与流动相黏度、溶质容量因子等性质之间的精确关系式，才有可能更好地说明热效应对分离的影响。

结合式（1-55）和电渗流速度表达式，考虑到柱内温度的径向分布，可得流动相的径向分布速率

$$u = \frac{\varepsilon_0 \varepsilon \zeta E}{\eta_0} \exp \left\{ - K \alpha_T r_0^2 \left[1 - \left(\frac{r}{r_0} \right)^2 \right] \right\} \tag{2-48}$$

与式（2-42）相比，式（2-48）可以更直观地说明温度差对不同位置的流动相迁移速率的影响。

根据色谱热力学理论[5]，溶质的容量因子 k' 与温度的关系为

$$\ln k' = a + \frac{b}{T} \tag{2-49}$$

将式（2-49）代入式（2-46）中，可以得到容量因子在柱内的径向分布为

$$k' = \exp \left\{ a + \frac{b}{Kr_0^2 [1 - (r/r_0)^2] + T_0} \right\} \tag{2-50}$$

综合式（2-48）和式（2-50），溶质在柱内迁移速度的径向分布满足关系式

$$\bar{u} = \frac{\varepsilon_0 \varepsilon_r \zeta E}{\eta_0} \cdot \frac{\exp\{-K\alpha_T r_0^2[1-(r/r_0)^2]\}}{1+\exp\left\{a+\dfrac{b}{Kr_0^2[1-(r/r_0)^2]+T_0}\right\}} \tag{2-51}$$

与流型研究采用的方法类似，对热效应与柱效关系的进一步研究可以模仿 Giddings[4,30] 的方法。根据色谱物料平衡的原理，弥散引起的浓度偏量与流速的关系为

$$\frac{1}{r}\frac{\partial}{\partial r}\left(r\frac{\partial \varepsilon_i}{\partial r}\right) = \frac{1}{D_m}(u-\bar{u})\cdot\frac{\partial \ln C}{\partial x} \tag{2-52}$$

注意到 u 与 $\bar{u}$ 均与温度的径向分布有关，结合相关表达式后整理得

$$u-\bar{u} = a_Y \cdot Y \tag{2-53}$$

式中

$$a_Y = \frac{\varepsilon_0 \varepsilon_r \zeta E}{\eta_0}\exp(-K\alpha_T r_0^2 + a) \tag{2-54}$$

$$Y = \frac{\exp\{K\alpha_T r^2 + b/[K(r_0^2-r^2)+T_0]\}}{1+\exp\{K\alpha_T r^2 + b/[K(r_0^2-r^2)+T_0]\}} \tag{2-55}$$

对 Y 项在 $r=0$ 处做 Taylor 级数展开，并取前两项作为近似

$$Y = B_0 + \frac{B_2}{2}r^2 \tag{2-56}$$

式中：$B_0 = Y\mid_{r=0}$；$B_2 = d^2Y/dr^2\mid_{r=0}$。

将式（2-56）与式（2-53）、（2-54）结合，并代入式（2-52）中有

$$\frac{1}{r}\frac{\partial}{\partial r}\left(r\frac{\partial \varepsilon_1}{\partial r}\right) = \frac{1}{D_m}\frac{\partial \ln C}{\partial x}a_Y B_0 + \frac{a_Y}{2}B_2 r^2 \tag{2-57}$$

解之得

$$\varepsilon_1 = \frac{1}{D_m}\cdot\frac{\partial \ln C}{\partial x}\cdot\left(\frac{a_Y}{4}B_0 r^2 + \frac{a_Y}{32}B_2 r^4 + c_2\right) \tag{2-58}$$

由于在 $r=r_0$ 处（即流动相与管内壁界面处）管内壁温度与流动相温度相等，$\varepsilon_1 = 0$，因此

$$c_2 = -a_Y\left(\frac{B_0}{4}r_0^2 + \frac{B_2}{32}r_0^4\right) \tag{2-59}$$

再将式（2-59）代入式（2-58）中，有

$$\varepsilon_1 = \frac{a_Y}{D_m}\frac{\partial \ln C}{\partial x}\left[\frac{B_0}{4}(r^2-r_0^2) + \frac{B_2}{32}(r^4-r_0^4)\right] \tag{2-60}$$

如果把谱带的弥散也视为一个扩散输运过程，进一步得到

$$D_T = \frac{a_Y u}{D_m(1+k')}\left(\frac{B_0}{8}r_0^2 + \frac{B_2}{48}r_0^4\right) \tag{2-61}$$

Kr_0^2 代表了柱中心与毛细管内壁的温差。$Kr_0^2 \ll T_0$ 时，作近似 $Kr_0^2 + T_0 \approx T_0$，并以 T 代替 $Kr_0^2 + T_0$。这样，温度梯度对塔板高度的贡献可以表示为

$$H_T = \frac{r_0^2 k' u}{12(1+k')D_m}[3 + Kr_0^2 - (2a_T + b/(1+k')T^2)] \tag{2-62}$$

可以看出，不仅柱系统的性质会影响到热效应的贡献，溶质自身的性质也会对结果产生影响，当柱内径增大到一定的数值时，由于热效应引起的温度场对溶质的弥散作用已经成为造成谱带展宽的主要因素。式（2-62）较为全面地反映了热效应对塔板高度的影响，可为改进柱型、优化电色谱分离条件提供理论参考。

§2.3.4　毛细管内径、施加电压与柱效的关系

在毛细管电色谱中，温度差可以达到数十度，不仅影响到电渗流速度，也会对流型产生影响。尤其在采用电压梯度的情况下，电渗流的变化非常明显。当温度从 20℃ 上升到 70℃ 时，水的黏度降低近一倍，导致电渗流速度变化达 1.64倍。Boughtflower 等[34]推荐采用两性电解质作为电色谱缓冲溶液电解质，以减少自热现象。

当有显著的焦耳热效应存在时，由式（1-12），流动相电导率将不再固定不变。电流对电场强度的变化通常被用于衡量热效应的影响。两者的关系偏离过原点的直线，表明在研究的系统中，存在明显的焦耳热效应；偏离的程度越大，焦耳热效应越大。姬磊[26,27]采用连续床层电色谱柱研究了不同柱直径条件下施加的电压和电流与塔板高度的关系，结果分别在图 2-11 和图 2-12 中给出。

由式（2-62），热效应对塔板高度的贡献与所采用的毛细管内径有关。采用较大内径的电色谱柱，热效应将会变成影响柱效的主要因素。从图 2-11 可以看出，电色谱过程中热效应随着所用毛细管管径的增大而越发显著。柱内径小于 100μm 时，电压加到 25kV，电流还没有发生明显的偏移，而当使用 320μm 色谱柱时，电流显著增大。当电压加到 8kV 时电流偏离线性的现象已经非常明显。不仅电流随压力的增加急剧上升，而且柱效在流速比较大时也会迅速下降。在 Yamamoto[35]早期的电色谱工作中，50μm 细管径的毛细管柱条件下，当电压加到 40kV 以上时就会发现流动相线速度与电场强度的关系明显偏离线性，这说明电场强度足够大时，即使是细内径的毛细管柱其热效应也很显著。

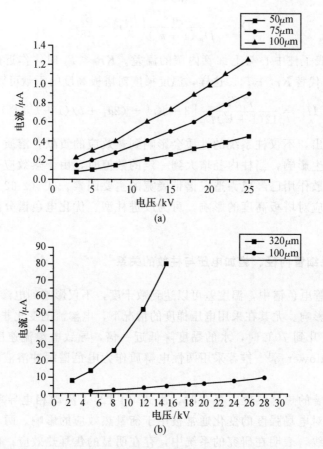

图 2-11　不同内径电色谱柱中所施加电压与电流的关系
（a）色谱柱：50μm、75μm、100μm I. D.；有效长度/总长度＝21cm/31cm；样品：硫脲、苯；
流动相：5mmol/L 磷酸盐缓冲溶液（pH＝9）/乙腈＝20/80；室温 20℃；UV 214nm；
（b）色谱柱：100μm、320μm I. D.；有效长度/总长度＝24cm/33cm，其他同（a）

　　陈国防[36,37]也研究了流动相离子强度对电流的影响，结果如图 2-13 所示。由于运行过程中产生的热量不能够及时散发，尤其在高浓度缓冲溶液的条件下，热效应将非常突出。在 5mmol/L 的 Tris 缓冲溶液中，线性偏离程度较小。随着缓冲溶液浓度的增加，线性偏离程度逐渐增大，当达到 40mmol/L 有效浓度时，线性偏离程度已经十分显著。

　　与高效液相色谱相同，柱温的升高也会通过增大样品的扩散系数、提高溶质的轴向扩散速率和减小传质阻力而提高分离效率。Rozing[38]讨论了高温下的电色谱分离以及用改变温度梯度的方法改善电色谱分离选择性的可能途径，这也从一个侧面说明了温度的变化给电色谱分离带来的影响。Bayer 等[39]通过对柱制备

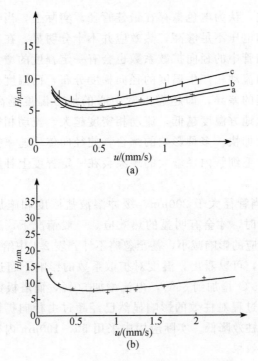

图 2-12 毛细管柱内径对塔板高度的影响

(a) 实验条件同图 2-11（a）；(b) 实验条件同图 2-11（b）

（a）计算机计算参数 a柱：$r_0=25\mu m$，$D_m=3.5\times10^{-3}mm^2/s$，$\kappa_d=500s^{-1}$，$\gamma=0.1$，$\varepsilon_T=0.48$，$\theta'=1.792$，$\lambda=0.2$，$D_r=5\times10^{-2}mm^2/s$。b柱：$r_0=37.5\mu m$，$\lambda=0.25$，$D_r=1\times10^{-1}mm^2/s$。

（b）计算机计算参数 a柱：$r_0=50\mu m$，$D_m=3.5\times10^{-3}mm^2/s$，$\kappa_d=500s^{-1}$，$\gamma=0.6$，$\lambda=0.1$，$\varepsilon_T=0.452$，$\theta'=1.87$，$D_r=5\times10^{-2}mm^2/s$。c柱：$r_0=50\mu m$，$\lambda=0.3$，$D_r=1.2\times10^{-1}mm^2/s$，其余参数取值同上

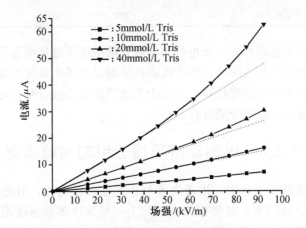

图 2-13 场强与电流的关系

实验条件：Purospher® STAR 400-ODS（<3μm）；流动相：乙腈-Tris（pH 8.30）（80∶20，体积比）

与柱效关系的研究，认为电色谱存在最佳管径。实际上，当毛细管内径比较小的时候，只要施加电压不足够高，热效应并不十分明显。在毛细管内径增大的同时，溶质在毛细管中的径向扩散系数也会有一定程度的增大。由于焦耳热的产生会使毛细管内流动相产生温度的径向梯度分布，而温度梯度的产生会进一步造成流动相密度的差异，即越靠近管中心的地方温度越高，流动相密度越小；越靠近管壁的地方温度越低，流动相密度越大。流动相密度的差异会使径向对流的速率大大加快。多种影响的综合，使径向传质速率提高。因此溶质的径向扩散系数随着毛细管内径增大的现象会在一定程度上补偿因热效应而造成的谱带展宽。

　　Knox[32]认为当管径大于 $200\mu m$、缓冲溶液盐浓度和施加的电压分别大于 $10mmol/L$、$50kV$ 时，才会有明显的热效应。一般情况下，通过柱外温度控制的方法可以使热效应的影响减小，甚至忽略不计。表 2-4 中给出了场强、电解质浓度与柱效的关系，可以看出，温度对扩散系数的影响不超过 10%。也有研究表明[37]：温度从 $15℃$ 增加到 $65℃$，电流增加 50%，而塔板数下降约 10%。在高温下较快的输运过程对柱效的影响显然已经超过由径向扩散产生的影响。总之，增加柱内径，柱效降低。实际应用中采用 $50\sim100\mu m$ 内径的毛细管柱一般会得到较好的分离效果。

表 2-4　场强、电解质浓度对柱效的影响

C/(mmol/L)	E/(kV/m)			
	10	20	50	100
1	1500	750	300	150
10	700	350	140	70
100	320	160	60	30

　　应用大口径电色谱柱的一个可行的方法是采用加压电色谱的分离模式，即在电色谱的基础上引入压力驱动。由于电渗流使固定相颗粒表面的滞留层消失，柱效提高；而压力在电场强度较小，不至于引起严重的热效应时，可以作为主要的流动相驱动力进行样品的分离分析。

§2.4　电驱动溶质输运引起的峰展宽

　　在液相色谱塔板方程中，塔板高度与色谱柱内径无关；但是在毛细管电色谱中，柱效与管径的大小密切相关。实际上，尽管许多影响液相色谱柱效的因素在电驱动情况下已不很显著，而电色谱过程的电属性可以导致一些新的影响

谱带展宽的因素出现；也有一些在压力驱动情况下无需考虑的因素明显影响到电色谱的谱带展宽。热效应是由电驱动引起的影响柱效的最重要因素，此外边壁效应、电扩散以及双电层重叠和孔流限制也是几种需要考虑的重要的影响因素。

§2.4.1　电色谱中的边壁效应

尽管在液相色谱中也存在边壁效应，甚至在一段时间内被普遍认为是细内径液相色谱中影响柱效的主要因素[19,40]。但是，电色谱中的边壁效应与液相色谱中的边壁效应本质上有所不同，其并非起源于边壁附近的相比与柱内部的差异，而是由毛细管内壁与固定相表面电性质的不同引起的电渗流变化产生。边壁效应与§1.3.4中讨论的在大孔固定相中及其颗粒间电渗流速度的差别机理相似，但处理方法有所不同。

在毛细管电色谱中，电渗流不仅产生于毛细管壁，而且产生于固定相颗粒表面。当管壁的 ζ 势 ζ_w 不等于固定相颗粒表面的 ζ 势 ζ_p 时，毛细管管壁处的电渗流速度将与毛细管中心的电渗流速度有所差异，导致填充柱内的楔形流型遭到破坏，产生边壁效应。电色谱边壁效应通常局限于毛细管壁附近很窄的范围内，一般在毛细管半径的 1/3 以内[27,41]。

对于边壁效应的影响可以通过对 ζ 势的修正加以研究，整体电渗流速度等于固定相颗粒产生的电渗流速度加上与 ζ_w-ζ_p 相关的影响补偿。电渗流速度沿径向的分布可以表示为[42]

$$u_{eo}(r) = u_{eo,p} \left[1 + \left(\sqrt{\frac{r_0}{r}} \right) e^{b(r-r_0)/d_p} \left(\frac{\zeta_w}{\zeta_p} - 1 \right) \right] \qquad (2\text{-}63)$$

式中：$u_{eo,p}$ 为固定相颗粒产生的电渗流速度；$b = 3\sqrt{a(1-\varepsilon_p)/2}$，$a$ 为依赖于床层结构和固定相颗粒形状的无因次床层结构参数。

这样，通过对整个床层的体积积分可以得到平均电渗流速度

$$\langle u_{eo} \rangle = \langle u_{eo,p} \rangle \left[1 + \left(\frac{d_p}{r_0} \right) \left(\frac{2}{b} \right) \left(\frac{\zeta_w}{\zeta_p} - 1 \right) \right] \qquad (2\text{-}64)$$

ζ_w-ζ_p 对电渗流平均速度的影响程度与 r_0/d_p 有关，图 2-14 给出了不同 r_0/d_p 及 ζ_w-ζ_p 时电渗流速度沿径向分布的理论结果[42]。可以看出，随着毛细管壁和固定相颗粒表面 Zeta 电势差的增加，边壁效应越来越严重。而减小 r_0/d_p，也可以起到相同的效果。当 $r_0/d_p < 50$ 时，除非 $\zeta_w = \zeta_p$，否则电色谱中边壁效应将不可忽略。

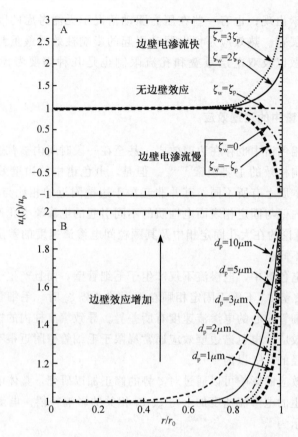

图 2-14　边壁效应引起的电渗流速度沿径向分布

条件 A：$r_0 = 50 \mu m$，$\varepsilon_p = 0.4$，$d_p = 5 \mu m$；B：$r_0 = 50 \mu m$，$\zeta_w = 2\zeta_p$，$\varepsilon_p = 0.4$

§2.4.2　固定相颗粒间的双电层叠加

根据毛细管电色谱塔板高度方程，固定相颗粒越小，理论塔板数越大，分离效率越高。然而，当固定相颗粒很小时，一方面导致均匀装填比较困难，另一方面也可能会发生其他的影响分离性能的行为。罗国安等[43]在研究毛细管电色谱中流动相电解质浓度对电渗流速度的影响时发现两者之间的关系与其他分离模式存在差别，Knox[44]认为这种现象的发生由色谱柱内各流通通道之间的"双电层叠加"作用所致。在填充了球形固定相的色谱柱中，电渗流大小约为空心柱中的 60%。当填料粒度大于 $1 \mu m$ 时，电渗流速度和流型并不随填料粒度的减小而改变，这样理论上可以在电色谱柱内填充更细粒度的固定相以提高柱效。但是，如果在流动相中加入有机调节剂，由于双电层增厚，在填料粒径小于 $5 \mu m$ 的情况下，电渗流几乎随着填料粒径的减小而线性降低。Wan 等[45]对毛细管电色谱中的双电层叠加作用进行了理论研究，王洪[46]也详细研究了双电层叠加对电色谱分离柱效和流动相平均线速度的影响，并提出了减小双电层叠加的有效方法。

　　基于图 1-9（b）的模型，将填充毛细管柱中的固定相颗粒间隙作为一束细小的微通道考虑，由于固定相颗粒填充的不均匀性将导致通道的不均匀和弯曲。尤其是在装柱过程中，固定相中的细小和破碎颗粒进入到柱内，使局部通道狭窄，可能导致部分通道直径接近双电层厚度而发生双电层叠加现象，溶质在停滞的流动相中时间加长，宏观表现为保留时间增加。据此，对填充毛细管电色谱中的电渗流进行修正后可以得到

$$u_{\mathrm{eo}} = E \cdot \gamma \frac{\varepsilon_{\mathrm{p}}}{\varepsilon_{\mathrm{p}} + \varepsilon_{\mathrm{i}}} (a + b\lg C) \frac{1}{N} \sum_{i=1}^{n} \left[1 - \frac{2}{3.29\sqrt{C}} \cdot \frac{I_1(3.29 d_i \sqrt{C})}{I_0(3.29 d_i \sqrt{C})} \right]$$

$$(2\text{-}65)$$

式中：d_i 为通道直径；a、b 为常数；N 为通道总数。γ 的范围皆为 $0\sim1$；d_i 的范围为 $0\sim r_0$。

　　显然，当柱两端所施加的电压一定时，u_{eo} 与固定相填充状况和流通通道直径有关。双电层叠加的发生，表现为有效电场强度改变，u_{eo} 与 $\lg C$ 的线性关系偏离。填充毛细管电色谱中固定相填充状况本身即直接影响到柱效能，这是影响填充毛细管电色谱柱效的内因。而当发生双电层叠加时，流动相中电解质浓度也将影响到柱效，这是影响填充毛细管电色谱柱效的外因。

　　图 2-15 中给出了 3 种电解质浓度情况下电场强度、电解质浓度与电渗流的关系，图 2-16 为对应的电解质浓度与柱效的关系。由图 2-15 可以看出，当流动相中电解质浓度一定，电渗流与所施加电场强度呈线性关系，因此可以排除热效应的影响。电场强度一定时，电渗流与流动相中电解质浓度的对数偏离线性关系，即表现出双电层叠加现象。由图 2-16，柱效不仅与流动相线速度有关，也与电解质浓度有关，说明柱内有与电解质浓度有关的双电层叠加现象发生。

　　填充毛细管柱的平均流通通道直径可以表示为[47]

$$\bar{d} = \frac{2\varepsilon_{\mathrm{p}}}{3(1-\varepsilon_{\mathrm{p}})} d_{\mathrm{p}} \qquad (2\text{-}66)$$

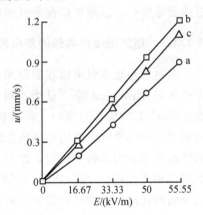

图 2-15　电场强度与电解质浓度
对电渗流的影响

色谱柱：45cm/37cm；100μm I. D. Zobax
BP C₁₈；进样：15kV，5s；流动相：
乙腈/磷酸缓冲溶液=3/1，pH 7.0；
溶质：硫脲；a. 1.0×10^{-3}mol/L；
b. 2.0×10^{-3}mol/L；c. 4.0×10^{-3}mol/L

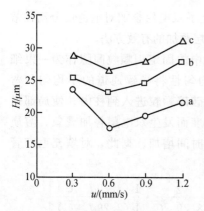

图 2-16　电解质浓度对柱效的影响

溶质：甲苯；其他条件同图 2-15

在 $d_p = 5\mu m$，$\varepsilon_p = 0.4$ 的情况下，$\bar{d} = 2.22\mu m$。因此，一般情况下，填充毛细管柱的平均流通通道直径远大于双电层厚度，不会发生双电层叠加。但是，填充毛细管柱本身存在着填充的不均匀性，对于电色谱柱中的局部狭窄通道，其直径与双电层厚度相当时，在这些通道中将可能发生与电解质浓度有关的双电层叠加，使有效电场强度改变，流动相线速减小，并导致柱效降低。

在匀浆法填充的电色谱中，当颗粒平均直径小于双电层厚度 40 倍时，电渗流将会有严重损失，所以，粒径不能任意减小。而填料颗粒的粒径大于 40 倍的双电层厚度时，可以认为没有发生双电层重叠。对电色谱开管柱而言，毛细管内径大于 10 倍的双电层厚度时，可以认为没有发生双电层重叠。一般地，固定相颗粒的粒度为 $3 \sim 5\mu m$，柱直径在 $100\mu m$ 级。由于双电层的厚度为 10nm，远远满足不了产生双电层重叠的条件，因此电渗流速度与色谱柱直径及固定相颗粒的大小无关。

若毛细管电色谱柱装填不是很差，固定相颗粒之间的双电层叠加对于柱效的总体贡献很小，通常可以在研究中忽略。

§2.4.3　固定相颗粒内部的双电层叠加

双电层叠加不仅可以在固定相颗粒间产生，也能够在固定相颗粒内部的微孔中产生。Whitehead 等[48]认为，对于普通固定相颗粒（孔径在 $60 \sim 80 \text{Å}$ 之间），在 1mmol/L 的缓冲溶液中（此时双电层厚度大约为 10nm），固定相内部微孔中的双电层全部叠加，对应的电渗流将不存在，因此不存在"灌流"现象。与通常的液相色谱动力学研究类似，此时，不必考虑孔流的作用。但是，当采用较大孔径固定相颗粒进行"灌流"电色谱[37]研究时，由固定相颗粒内部的双电层叠加而导致的孔流变化会直接影响到溶质的迁移速率和分离效果。

Remcho 等[49]利用电色谱柱的电导率测定结果来估计孔流的大小。Tallarek 等[50]利用脉冲场梯度 NMR 法清楚地显示了在多孔介质中孔流的存在。Tallarek 等[51]用共焦激光扫描显微镜定量研究多孔介质中的电动输运，也发现了孔流的存在。

如果认为孔内的电渗流输运情形也与颗粒间类似，且 ζ 势在 25mV 以下，基于 Whitehead 等[48]的电渗流理论，由式（1-43），可以得到孔内的平均电渗流速度与固定相颗粒间电渗流速度的比值

$$\omega_u = 1 - \frac{2I_1(\kappa r_0)}{\kappa r_0 I_0(\kappa r_0)} \tag{2-67}$$

注意到孔径尺寸分布对平均孔内电渗流速度的影响，可以将固定相颗粒内部的孔通道看成一组不同直径的平行流通管集合体。Remcho 等引入"有效颗粒直径"的概念来估算孔内电渗流速度，固定相颗粒间隙的直径与粒径成正比，大约是粒径的 $25\% \sim 40\%$[52~55]。Liapis 等[44,56]也建立了相应的模型用于估算孔内电渗流速度的大小。表 2-5 中给出了 Kok 等[57]在不同的电解质浓度下根据不同的模型

表 2-5　采用平行模型 (parallel model) 和序列通道模型 (series channel model) 的孔流速度和排阻极限的估算

LiCl 浓度/(mmol/L)		1	10
δ/nm		6.51	2.06
孔流速度 (ω_u)	平行模型	0.124	0.45
	序列模型	0.068	0.363
相对保留值	平行模型	0.59	0.75
	序列模型	0.57	0.7
	压力驱动	0.54	0.54

估算的孔流大小和排阻极限的结果对比。在极端情况下，当固定相颗粒间电渗流速度等于孔内电渗流速度时，流体速度的不均匀性消失，此时不均一性仅限于构成颗粒的纳米级微球结构上。

在"灌流"电色谱的塔板方程中，A 项很小，影响柱效的最主要因素为固定相传质动力学项，相应的表达式为[58]

$$H_{i,diff} = \frac{1}{30} \cdot \frac{\varepsilon_i}{\varepsilon_p + \varepsilon_i} \cdot \frac{1}{1 + \omega_u \varepsilon_i / \varepsilon_p} \cdot \frac{(1 - \omega_u + k'')(1 + k'')}{(1 + k')^2} \frac{d_p^2}{D_{eff}} u_{eo} \tag{2-68}$$

$$D_{eff} = D_m \frac{\bar{u}_i}{18} \frac{1}{\coth\left(\frac{\bar{u}_i}{6}\right) - \frac{6}{\bar{u}_i}} \tag{2-69}$$

式中：D_{eff} 为有效溶质分子扩散系数；k' 是溶质的容量因子；k'' 为溶质在固定相颗粒孔内的容量因子；$\bar{u}_i$ 为孔内折合电渗流速度。

在没有"灌流"存在的情况下，$\omega_u = 0$，式 (2-68) 可以简化为

$$H_{i,diff} = \frac{1}{30} \frac{\varepsilon_i}{\varepsilon_p + \varepsilon_i} \frac{(1 + k'')^2}{(1 + k')^2} \frac{d_p^2}{D_m} u_{eo} \tag{2-70}$$

而对于没有保留的溶质 ($k' = k'' = 0$)，固定相传质动力学项对塔板高度的贡献为

$$H_{i,diff} = \frac{1}{30} \cdot \frac{\varepsilon_i}{\varepsilon_p + \varepsilon_i} \cdot \frac{1 - \omega_u}{1 + \omega_u \varepsilon_i / \varepsilon_p} \cdot \frac{d_p^2}{D_{eff}} u_{eo} \tag{2-71}$$

式 (2-71) 中，$H_{i,diff}$ 与 $1 - \omega_u$ 有关，说明峰展宽与柱内间隙及孔内速度差有关。当 $\omega_u = 1$ 时，$H_{i,diff} = 0$，意味着在固定相颗粒内外电渗流速度相等，不保留溶质的固定相传质动力学项将不存在。

§2.4.4 电扩散作用

在毛细管区带电泳中，溶质和运行缓冲溶液中离子的种类不同时，由于不同离子电泳迁移淌度的差异，将导致在两种缓冲溶液界面出现溶液返混的现象。而样品区带中溶质离子与本底电解质中同离子迁移速度的差别，也会导致谱带展宽。显然，这种现象在毛细管电色谱中同样存在。

Beckers[59,62]提出了电扩散作用的概念，用于说明由于溶质离子与运行电解质中同离子迁移速度的不同引起的谱带展宽。他们将样品谱带分成若干小的区段，并基于电中性方程、Ohm 定律和质量平衡方程研究溶质浓度的变化，在非稳态情况下探讨了电扩散过程对谱带展宽的影响。

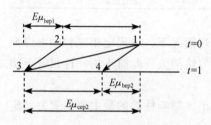

图 2-17　由于离子电泳淌度的
差别导致的小区段边界变化

不考虑电渗流的影响，或以电渗流作为参照系，考察与本底电解质中同离子具有不同迁移淌度的溶质离子的迁移行为。如图 2-17 所示，如果溶质离子的电泳淌度 μ_{cep} 大于本底电解质中的同离子淌度 μ_{bep}，小区段 1 和 2 之间的边界由 2 中溶质的电泳速度确定。区段边界在单位时间内从 $t=0$ 的位置 1 运动到 $t=1$ 的位置 3，迁移的距离为 $E_2\mu_{cep2}$。而对应的同离子从 $t=0$ 的位置 2，到达 $t=1$ 时的位置 3，迁移的距离为 $E_1\mu_{bep1}$。同理，在区段 2 中，在时间 $t=0$ 时处于位置 1 的同离子在 $t=1$ 时到达位置 4，迁移距离 $E_2\mu_{bep2}$。这说明在 $t=0$ 时间，位置 1 与位置 2 之间区段中的同离子将在 $t=1$ 时间出现在位置 3 与位置 4 之间的区段中。由质量平衡方程可以得到

$$\frac{E_1}{E_2} = \frac{\mu_{cep2}}{\mu_{bep1}} - \frac{C_2(\mu_{cep2} - \mu_{bep2})}{C_1\mu_{bep1}} \tag{2-72}$$

式中：C 为本底电解质在对应位置的浓度。

在溶质离子的迁移速率低于同离子时也可以得到同样的方程。这些方程说明由于电泳迁移淌度的差异，将导致在样品区带内部出现电场强度分布的不均匀性。H^+ 为水溶液中的阳离子之一，如图 2-18 所示，这种迁移模式同样会在样品区带中产生 pH 梯度。电场强度分布的不均匀性和 pH 梯度可进一步导致溶质谱带的展宽。

只有在同离子的迁移淌度等于溶质离子的迁移

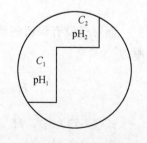

图 2-18　电泳淌度差别在
样品区带中产生的 pH 梯度

淌度时才可能避免电扩散的影响。表 2-6
中给出了常用于作为缓冲溶液的几种化合
物的无限稀释离子淌度和解离常数。
Beckers[59] 探讨了采用两种不同淌度的缓
冲盐按照一定的比例配合，以使其平均淌
度等于溶质离子的电泳淌度的方法，但是
这种方法的效果并不十分理想。

　　电扩散现象是影响毛细管电泳场放大
柱内在线富集效果的直接原因[63]。对于
中性溶质的电色谱分离，由于样品区带和
运行缓冲溶液组成的差别，同样会对分离
产生一定的影响，Beckers[59,62] 通过对系
统峰的研究，说明了这种影响的特征。有

**表 2-6　常用于缓冲溶液化合物的
无限稀释离子淌度和解离常数**

离子种类	$\mu(10^9)$	pk_a
乙酸	−42.4	4.76
苯甲酸	−33.6	4.203
甲酸	−56.6	3.75
组氨酸	29.7	6.03
盐酸	79.1	−2.0
咪唑	50.4	6.953
Li^+	40.1	14.0
MES	−28.0	6.095
K^+	76.2	14.0
TBA	25.0	>9.0
Tris	29.5	8.10

人[64] 认为溶质离子在离子交换固定相表面也存在迁移现象，因此电扩散作用也
应该在固定相表面存在。

§2.4.5　填充柱后部空管部分对柱效的影响

　　根据柱型的不同，目前使用的毛细管电色谱填充柱大致可分为两类。第一类
电色谱柱由填有固定相的填充段和空管组成，这类电色谱柱称之为部分填充毛细
管电色谱柱，文献中报道的绝大部分电色谱柱属于此类；另一类为全填充毛细管
电色谱柱[65]，同部分填充柱不同，全填充毛细管电色谱柱内的电导、焦耳热和
电渗流速度在轴向上是一致的[66]。由于全填充毛细管电色谱柱中窗口位置的填
料会引起检测光散射致使检测灵敏度降低，因此，目前仍普遍使用部分填充毛细
管柱。

　　部分填充毛细管柱后部的空管部分对柱效和分离影响很大，Horvath 等[24]
详细地研究了空管部分对电场强度分配、电渗流等的影响，也认为由于流速的差
别，在界面处会产生压力降。图 2-19～图 2-21 分别给出了电场强度、压力降以
及电渗流速度与折合长度 L_p/L 之间的关系。

　　因为在开管部分存在压力降，所以可能导致流型的变化。开管部分对塔板高
度的贡献为纵向扩散的贡献 $H_{b,LD}$ 和流型改变的贡献 $H_{b,FP}$ 两项的加和

$$H_{open} = H_{b,LD} + H_{b,FP} = \frac{2D_m}{u_{eo,b}} + \frac{r_0^2}{24D_m u_{eo,b}}\left[\frac{(P_0 - P_1)}{L_b} \cdot \frac{r_0^2}{8\eta}\right] \quad (2-73)$$

式中：$u_{eo,b}$ 为开管部分的电渗流速度。

　　当 $P_0 = P_1$ 时，式（2-73）还原为式（2-10）的形式。图 2-22 中也给出了填

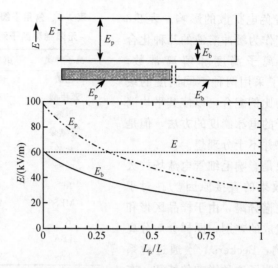

图 2-19　填充段长度对电场强度分配的影响

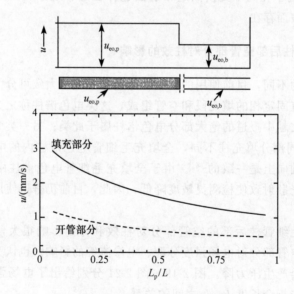

图 2-20　填充段长度对电渗流的影响

充段长度对塔板高度影响的理论计算结果。

　　已有人[67,68]设计出在检测窗两端都有固定相的特殊连续床层电色谱柱。尽管制备工艺较为复杂，但是采用这种色谱柱可以部分消除柱后空管部分对柱效的影响。

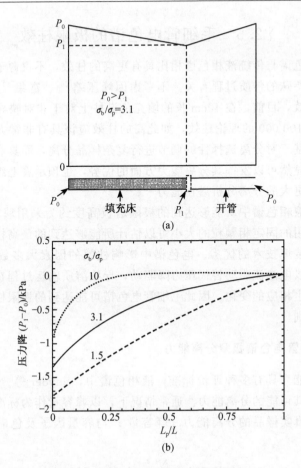

图 2-21 填充段长度对压力降的影响

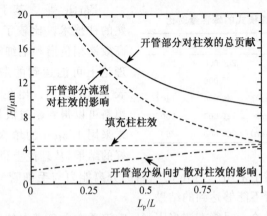

图 2-22 填充段长度对柱效的影响

填充段柱效 $H_{packed}=4.5\mu m$, $D_m=10^{-9}m^2/s$

§2.5　毛细管电色谱的极限柱效

毛细管电色谱与传统液相色谱相比具有更高的柱效，不仅源于其近似楔形的流型，也与其特殊的传质过程有关。不考虑因峰压缩[69]、富集[70~73]等特殊作用产生的超常柱效，目前，在40cm长的填充色谱柱上对于非对映异构体的分离已经可达到超过 100 000 的理论柱效，如此高的柱效应该具有非常大的峰容量。大多数液相色谱基于对分离选择性的调节进行复杂样品分离，而具有更高塔板数的毛细管电色谱显然可以发挥其分离能力方面的优势，也预示着毛细管电色谱对于复杂样品具有更大的分离分析潜在能力[24,74,75]。

一般认为液相色谱中所能够达到的极限塔板高度约为采用填料直径的 2 倍，因此基于所采用的固定相颗粒的大小可以估计所能够达到的最高柱效，并根据实际柱效说明柱装填技术的优劣。电色谱中影响柱效的因素大多数与液相色谱相当，然而由于以电渗流驱动替代压力降驱动，导致溶质输运过程在热力学和动力学两方面都产生相应的变化，因此毛细管电色谱可能达到的极限柱效与液相色谱也有一定的差别。

§2.5.1　毛细管电色谱极限分离能力

色谱分离能力具有多种评价标准，液相色谱中，Snyder 等[76]通过固定容量因子范围说明其可能的分离能力。通常情况下，以峰容量作为标准，基本上能够度量色谱柱对真实样品的分离能力。峰容量 P 与容量因子及色谱柱效之间的关系可表示为

$$P = 1 + \frac{N^{1/2}}{4} \cdot \ln(1+k) \tag{2-74}$$

表 2-7　不同分离模式的峰容量对比

模　式	柱　长	理论塔板数	峰容量
GC	50m	200 000	260
HPLC	25cm	25 000	90
CEC	25cm（3μm）	40 000	140
	50cm（3μm）	120 000	200
	50cm（1.5μm）	200 000	260

Bartle 等[77]基于已有的或基本成熟的柱技术，比较了毛细管气相色谱、高效液相色谱和毛细管电色谱三种模式理论上可能达到的最大 P 值，结果在表 2-7 中给出。电色谱中采用 3μm 的填料可以得到超过液相色谱的柱效，如果采用 1.5μm 的填料甚至可以得到更好的结果。从理论上讲，采用折合塔板高度来评价，电色谱中采用 1.5μm 的填料的分离能力与毛细管气相色谱相当，这是传统液相色谱所不能够达到的结果。

根据前面的讨论，尽管有诸多因素影响溶质在电色谱中的谱带展宽，但是只要选择合适的操作条件，大多数因素的影响可以忽略。Knox等[78,79]对电色谱中

影响柱效的因素进行了系统的研究，表 2-8 中也给出了他们得到的开管柱与固定相颗粒大小对电渗流速度影响的结果，在典型的流动相离子强度下（1～10mmol/L），采用 0.5μm 的填料，最大峰容量甚至可以达到 400 以上。他们[79]进一步通过探讨开管柱、固定相颗粒大小以及扩散作用对电色谱柱效的影响，得到了描述塔板高度与流动相线速度、扩散系数及固定相颗粒直径之间关系的理论表达式

表 2-8 开管柱和填料颗粒大小对电渗流损失的影响*

电解质浓度 /(mmol/L)	δ/nm	最小直径/μm	
		开管柱	填充柱
0.01	100	1.0	4.0
0.1	31	0.3	1.2
1	10	0.1	0.4
10	3	0.03	0.12
100	1	0.01	0.04

注：40%损失；1∶1电解质水溶液；开管柱：$d_c=10\delta$，填充柱：$d_p=40\delta$。

$$H = 1.5 \cdot \frac{D_m}{\bar{u}} + d_p(\bar{u}d_p/D_m)^{1/3} \tag{2-75}$$

式中：$\bar{u}$ 为平均流速。

由式（2-75），H 的最小值在 $d_p \leqslant 1\mu m$ 的范围内，这也说明电色谱中所采用的固定相颗粒直径的下限应该可以达到产生双电层重叠的范围。显然，这是非常极端的情况，实际上，当固定相颗粒太小时，一些正常情况下不会出现的问题将会显得非常重要。

表 2-9 填料颗粒大小与柱效的关系

$d_p/\mu m$	$H/\mu m$	N
3	6	133 000
2	3.6	280 000
1	1.8	560 000
0.5	1.2	870 000

Luo 等[80]结合对电渗流产生机理的探讨，通过不同的理论模型说明 d_p 与电渗流流型的关系，得到的 d_p 与塔板数关系的理论结果在表 2-9 中给出。如果采用 $1\mu m$ 的填料，基于表 2-9 和式（2-75），在离子强度为 10mmol/L 时，可能达到的极限柱效应该在 500 000～1 000 000 理论塔板数/m。尽管理论上电色谱由于没有液相色谱中的反压限制，可以采用很小颗粒的填料，以获得更高的柱效，但是，当填料颗粒 $d_p < 2\mu m$ 时，填充性质将会发生变化，柱效的变化趋势也有所改变。最近，"灌流"电色谱的方法已经被发展[18,37,81~84]，采用大孔的较大颗粒固定相，溶质在孔内固定相的输运和分离占主导，能够部分地产生采用小颗粒固定相相同的效果。Rifai 等[84]对采用大孔固定相颗粒装填的色谱柱在电压和压力驱动模式下的色谱行为进行了研究，得到的柱效为 650 000 塔板数/m，相应的折合塔板高度为 0.2μm。

§2.5.2 电色谱极限绝对柱效

尽管高效液相色谱的理论柱效较高，但是由于反压的限制，一般只能采用不

超过 20~30cm 长的色谱柱，因此其绝对柱效相对较小。显然，毛细管电色谱中可以使用更长的色谱柱，应该可以得到更高的实际柱效。

为了减小热效应对柱效的影响，电色谱采用的柱内径通常较细。在采用压力填充法填充色谱柱时，较大的反压导致填充的毛细管电色谱柱长很难超过 50cm。电色谱中电渗流速度与所施加的电压呈线性关系，在增加柱长后要想获得与较短色谱柱同样的电渗流速度，需要在毛细管柱两端施加更高的电压，也会造成实际操作技术上的困难。因此，目前实际采用的电色谱填充柱的柱长一般小于 50cm。

阎超等[85]发展的电色谱柱"电填充"方法，极大地改善了填充柱的性能。尤慧艳[86]采用这种方法，并对高压装置加以改进，利用电渗流为驱动力无反压的优势，构建了可以采用 100cm 长色谱柱的电色谱分离系统。在该系统上，以 95%CH$_3$CN/5% 1mmol/L MES 为流动相，不同电压下，直接分离苯甲醇、苯甲醛和萘混合样品，表 2-10 中给出了实验测得的绝对柱效与电压的关系。图 2-23中也给出了对应的塔板高度与流动相线速度的关系。

表 2-10　100cm 柱上不同电压下样品的绝对柱效*

电压/kV	理论塔板数 塔板高度(H)/折合塔板高度(h)		
	苯甲醇	苯甲醛	萘
60	160 000	160 000	151 000
	6.26/2.09	6.22/2.07	6.62/2.21
55	119 000	131 000	138 000
	8.36/2.79	7.61/2.54	7.24/2.41
50	148 000	121 000	138 000
	6.73/2.24	8.24/2.75	7.25/2.42
45	135 000	104 000	125 000
	7.41/2.47	9.56/3.19	7.99/2.66
40	132 000	110 000	114 000
	7.56/2.52	9.07/3.02	8.74/2.91
35	100 000	104 000	103 000
	9.93/3.31	9.62/3.21	9.71/3.24

* 毛细管填充柱：150cm/100cm，75μm I.D.，固定相：3μm Synchropak ODS

对于高效液相色谱，采用 3μm 填料可能达到的极限塔板高度约 6.0μm。这里采用 3μm Synchropak ODS，得到的最高柱效为 160 000，对应的塔板高度为 6.22μm，已接近高效液相色谱所能够达到的极限值。这也是目前已知高效液相色谱及电色谱实验中得到的绝对柱效最大值。

理论上讲，电色谱较液相色谱应有更高的柱效，但是由于超长色谱柱的均匀装填十分困难，导致表 2-10 的结果并不十分理想。再者，由图 2-23，在实验测量范围内，随流速增加，板高仍在减小，柱效呈增加的趋势，并没有得到最佳流速下的实验结果。如果能够继续升高运行电压，应该可以得到更高的绝对柱效。

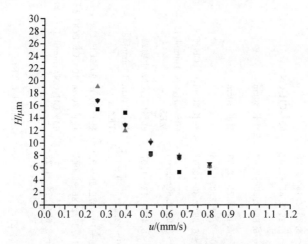

图 2-23　100cm 长柱上样品的流速-板高曲线
溶质：（▲）硫脲；（●）苯甲醇；（▼）苯甲醛；（■）萘

§2.5.3　不同种类固定相柱的柱效

目前，用于毛细管电色谱的固定相种类很多，除了传统的高效液相色谱小颗粒固定相常被用于填充电色谱柱外，人们也根据毛细管电色谱的特点和分离实际样品的需要合成了多种专门用于电色谱分离的固定相。Rassi 等[66]制备了表面有 75％硅羟基残余的 ODS 填料，可以获得足够高的电渗流速度，但是此类固定相存在硅羟基的电离程度取决于流动相 pH 的缺陷。为克服这一不足，也有人[87~92]制备了在硅胶上同时键合磺酸基和烷基链的混合固定相，由于磺酸基在很宽的 pH 范围内以离子形态存在，因此在该体系中电渗流几乎不随流动相 pH 变化而改变。张玉奎等[93,94]在毛细管电色谱中采用混合填料固定相，通过调节 SCX 固定相和 ODS 固定相的配比，对固定相的疏水性和电渗流加以有效地控制。此外离子交换固定相、分子印迹固定相以及环糊精、蛋白质、纤维素衍生物、大环抗生素等手性固定相在电色谱中也有应用。

在实际工作中，固定相的选择是分析方法建立的关键。因此，探讨不同固定相的性质及分离特征，对于选择合适的固定相进行理论与应用研究具有非常重要的意义。邹汉法等[1]总结了一些电色谱固定相的实验结果，尤慧艳[86]也选择了 31 种不同品牌、不同性质的固定相进行研究，表 2-11 中给出了在不同固定相电色谱柱上电渗流淌度和柱效的实验结果。

电渗流的大小与固定相表面的硅羟基浓度有关，因此固定相的电渗流淌度与其种类有很大关系。当硅羟基表面键合上各种基团时，由于键合基团的浓度不同，表面残余的硅羟基浓度也各不相同，从而导致电渗流的差异。对于一些封端

表 2-11　在不同固定相电色谱柱上电渗流淌度和柱效

序号	固定相	电渗流淌度 /(cm²/V·s)×10⁴	塔板数/每米塔板数	塔板高度 H(μm)/折合塔板高度 h	备注
1	3μm C18 (3PAH) Synchropak, 300Å	1.223	28 000～42 000/112 000～169 000	8.93～5.95/2.98～1.98	
2	3μm C8 (3 8R100)Synchropak	2.02	29 000～42 000/116 000～168 000	8.62～5.95/2.87～1.98	
3	3μm PH (3PH100) Synchropak	1.63	34 000～40 000/137 000～158 000	7.35～6.25/2.45～2.08	
4	3μm CN(3CN100) Synchropak	1.16	29 000～40 000/117 000～134 000	8.55～6.25/2.85～2.08	50%CH₃CN
5	3μm ODS (3RPH) PH stable, Synchropak	1.74	44 000～51 000/148 000～171 000	6.82～5.88/2.27～2.67	柱长 30cm
6	2μm ODS2 Phase sep. Spherisorb	2.01	27 000～48 000/109 000～191 000	7.41～4.17/3.71～2.09	柱长 20cm
7	3μm ODS1 Phase sep. Spherisorb	1.30	25 000～32 000/101 000～128 000	10.00～7.81/3.33～2.60	
8	3μm SI Phase sep. Spherisorb	52(紫标记)	29 000～32 000/146 000～160 000	6.90～6.25/2.30～2.08	柱长 20cm,0%CH₃CN
9	1.5μm NPS ODS Micra Scientific. Inc.	1.33	64 000～82 000/255 000～326 000	3.91～3.05/2.60～2.03	70%CH₃CN/1mmol/L MES
10	6μm SCX Synchropak		38 000～39 000/150 000～156 000	6.79～6.41/1.13～1.07	60%CH₃CN/生物碱
11	5μm Chirobiotic T ASTEC (Advanced Separation Technologies)	1.60(紫标记)	8 000～9 000/39 000～43 000	25.00～22.22/5.00～4.45	柱长 20cm,10mmol/L TEAA
12	5μm Cyclobond I 2000 ASTEC	1.71(紫标记)	14 000～19 000/70 000～93 000	14.29～10.53/2.86～2.10	柱长 20cm,90%CH₃CN
13	Zorbax 7μm NH2	3.10(紫标记)	10 000～14 000/49 000～71 000	20～14.29/2.86～2.04	柱长 20cm,10%CF₃COOH
14	3μm NPS(nonporous silica) ODSII Micra scientific, Inc	1.80	48 000～68 000/191 000～270 000	5.21～3.68/1.74～1.23	60%CH₃CN/1mmol/L MES
15	3μm NPS (nonporous silica) ODSII EC-Micra scientific, Inc	1.70	26 000/102 000～104 000	9.62/3.21	10mmol/L TRIS
16	1.5μm NPS PolyendcapB Micra scientific. Inc	1.80	28 000～37 000/113 000～148 000	8.93～6.76/5.95～4.51	50%CH₃CN/10mmol/L TRIS
17	2μm Super-ODS Japan	1.25	23 000～26 000/113 000～129 000	8.70～7.69/4.35～3.85	柱长 20cm,1mmol/L TRIS
18	7μm C18 Synchropak RPP Micro scientific, Inc.	1.76	26 000～31 000/103 000～122 000	9.62～8.06/1.32～1.15	

续表

序号	固定相	电渗流淌度/(cm²/V·s)×10⁴	塔板数/每米塔板数	塔板高度 H(μm)/折合塔板高度 h	备注
19	Hichrom 3.5μm C18 (unendcapped)	1.79	24 000~28 000/94 000~110 000	10.42~8.93/2.98~2.55	柱长 20cm
20	HTS 3μm C12 60Å Princeton Chromatography, Inc.	1.42	21 000~29 000/111 000~152 000	9.05~6.55/3.02~2.18	柱长 19cm,70%CH₃CN/10mmol/L TRIS
21	HTS 5μm C12 60Å Princeton Chromatography, Inc.	1.52	15 000~17 000/75 000~84 000	13.33~11.76/2.67~2.35	柱长 20cm
22	C3 Samms Pacific Northwest National laboratory	1.20	3000~4000/15 000~21 000	66.67~50.00/13.33~10.0	柱长 20cm,70%CH₃CN
23	C12 Samms Pacific Northwest National laboratory	0.89	3000~4000/15 000~22 000	66.67~50.00/13.33~10.0	柱长 20cm,70%CH₃CN
24	Tskgel 3μm ODS-80TS QA Japan	1.30	25 000~29 000/101 000~117 000	10.00~8.62/3.33~2.87	
25	Vydac 6μm C18 Sharon Lu millenniun Phan	1.37	16 000~18 000/75 000~86 000	13.13~11.67/2.19~1.94	柱长 21cm
26	Chiracel OJ-R Tony L, Spears	1.56	25 000~37 000/100 000~148 000	10.00~6.76/3.33/2.25	70%CH₃CN
27	3μm Nlgm PFP/T Chromegabond	1.13	36 000~52 000/143 000~206 000	6.94~4.81/2.31~1.60	
28	Develosil 5μm C30 UG Bulk Packing	1.44	10 000~22 000/42 000~86 000	25.00~11.36/5.00~2.25	10mmol/L TRIS
29	5μm Lichrosphere Diol Alltech Associates, Inc.	1.16(萘标记)	15 000~16 000/67 000~78 000	13.33~12.50/2.67~2.50	柱长 20cm,0%CH₃CN
30	Hypersil 3μm BDS C18	1.01	26 000~28 000/105 000~111 000	9.62~8.93/3.21~2.91	
31	Prontosil 200-3μm-C30 Bischoff Chromatography	1.68	25 000~42 000/101 000~167 000	10.00~5.95/3.33~1.92	90%CH₃CN

注：实验条件：内径75μm，外径360μm，除特别指定外，填充长度25cm，总长37cm，内填各种固定相填充料；流动相：80％乙腈加 20％ 硼砂(4mmol/L)；进样：5kV/s；检测：UV 254nm

固定相填充柱，固定相表面残余的硅羟基进一步被一些小的基团键合，电渗流明显低于不封端的固定相。封端固定相耐水解，常用于分离碱性化合物。

固定相的电渗流淌度与其粒度无关，但对柱效影响较大。由表 2-11 中可以看出，无孔固定相填充柱的柱效高于有孔固定相填充柱的柱效。小颗粒固定相填充柱的柱效高于大颗粒固定相填充柱的柱效。封端固定相填充柱的柱效高于不封端固定相填充柱的柱效。在常规检测范围内，毛细管电色谱的柱效为十几万，高于液相色谱。对于一些特殊的固定相或在特殊的检测条件下，柱效甚至可能达到几十万。

参 考 文 献

1　邹汉法，刘震，叶明亮，张玉奎. 毛细管电色谱及其应用. 北京：科学出版社，2001

2　施维，邹汉法，张津，张玉奎. 色谱，1997，15：388

3　Horvath Cs，Lin H J. J. Chromatogr.，1978，149：43

4　Giddings J C. Dynamics of Chromatography. New York：Marcel Dekker，1965：48

5　卢佩章，戴朝政. 色谱理论基础. 北京：科学出版社，1986

6　Klinkenberg A. Anal. Chem.，1966，38：489

7　Klinkenberg A. Anal. Chem.，1966，38：491

8　Horvath Cs，Lin H J. J. Chromatogr.，1976，126：401

9　Dittman M M，Wienand K，Bek F. LC-GC，1995，13：800

10　Dittman M M，Rozing G P. J. Chromatogr. A，1996，744：63

11　Wen E，Asiaie R，Horvath Cs. J. Chromatogr A，1999，855：349

12　Grimes B A，Ludtke S，Unger K K，Liapis A I. J. Chromatogr. A，2002，979：447

13　Bristow P A，Knox J H. Chromatographia，1977，10：279

14　刘震. 中国科学院大连化学物理研究所博士论文. 大连，1998

15　Angus P D，Stobaugh J F. Electrophoresis，1998，19：2073

16　Knox J H. Adv. Chromatogr.，1998，38：1

17　Seifar R M，Heemstra S，Kok W Th，Kraak J C，Poppe H. Biomedical Chromatogr.，1998，12：140

18　Li D，Remcho V T. J. Microcol. Sep.，1997，9：389

19　张玉奎，包绵生，周桂敏，林从敬，卢佩章. 科学通报，1982，27（22）：1376

20　戴朝政. 色谱，1999，17：514

21　Rebscher H，Pyell U. Chromatographia，1994，38：737

22　Pyell U，Rebscher H，Banholczer A. J. Chromatogr. A，1997，779：155

23　Wan Q H. Anal. Chem.，1997，69：361

24　Rathore A S，Horvath Cs. Anal. Chem.，1998，70：3271

25　Rathore A S，Horvath Cs. Anal. Chem.，1999，71：2633

26　姬磊. 中国科学院成都有机化学研究所硕士论文. 大连，2002

27　姬磊，戴朝政，张维冰. 色谱，2003，21：131

28　Giddings J C. Unified Separation Science. New York：Wiley，1991

29　Zhang Y，Shi W，Zhang L，Zou H. J. Chromatogr. A，1998，802：59

30　杨黎，许国旺，张维冰，史景江，张玉奎，卢佩章. 色谱，1997，15：1

31　张丽华. 中国科学院大连化学物理研究所博士论文. 大连，2000

32　Knox J H. Chromatographia，1988，26：329

33　Rathore A S，Reynolds K J，Colon L A. Electrophoresis，2002，23：2918

34　Boughtflower R J，Underwood T，Paterson C J. Chromatographia，1995，40：329

35　Yamamoto H，Baumann J. J. Chromatogr. A，1992，593：313

36　Chen G F，Tallarek U，Seidel-Morgenstern A，Zhang Y. J. Chromatogr. A，2004，1044：287

37　陈国防. 中国科学院大连化学物理研究所博士论文. 大连，2003

38　Djordjevic N M，Fitzpatrick F，Rozing G. J. Chromatogr . A，2000，887：245

39　Rapp E，Bayer E. J. Chromatogr. A，2000，877：367

40　Zhang Y，Bao M，Li X，Lu P. J. Chromatogr.，1980，197：97

41　Rathore A S，Horváth Cs，Deyl Z，Svec F. Capillary electrochromatography. Amsterdam：Elsevier，2001

42　Liapis A I，Grimes B A. J. Chromatogr. A，2000，877：181

43　魏伟，王义明，罗国安. 色谱，1997，15：110

44　Knox J H，Grant I H. Chromatographia，1991，32：317

45　Wan Q H. Anal. Chem.，1997，69：361

46　王洪，顾峻岭. 分析化学，1998，26：1293

47　Stegeman G，Kraak J C，Poppe H. J. Chromatogr.，1991，550：721

48　Rice C L，Whitehead R. J. Phys. Chem.，1965，69：4017

49　Vallano P T，Remcho V T. J. Phys. Chem. B，2001，105：3223

50　Tallarek U，Rapp E，van As H，Bayer E. Angew. Chem. Int. Ed. 2001，40，1684

51　Tallarek U，Rapp E，Sann H，Reichl U. Seidel-Morgenstern A.，Langmuir，2003，19：4527

52　Vallano P T，Remcho V T. Anal. Chem. 2000，72：4255

53　Knox J H，Scott H P. J. Chromatogr.，1984，316：311

54　Dullien F A L. Porous Media：Fluid Transport and Pore Structure. 2nd Edition. New York：Academic Press，1992

55　Meyers J J，Liapis A I. J. Chromatogr. A，1998，827：197

56　Grimes B A，Meyers J J，Liapis A I. J. Chromatogr. A，2000，890：61

57　Stol R，Poppe H，Kok W Th. J. Chromatogr. A，2000，887：199

58　Poppe H，Stol R，Kok W Th. J. Chromatogr. A，2002，965：75

59　Beckers J L. J. Chromatogr. A.，1995，693：347

60　Sustacek V，Foret F，Bocek P. J. Chromatogr. A.，1991，545：239

61　Colon L A, Burgos G, Maloney T D, Cintron J M, Rodriguez R L. Electrophoresis, 2000, 21: 3965

62　Beckers J L. J. Chromatogr. A, 1994, 662: 153

63　Tsuda T, Muramatsu Y. J. Chromatogr. 1990, 515, 645

64　Svec F. J. Sep. Sci. 2004, 27: 1255

65　Yang C, Rassi Z El. Electrophoresis, 1999, 20: 18

66　Yang C, Rassi Z El. Electrophoresis, 1998, 19: 2061

67　平贵臣, 张玉奎, 张维冰, 张庆合, 姬磊. 新型柱结构毛细管电色柱. 专利申请号: 01142109.6, 申请日期: 2001, 9, 12

68　平贵臣, 袁湘林, 张维冰, 张玉奎. 分析化学, 2001, 29 (12): 1464～1469

69　Enlund A M, Andersson M E, Hagman G. J. Chromatogr. A, 2004, 1044: 153

70　张维冰, 朱军, 尤进茂, 张博, 平贵臣, 张玉奎. 分析化学, 2001, 29 (8): 869

71　张维冰, 朱军, 张玉奎. 高等学校化学学报, 2001, 22: 1477

72　张维冰, 张博, 朱军. 化学学报, 2001, 59: 257

73　Zhang Y, Zhu J, Zhang L, Zhang W. Anal. Chem. 2000, 72: 5744

74　Cikalo M G, Bartle K D, Robson M M, Myers P, Euerby M R. Analyst, 1998, 123: 87

75　Robson M M, Cikalo M G, Myers P, Euerby M R, Bartle K D. J. Microcol. Sep., 1997, 9: 357

76　Snyder 等. 实用高效液相色谱方法建立. 张玉奎, 王杰, 张维冰译. 北京: 华文出版社, 2001

77　Bartle K D, Myers. P. J. Chromatogr. A, 2001, 916: 3

78　Knox J H, Grant I H. Chromatographia, 1987, 24: 135

79　Knox J H. Abstr. Analytica, 2000, 892: 279

80　Luo A L, Andrade J D. J. Microcol. Sep., 1999, 11: 682

81　Venema E, Kraak J C, Tijssen R, Poppe H. Chromatographia, 1998, 58: 347

82　Stol R, Kok W T, Poppe H. J. Chromatogr. A, 1999, 853: 45

83　Dearie H S, Smith N W, Moffatt F, Wren S A C, Evans K P. J. Chromatogr. A, 2002, 945: 231

84　Rifai R A, Demesmay C, Cretier G, Rocca J L. Chromatographia, 2001, 53: 691

85　Yan C. Electrokinetic packing of capillary columns. United States Patent, 5453163, September 26, 1995

86　尤慧艳. 中国科学院大连化学物理研究所博士论文. 大连, 2003

87　Lurie I. S, Conver T S, Ford V L. Anal. Chem., 1998, 70: 4563

88　Euerby M R, Johnson C M, Bartle K D. LC-GC, 1998, 16: 386

89　Zhang M, Zare R N. Electrophoresis, 1998, 19: 2068

90　Zhang M, Zare R N. Electrophoresis, 1999, 20: 31

91　Zhang M, Yang C, Rassi Z EI. Anal. Chem., 1999, 71: 3277

92　Huang P, Jin X, Chen Y, Srinivasan J R, Lubman D M. Anal. Chem. , 1999, 71: 1786

93　Zhang L H, Zhang Y K, Zuo H F. J. High Resol. Chromatogr. , 1999, 22: 666

94　Ye M, Zou H, Liu Z, Ni J, Zhang Y. J. Chromatogr. A, 1999, 855: 1375

第三章　毛细管电色谱过程弛豫理论

在色谱过程动力学的理论研究中，根据不同的基本假设，已有多种理论用于描述溶质在柱内的输运过程。目前大多数色谱理论皆以 Martin 塔板理论的基本概念和原理为模板，但由于在其基本假设中存在一些不甚合理的成分[1]，以致不能对一些毛细管电色谱现象作出合理的解释。由于毛细管电色谱中溶质的输运类似于液相色谱，因此对于其理论研究可以在很大程度上借鉴一般液相色谱的理论研究方法。

根据化学动力学中对峙反应在近平衡态附近的弛豫原理，注意到毛细管电色谱过程中可能存在的多种力和流，将分离过程中溶质的迁移行为作非连续化处理，我们建立了毛细管电色谱过程弛豫理论（relaxation theory）的基本模型。对于不同的柱分离模式，尽管溶质分子的受力形式和流的种类存在差异，流出曲线的形状及其影响因素也有所不同，但它们所遵循的输运规律具有相似的特征。

§3.1　柱分离过程弛豫理论基本模型

弛豫的概念在诸多领域中皆有应用。在非平衡统计热力学中[2,3]，弛豫过程表示处于非平衡态的子系在没有其他因素阻挠其平衡时，不同子系的局部平衡缓慢走向整体统计平衡的过程。胶束电动力学中[4,5]，弛豫表示双电层发生不对称形变的回复过程。化学动力学中[6]处理对峙反应在近平衡态附近的行为时，采用将复杂的非线性过程作线性化处理的方法，并称之为弛豫理论，这种处理方法不仅可以使问题大大简化，同时也可以得到许多有意义的结论。Eyring[7]将黏性流动作为绝对速率理论的一个特例，采用弛豫理论研究流体的黏度及扩散过程取得了较好的效果，Ree 等[8]进一步将这种方法发展，建立了可以说明更多问题的凝聚相中传质的弛豫理论。我们在继承 Matin 塔板理论[9]和 Giddings 随机行走模型[10,11]合理部分的基础上，根据化学动力学弛豫理论的基本思想，认为溶质在分离柱内的整个迁移过程由一系列平衡步骤串联构成，在综合考察柱过程中流与力对溶质输运过程影响的基础上，已经建立了色谱弛豫理论的基本模型，这里也将其用于毛细管电色谱分离过程的理论研究。

§3.1.1　电色谱分离过程中的流与力

溶质在柱内完成的分离过程中受到多种"广义力"的作用，由这些力及其相互耦联可以产生多种"广义流"。我们可以将这些广义力分为"分子所处的化学环境作用"及"外加力场"两部分，外加力场包括电势差和流体动力学压力降等，而化学环境作用包括浓差梯度、温度梯度、化学势等几部分。

　　电色谱分离过程可以看作是一种特殊的管路输运过程。可以将溶质的质量输运划分为由四种宏观流构成，如图 3-1 所示。在这一输运过程中，不仅有由驱动力产生的沿柱管轴向与体系整体输运方向相同的正向流 u_+（例如，在电渗作用驱动下的流动相流动）；而且还可能存在与体系整体输运方向相反的逆向流 u_-（例如，电泳

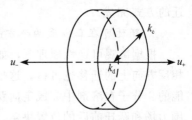

图 3-1　柱过程中的质量流

流与电渗流方向相反的情况；特殊的谱带压缩作用[12]等）。纵向扩散由沿轴线方向的浓度梯度、离子强度梯度等产生，一般情况下其对正向流与逆向流的贡献相同。再者，在柱管的径向上也存在两种方向相反的流，包括溶质在两相间的传质、径向扩散，以及由于径向温度差而产生的热流及与之相关的质量流等。

　　当电色谱过程中同时存在溶质不同形态之间的转变时，也可以将其作为方向相反的两种流来考虑。溶质不同形态间的转换包括溶质在两相间的传递以及溶质在分离过程中发生的化学反应。此外，管壁吸附、溶质分子的解离以及其他多种化学反应同时发生的情况也可以采用同样的原理加以探讨。在一般的电色谱过程中，只需研究溶质在两相间的传质过程，但是在离子对电色谱、亲和电色谱等特殊的分离模式中，与对应的液相色谱分离模式相同[13,14]，多种传质过程可能同等重要。

　　毛细管电色谱过程中分子的驱动力为柱两端的电势差。加压电色谱过程中，溶质分子迁移的驱动力为柱两端的流体动力学压力降与电势差的综合作用。不同溶质分子在同一势场梯度下的迁移速率可能有所不同，这也是电色谱分离的本源。

§3.1.2　几点基本假设

1. 输运过程以非连续的跳跃形式实现

Martin[9]在塔板理论中把色谱柱分成一系列小的片段，并认为溶质在两相间的平衡能在每个小的片段上实现，同时假设流动相通过色谱柱时，不是采取连续的方式，而是以跳跃的方式前进。Eyring[7]在研究流体的扩散和黏性流动时根据化学动力学中处理对峙反应在平衡态附近弛豫现象的基本原理，也将溶质的输运行为当作非连续的跃迁过程来研究。Stalberg[15]在研究电色谱理论过程中，为了使问题简化，同样采用了非连续的处理方法。从微观的角度讲，色谱柱内的每个分子皆处于其他分子的氛围中，一个分子如果相对于其周围的分

子完成一段定向迁移，首先必须克服其周围定向力场的作用，摆脱溶剂化分子的束缚，同时在其完成迁移过程的终端也必须有适合于其纳入的空间[16]。这一过程相当于分子由一个平衡位置迁移到其相邻平衡位置的过程通过跳跃或跃迁的方式完成。

2. 跃迁可在正、反两个方向进行

根据微观可逆性原理[6]，如果分子在某个方向上的迁移是可行的，那么其在相反方向上的迁移也可行，这也说明溶质分子沿色谱柱正、反方向的跃迁都是可能的。分子在溶剂中完成定向跃迁必须越过一个对应的能垒，能垒的高度由其周围力场和跃迁前后的位置决定。正、反向跃迁的能垒一般不同，因此对应的跃迁速率也有所不同。

3. 不同分子在柱过程中每次跃迁的平均距离相等

不同溶质分子由于其分子结构不同，在柱过程中受力场的作用也有所不同，因此其跃迁速率必然存在差别。如果定义跃迁速率为单位时间内分子的平均跃迁次数，那么不同分子在柱过程中每次跃迁的平均距离相同。实际上，这条假设的本质是将迁移速率做量纲统一化处理。

如果溶质分子在整个柱过程中每次跃迁的平均距离为 H，那么其在柱长为 L 的毛细管柱内的迁移需要经过 $m = L/H$ 次的跃迁才能完成。

4. 柱分离过程中只有少数过程为非平衡过程

Matin 在塔板理论中假设溶质在两相间平衡，奠定了平衡色谱理论的基础。原则上讲，分离的本源为非平衡，梁恒等[17,18]曾以熵及熵流来描述分离过程的本质。Giddings 指出[10]不存在非平衡即不存在分离。但是，一般情况下可以近似地认为柱分离过程中的某些步骤是准平衡的。例如，由柱过程中发生的化学反应而引起的溶质形态变化较之轴向输运速率而言要快得多，因此可以忽略化学反应速率的有限性。这也说明对于电色谱中溶质的输运规律研究只需考虑有限的非平衡过程，而认为其他过程皆处于平衡状态。我们也将在第四章中就柱分离过程中的平衡问题作更详细的讨论。

5. 柱内的稳态流动可以很快达到

样品由柱端进入柱内，对原有力场的扰动一般可以在很短的时间内恢复，此后混合样品中的分子根据其结构的差别以不同的速度稳定地在柱内迁移。已有人证实[19]，在 CZE 中，离子只需 10^{-13} s 即可达到稳定流动的速度。当然，对于超常体积进样、在线富集等特殊过程还需另行讨论。

6. 柱内只存在与线性偏离很小的非线性过程

当进样量较大，或样品的注入超出固定相的容量、流动相 pH 缓冲容量等时，溶质的迁移可能导致一系列非线性过程出现。若这些过程偏离线性不很远，可以采用微扰的方法进行处理。

考虑到理论模型的完备性，给出这一假设。但是本书中暂不涉及这类非线性过程。

§3.1.3　基本模型

不同的电色谱分离模式基于不同的分离机制。根据前面的假设，如果将溶质的不同带电形态、存在形态（如溶质在流动相或固定相的力场中）皆作为单独物种来考虑，那么可以将这些机制统一地写成下面的形式

$$
\begin{array}{ccccc}
A_{i-1} & & A_i & & A_{i+1} \\
\Updownarrow & & \Updownarrow & & \Updownarrow \\
C_{i-1} & \underset{u_{c-}}{\overset{u_{c+}}{\rightleftharpoons}} & C_i & \underset{u_{c-}}{\overset{u_{c+}}{\rightleftharpoons}} & C_{i+1} \\
\Updownarrow & & \Updownarrow & & \Updownarrow \\
C_{i-1}^* & \underset{u_{c^*-}}{\overset{u_{c^*+}}{\rightleftharpoons}} & C_i^* & \underset{u_{c^*-}}{\overset{u_{c^*+}}{\rightleftharpoons}} & C_{i+1}^* \\
\Updownarrow & & \Updownarrow & & \Updownarrow \\
A_{i-1}^* & & A_i^* & & A_{i+1}^*
\end{array}
\tag{3-1}
$$

式中：κ_d、κ_c 分别为流动相中溶质两种形态 C 和 A 之间的转换速率常数；u_{c+} 和 u_{c-} 分别为溶质形态 C 的正向跃迁速率常数和逆向跃迁速率常数，C^* 为流动相中溶质的另一种形态，可以与形态 C 转换，k_c 为形态之间转换的平衡常数。A、A^* 为与 C 和 C^* 对应的固定形态。C 链构成的横向连续反应表示以 C 形态存在的溶质沿柱轴方向的输运流；C^* 链构成的横向连续反应表示以 C^* 形态存在的溶质沿柱轴方向的输运流；纵向反应表示输运过程中的径向流，流与流之间的交叉对应于溶质不同形态之间的转换。

式（3-1）代表的是一个复杂的交叉耦联对峙反应网络，如果溶质在分离体系中存在更多的形态，反应网络将更为庞大。实际上，这一模型不仅可以描述电色谱过程，也可以用于描述毛细管电动力学色谱（MEKC）、毛细管等电聚焦等其他柱分离过程[20,21]。在化学动力学研究中常采用图论的方法处理这种复杂反应[22]，但由于假设在整个柱过程中特定的"反应步骤"速率常数保持不变，因此可以直接采用质量作用定律得到溶质在每一个小的跃迁区段上的输运质量平衡方程。

在柱进样端

$$
\frac{dC_0}{dt} = u_{c-}C_1 - (u_{c+} + u_{c-})C_0 + \kappa_d A_0 - \kappa_c C_0 \tag{3-2}
$$

$$\frac{dC_0^*}{dt} = u_{a^*-}C_1^* - (u_{a^*+} + u_{a^*-})C_0^* + \kappa_d^* A_0^* - \kappa_c^* C_0^* \tag{3-3}$$

$$\frac{dA_0}{dt} = \kappa_c C_0 - \kappa_d A_0 \tag{3-4}$$

$$\frac{dA_0^*}{dt} = \kappa_c^* C_0^* - \kappa_d^* A_0^* \tag{3-5}$$

在输运过程中 $i > 0$

$$\frac{dC_i}{dt} = u_{c+}C_{i-1} - u_{c-}C_{i+1} - (u_{c+} + u_{c-})C_i + \kappa_d A_i - \kappa_c C_i \tag{3-6}$$

$$\frac{dC_i^*}{dt} = u_{a^*+}C_{i-1}^* + u_{a^*-}C_{i+1}^* - (u_{a^*+} + u_{a^*-})C_i^* + \kappa_d^* A_i^* - \kappa_c^* C_i^* \tag{3-7}$$

$$C_i^* = k_c C_i \tag{3-8}$$

$$\frac{dA_i}{dt} = \kappa_c C_i - \kappa_d A_i \tag{3-9}$$

$$\frac{dA_i^*}{dt} = \kappa_c^* C_i^* - \kappa_d^* A_i^* \tag{3-10}$$

引入初始条件

$$t = 0 \quad C_0 = C(0) \quad C_{i>0} = 0 \tag{3-11}$$

$$A_0 = A(0) \quad A_{i>0} = 0 \tag{3-12}$$

$$C_0^* = C^*(0) \quad C_{i>0}^* = 0 \tag{3-13}$$

$$A_0^* = A^*(0) \quad A_{i>0}^* = 0 \tag{3-14}$$

式中：C、A 等分别表示溶质对应形态的浓度；$A(0)$、$C(0)$ 等分别为进样时 A 和 C 形态溶质的浓度；i 表示第 i 次跃迁，因此 C_i、A_i 等分别表示距柱头 iH 位置溶质不同形态的浓度。

基于扩散的双向性，可以将其纳入其他流中作简化处理，因此在式(3-2)～(3-14) 中没有明确表示扩散作用的步骤。

根据塔板理论的基本假设，如果认为进样时样品全部集中在流动相中，处理过程可以适当简化。原则上讲，求解式（3-2）～(3-14) 可以直接得到电色谱过程流出曲线的表达式。在实际分离过程中，式（3-1）的反应网络可能更为复杂[23]，但是一般都可以被简化为能够反映溶质输运特征的简单形式。

§3.2　弛豫理论的电色谱流出曲线

在色谱输运过程的理论研究中，塔板理论[9]、平衡理论[24]以及速率理论[25]是比较成功的几种色谱动力学理论，这些理论在电色谱中的应用，邹汉法等[26]已经作过详细地论述。这里根据弛豫理论的一般输运方程，研究溶质在流动相中只以一种形态存在时的电色谱流出曲线形式。

§3.2.1　简单电色谱体系的弛豫理论

如果溶质在流动相中只以一种形态存在，且溶质与固定相作用的形态在固定相表面不运动，根据式（3-1），溶质在电色谱分离过程中的迁移可以采用下面的简化模型来表示

$$C_{i-1} \underset{u_-}{\overset{u_+}{\longleftrightarrow}} C_i \underset{u_-}{\overset{u_+}{\longleftrightarrow}} C_{i+1}$$

$$\kappa_d \Updownarrow \kappa_c \tag{3-15}$$

$$A_i$$

与式（3-1）对照，这里 A 表示溶质在固定相上的形态，C 表示溶质在流动相中的形态，而 κ_c、κ_d 分别表示两相传质速率常数；或 κ_c 为溶质在固定相表面的吸附速率常数，κ_d 为脱附速率常数。

假设进样量很小，满足线性色谱的条件，即不会出现超载问题。在只考虑溶质轴向迁移的情况下，认为进样时样品占有的区域宽度为 H，并将分离毛细管柱化分为一系列长度为 H 的小混返器。对样品在每个混返器内的行为进行平均化处理，可以减少讨论问题的复杂性。

根据物料平衡原理，对照式（3-2）～（3-14）可以得到样品在式（3-15）所描述的分离过程中的质量平衡方程

$$\frac{dC_0}{dt} = -(u_+ + u_-)C_0 + u_- C_1 + \kappa_d A_0 - \kappa_c C_0 \tag{3-2}$$

$$\frac{dC_i}{dt} = uC_{i-1} - uC_i + \kappa_d A_i - \kappa_c C_i \qquad (i \geqslant 1) \tag{3-6}$$

$$\frac{dA_i}{dt} = \kappa_c C_i - \kappa_d A_i \tag{3-9}$$

进样时，样品浓度为

$$C_0(t=0) = C(0) \tag{3-11}$$

联立求解以上各式，将可以得到样品中溶质在柱内的分布形式，即溶质在柱内任一位置浓度随时间的变化规律。

§3.2.2　母函数法求解流出曲线方程

考虑到溶质分子在径向迁移过程中只涉及浓差扩散和两相间传质，而这两种过程的活化能一般较小，根据 Arrhenius 原理，其速率常数较大，因此可以采用近似平衡浓度法[6]对式（3-2）、（3-6）和式（3-9）做合理的近似处理，令

$$k' = \frac{\kappa_c}{\kappa_d} = \frac{A_i}{C_i} \tag{3-16}$$

式中：k' 为溶质的色谱容量因子。由于采用无量纲的处理方法，在 κ_c/κ_d 中已经赋予了相比的特征。

在第 i 个小混返器中总的样品浓度随时间的变化为

$$\frac{d(C_i + A_i)}{dt} = \left(1 + \frac{\kappa_d}{\kappa_c}\right) \cdot \frac{dC_i}{dt} = u_+ C_{i-1} + u_- C_{i+1} - (u_+ + u_-)C_i \quad (3\text{-}17)$$

为了书写和推导的方便，作替换

$$u_+ \rightarrow u_+ / (1 + k') \quad (3\text{-}18)$$

$$u_- \rightarrow u_- / (1 + k') \quad (3\text{-}19)$$

式（3-17）可以改写为

$$\frac{dC_i}{dt} = u_+ C_{i-1} + u_- C_{i+1} - (u_+ + u_-)C_i \quad (3\text{-}20)$$

式（3-20）为不含 A_i 的联立线性微分方程组，可以直接通过组合数学[27]中母函数的研究方法找出其具体表达式，也可以先进行 Laplace 变换后再求解。

式（3-20）的特征矩阵为一带状矩阵，有如下递推关系存在

$$X_{i+2} = -X_{i+1}(u_+ + u_- + s) - u_+ u_- X_i \quad (3\text{-}21)$$

式中：X_i 为由第 i 个微分方程以前的方程构成的方程组所对应的特征方程，s 为本征值。

设母函数的形式为

$$G(x) = X_1 x + X_2 x^2 + X_3 x^3 + \cdots \quad (3\text{-}22)$$

式中：x 为由母函数引入的参量。

$$x^2 \quad\quad X_2 = -X_1(u_+ + u_- + s) - u_+ u_- X_0$$

$$x^3 \quad\quad X_3 = -X_2(u_+ + u_- + s) - u_+ u_- X_1$$

$$x^4 \quad\quad X_4 = -X_3(u_+ + u_- + s) - u_+ u_- X_2$$

$$+) \cdots$$

$$G(x) - X_1 = -(u_+ + u_- + s)x G(x) - u_+ u_- x^2 - u_+ u_- x^2 G(x) \quad (3\text{-}23)$$

解式（3-27）可以得到

$$G(x) = x \cdot \frac{X_1 + [X_2 + (u_+ + u_- + s)]x}{u_+ u_- x^2 + (u_+ + u_- + s)x + 1} \quad (3\text{-}24)$$

方程 $u_+ u_- x^2 + (u_+ + u_- + s)x + 1 = 0$ 的两个根分别为

$$x_{1,2} = \frac{-(u_+ + u_- + s) \pm \sqrt{(u_+ + u_- + s)^2 - 4u_+ u_-}}{2} \quad (3\text{-}25)$$

因此，式（3-24）可以改写成

$$G(x) = \frac{1}{(x_1 - x_2)}\left[\frac{(u_+ + u_- + s) + u_+ u_- x_1}{x_1}\left(\frac{1}{x - x_1}\right)\right.$$

$$\left. - \frac{(u_+ + u_- + s) + u_+ u_- x_2}{x_2}\left(\frac{1}{x - x_2}\right)\right] \quad (3\text{-}26)$$

将式（3-26）右边 Taylor 展开后，根据对应项系数相等的原理，与式

(3-22)对比，有

$$X_n = \frac{1}{(x_1 - x_2)} \left[\frac{(u_+ + u_- + s) + u_+ u_- x_1}{x_1^n} - \frac{(u_+ + u_- + s) + u_+ u_- x_2}{x_2^n} \right]$$

(3-27)

进一步求解可以得到特征值

$$s_k = -(u_+ + u_-) + 2 \cdot \sqrt{u_+ u_-} \cdot \cos\left(\frac{j\pi}{m+1}\right)$$

(3-28)

式中：$j = 0, 1, 2, \cdots, n$；m 为 i 的最大值。

这样，原方程组的解为

$$C_i = \sum_{j=0}^{m} a_i^j \exp\left\{ - \left[u_+ + u_- - 2\sqrt{u_+ u_-} \cos\left(\frac{j\pi}{m+1}\right) \right] t \right\}$$

(3-29)

式中：a_i^j 为由初始条件确定的待定系数。

注意到式（3-28）中的所有特征值互异，将其代入原方程组中，再令方程两边对应项系数相等，有

$$2\sqrt{u_+ u_-} \cdot \cos\left(\frac{j\pi}{m+1}\right) a_i^j = u_- a_{i-1}^j + u_+ a_{i+1}^j$$

(3-30)

同理，采用母函数的方法研究式（3-30）可以得到

$$a_i^j = \left(\frac{u_+}{u_-}\right)^{\frac{i+1}{2}} \frac{\sin\left(\dfrac{ij\pi}{m+1}\right)}{\sin\left(\dfrac{j\pi}{m+1}\right)} a_0^k$$

(3-31)

由于 $t=0$ 时，$\sum\limits_{j=0}^{m} a_0^j = C(0)$，$\sum\limits_{j=0}^{m} a_{i>0}^j = 0$，且其系数矩阵在 $m \to \infty$ 时构成正交阵。为了保证柱无限长时 $C_i \to 0$，必须满足条件

$$a_0^j = \frac{2C(0)}{m+1} \sin\left(\frac{j\pi}{m+1}\right)$$

(3-32)

结合式（3-29）、（3-30）和式（3-32）有

$$C_i = \sum_{j=0}^{m} \frac{2C(0)}{n+1} \left(\frac{u_+}{u_-}\right)^{\frac{i+1}{2}} \sin\left(\frac{j\pi}{m+1}\right) \sin\left(\frac{ij\pi}{m+1}\right)$$

$$\exp\left\{ - \left[u_+ + u_- - 2\sqrt{u_+ u_-} \cos\left(\frac{j\pi}{m+1}\right) \right] \cdot t \right\}$$

(3-33)

在柱尾处，式（3-33）可改写成

$$C = C(0) \frac{m}{u_+ t} \left(\frac{u_+}{u_-}\right)^{\frac{m}{2}} \mathrm{e}^{-(u_+ + u_-)t} \mathrm{I}_m(2\sqrt{u_+ u_-} \cdot t)$$

(3-34)

式中：$\mathrm{I}_m(x)$ 为 m 阶第一类虚宗量 Bessel 函数。

式（3-34）即为采用母函数方法得到的毛细管电色谱弛豫理论流出曲线的表

达式。进一步将其改写成另一种形式

$$C = C_{\max} \cdot \frac{t_m}{t} \cdot e^{-\frac{(1+k_u)}{1+k'} \cdot \frac{t-t_m}{\tau}} \cdot \frac{I_{m+1}\left[\frac{2\sqrt{k_u}}{(1+k')} \cdot \frac{t}{\tau}\right]}{I_{m+1}\left[\frac{2\sqrt{k_u}}{(1+k')} \cdot \frac{t_m}{\tau}\right]} \tag{3-35}$$

式中：$C_{\max}$ 为流出曲线的峰高；$k_u = u_- / u_+$ 为流动相轴向跃迁平衡常数；$\tau = m / u_+$ 为时间参量，反映了流动相中流体阻力及柱系统的变化。

在 u_- 很小的情况下，有渐近公式

$$I_m(2\sqrt{u_+ u_- t}) = \frac{(u_+ u_-)^{(m)/2}}{\Gamma(m+1)} \cdot t^m \tag{3-36}$$

将式 (3-36) 代入式 (3-34) 中整理得

$$C = \frac{C(0)V_{\text{inj}}}{V_0} \cdot \frac{\sigma_t^m}{\Gamma(m)} \cdot e^{-\sigma_t} \tag{3-37}$$

式中：V_{inj}、V_0 分别为进样体积和柱死体积，$\sigma_t = u_+ t$。

式 (3-37) 说明溶质沿柱管呈 Poisson 分布，Giddings 等[11]在对气相色谱的流出曲线研究中也曾得到过类似的结果。在 $u_+ t$ 很大的极限情况下，流动相在柱后的流出体积很大，溶质在柱后一定出现，此时可以将式 (3-37) 进一步改写成 Gauss 分布的形式

$$C = \frac{C(0)V_{\text{inj}}}{V_0} \cdot \frac{1}{\sqrt{2\pi}\sigma_t} \cdot e^{-\frac{(m-\sigma_t)^2}{\sigma_t}} \tag{3-38}$$

式 (3-38) 是弛豫理论流出曲线满足的极端连续函数形式。

§3.2.3　考虑两相间传质速率有限性的流出曲线

对色谱输运过程的理论研究，一般都是在平衡、线性分配的假设条件下进行。Giddings 等[10,11]在其早期研究中曾引入非平衡的假设。戴朝政[28]考虑到色谱过程中的非平衡特征，对液相色谱流出曲线进行研究，得到了一系列描述柱条件与流出曲线关系的规律。这些方法的结果一般不能给出解析形式的流出曲线，只能通过统计矩等方法说明峰形的特征，因而不能直观与真实色谱峰加以对照比较。王东援[29]等提出的非平衡塔板理论，得到了非平衡情况下的级数形式流出曲线，或许是由于其形式过于复杂，他们对结果的进一步研究并不很深入。这里我们采用色谱柱分离过程的弛豫理论，研究溶质在非平衡线性分配条件下的流出曲线的特征。

Giddings[10]在对径向扩散的研究中，认为两相间传质有纵向扩散的因素，采用线性折合的方法将纵向扩散系数转化为径向扩散系数进行处理。由于两相间传质本身包含有扩散的影响，折合结果不仅可以使研究大大简化，且不会影响到结果的可靠性。

对于式（3-15）的模型，不作式（3-16）的简化处理。引入初始条件

$$C_0(t=0) = C(0), C_i = 0 \qquad (i > 0) \tag{3-39}$$

$$A_{i \geqslant 0}(t=0) = 0 \tag{3-40}$$

式（3-39）、（3-40）与式（3-16）有所不同，初始条件式（3-16）表示溶质在进样端即在两相间达到平衡，而初始条件式（3-39）、（3-40）表示溶质在柱头只存在于流动相中。当柱头有一部分溶质存在与固定相中时，初始条件也可改写为

$$C_0(t=0) = C(0), C_i = 0 \qquad (i > 0) \tag{3-41}$$

$$A_{i \geqslant 0}(t=0) = A(0) \tag{3-42}$$

与式（3-35）的求解过程相同，在式（3-39）、（3-40）的初始条件下，采用母函数的方法可以得到

$$C = C(0)e^{-\kappa_d t} \int_0^t I_1\left(\sqrt{2\kappa_d \kappa_c \tau(t-\tau)}\right) \sqrt{\kappa_d \kappa_c \tau} \frac{(u\tau)^m}{m!} e^{-(u+\kappa_c-\kappa_d)\tau} d\tau \tag{3-43}$$

$$A = C(0)e^{-\kappa_d t} \int_0^t I_1\left(\sqrt{2\kappa_d \kappa_c \tau(t-\tau)}\right) \kappa_c \frac{(u\tau)^m}{m!} e^{-(u+\kappa_c-\kappa_d)\tau} d\tau \tag{3-44}$$

式中：$u = u_+ - u_-$ 对应于无量纲的电色谱流动相线速度。

同理，在式（3-41）、（3-42）的初始条件下，有

$$\begin{aligned} C = e^{-\kappa_d \tau} \int_0^t & \left[C(0) \cdot \frac{I_1\left(\sqrt{2\kappa_d \kappa_c \tau(t-\tau)}\right) \sqrt{\kappa_d \kappa_c \tau}}{\sqrt{t-\tau}} \right. \\ & \left. + A(0) \cdot \kappa_c I_0\left(\sqrt{2\kappa_d \kappa_c \tau(t-\tau)}\right) \right] \cdot \frac{(u\tau)^m}{m!} e^{-(u+\kappa_c-\kappa_d)\tau} d\tau \end{aligned} \tag{3-45}$$

$$\begin{aligned} A = C(0) \cdot e^{-\kappa_d t} \int_0^t & \frac{I_0\left(\sqrt{2\kappa_d \kappa_c \tau(t-\tau)}\right)}{m!} \kappa_c \cdot (u\tau)^m e^{-(u+\kappa_c-\kappa_d)\tau} d\tau \\ & + A(0) \cdot e^{-\kappa_d t} \int_0^t \int_0^{\tau'} \frac{I_0\left(\sqrt{2\kappa_d \kappa_c \tau(\tau'-\tau)}\right)}{m!} \kappa_d \kappa_c \cdot (u\tau)^m e^{-(u+\kappa_c-\kappa_d)\tau} d\tau d\tau' \end{aligned} \tag{3-46}$$

式（3-43）～（3-46）是 Bessel 函数卷积形式的毛细管电色谱流出曲线表达式。

采用卷积形式的数学表达式描述峰型在 NMR 研究中早已有应用[30,31]。Giddings 等[10,32]用统计学的方法证实了两种不同输运方式之间的耦联应采取卷积的形式。Jannson 等[33]最早根据控制论原理将这种方法用于色谱峰型的研究。之后，Dose[34]研究非线性色谱中不同因素之间的相互耦联时，以卷积形式的流出曲线说明了柱外效应对流出曲线的影响。

采用吸附-解吸模型，Giddings[11]得出的流出曲线形式为

$$P(t_s) = \frac{\kappa_d \kappa_c t_0}{t_s} \exp(-\kappa_d t_0 - \kappa_c t_s) I_1\left(\sqrt{4\kappa_d \kappa_c t_0 t_s}\right) \tag{3-47}$$

式中：t_s、t_0 分别为解吸时间参量和死时间。

Schure 等[35]通过 "lumped" 动力学模型得到与式（3-45）相似的卷积形式色谱流出曲线表达式，简写后为

$$P(t_s) = \left(\frac{ab\tau}{1 - \tau_p} \right)^{1/2} \exp[-a(1 - \tau_p) - b\tau_p] I_1\left[\sqrt{4ab\tau(1 - \tau_p)} \right] \quad (3-48)$$

同理，与式（3-44）对应的结果为

$$P(t_s) = b\exp[-a(1 - \tau_p) - b\tau_p] I_1\left[\sqrt{4ab\tau_p(1 - \tau_p)} \right] \quad (3-49)$$

式中：a、b 是常数；$\tau_p = t_s/t_0$ 相当于对比时间。

对比式（3-43）、（3-44）与式（3-48）、（3-49）可以看出，我们的结果实际上是 Giddings 的结果与 Poisson 分布 $(ut_0)^m/m!\ e^{-ut_0}$ 的卷积形式。在 Giddings 的理论中，式（3-48）、（3-49）分别表示两相间传质对溶质在流动相和固定相中浓度的影响，并将两式与 Gauss 分布加和作为流出曲线的表达式。根据我们前面的讨论，在溶质不存在保留的情况下，流出曲线即为 Poisson 分布的形式。显然，从本质上讲，流出曲线应为非对称的拖尾形式。由谱函数相关的特征[36]，结合 Dose 的理论，这里的结果也表明流出曲线是由流动相传质及两相间传质耦联作用的综合结果。

§3.2.4　电色谱峰形模拟

根据前面的讨论，对电色谱流出曲线最简单的描述方法是采用 Gauss 函数的形式。实际上，与液相色谱类似，大多数真实电色谱峰仍为拖尾的形式，即与 Gauss 峰有所偏离。

根据弛豫理论的基本模型，u_+、u_- 分别为样品谱带在柱过程中正向及反向跃迁的速率常数。在电色谱过程中，尤其对于中性样品在反相电色谱中的分离，可以认为溶质分子的反向迁移只由扩散过程来实现。因为在电色谱过程中能够引起反向流的因素很多，甚至会出现 "峰压缩" 现象[12]。这里引入 "广义扩散速率" 的概念，以示与一般扩散速率的区别。令广义扩散速率为 u_D，溶质在流动相中的迁移速率为 u_0，则

$$u_+ = \frac{u_0 + u_D}{H} \cdot (1 + k') \quad (3-50)$$

$$u_- = u_D/H(1 + k') \quad (3-51)$$

将式（3-50）、（3-51）代入式（3-34）中整理得

$$C = C(0) \cdot \frac{(m + 1)m(1 + k')}{(u_0 + u_D)t} \cdot \left(\frac{u_0 + u_d}{u_d} \right)^{(m+1)/2}$$

$$\exp\left[-\frac{m(u_0 + 2u_D)t}{1 + k'} \right] I_{m+1}\left(2\sqrt{(u_0 + u_d)u_D} \cdot \frac{mt}{1 + k'} \right) \quad (3-52)$$

模仿化学动力学弛豫理论的研究方法，将 $\tau = H/u_D$ 定义为弛豫时间，其物理意义为溶质反向迁移 H 距离所需的时间。图 3-2 中给出了弛豫时间、流动相线速取不同值时采用式（3-52）进行数值计算得到的理论结果。

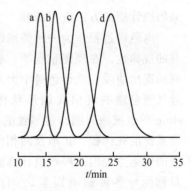

图 3-2　弛豫时间、流动相线速
对流出曲线的影响
a：$\tau = 0.7$；b：$\tau = 0.6$；c：$\tau = 0.5$；
d：$\tau = 0.4$，$m = 1000$

从图 3-2 中可以看出，随着弛豫时间的增加，容量因子增加，保留时间变长，峰形相应地加宽。理论峰形的对称性很好，这与实际情况不符。Giddings 等[10]认为两相间传质的不平衡是导致峰形不对称的动力学根源，戴朝政等[28]的研究也表明，溶质在两相间传质速率的有限性是影响流出曲线特征的重要原因。为了解释峰形不对称性的差异，必须考虑两相传质的影响。我们也将在 §3.3 中对电色谱流出曲线对称性的影响因素及特征作详细讨论。

图 3-3 为 m 取不同值时，采用式（3-52）进行理论计算得到的流出曲线。$m = 1$ 对应于柱头的情况。从图 3-3 中可以看出，当 m 较小时，流出曲线呈现出明显的拖尾，而随着 m 的增加，流出曲线逐渐趋于对称。

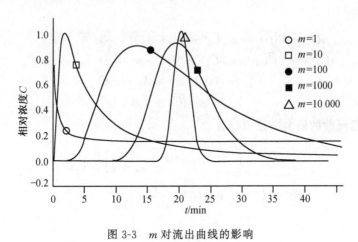

图 3-3　m 对流出曲线的影响
$t_m = 20\text{min}$，$t_0 = 1.0\text{min}$

§3.3　电色谱流出曲线的统计特征

溶质在两相间达到平衡及非平衡线性分配两种情况下，我们已经得到了流出曲线的解析表达式。如果同时考虑实际分离过程中样品在两相间的非平衡性和正反向输运流，将导致输运方程过于复杂，不能够得到解析形式的表达式，而只能采用统计矩的方法进行研究。

电色谱过程作为一种特殊的管路输运系统，溶质在柱后的流出曲线也有其固有的规律性。在理想情况下，流出曲线可以采用 Gauss 函数来描述，但实际得到的流出曲线在线性色谱中大多为偏离 Gauss 函数的拖尾峰。Golay[37] 曾对毛细管气液色谱的流出曲线形状作了较详细的定量讨论，Giddings 等[10] 和 Guiochon[38] 也就该问题作过细致的研究，他们将引起色谱峰不对称性的原因大致分为系统的死体积、扩散及两相传质作用等几部分，并根据每一部分的特征建立相应的输运方程组，经数值计算或矩函数的方法从动力学的角度解释流出曲线的不对称性与各种影响因素之间的关系。这里我们也通过统计矩的方法探讨式 (3-45)、(3-46) 描述的色谱峰，并对同时考虑在不同方向上存在非平衡过程的溶质输运过程加以研究，说明流出曲线的统计特征。

§3.3.1　流出曲线统计矩的一般表达式

假设溶质在两相间非平衡线性分配，同时考虑溶质在流动相中传质的双向性，根据弛豫理论的一般形式可以得到式 (3-15) 的描述的简化输运模型，及式 (3-2)、(3-6) 和式 (3-9) 表示的溶质浓度随时间和位置变化的递推关系式。引入初始条件件式 (3-41)、(3-42)，对式 (3-2)、(3-6) 和式 (3-9) 进行 Laplace 变换后可以得到

$$s\overline{C}_0 - C(0) = u_- \,\overline{C}_1 - (u_+ + u_-)\overline{C}_0 + \kappa_d\overline{A}_0 - \kappa_c\overline{C}_0 \tag{3-53}$$

$$s\overline{C}_i = u_- \,\overline{C}_{i+1} + u_+ \,\overline{C}_{i-1} - (u_+ + u_-)\overline{C}_i + \kappa_d\overline{A}_0 - \kappa_c\overline{C}_0 \tag{3-54}$$

$$s\overline{A}_0 - A(0) = -\kappa_d\overline{A}_0 + \kappa_c\overline{C}_0 \tag{3-55}$$

$$s\overline{A}_i = \kappa_c\overline{C}_0 - \kappa_d\overline{A}_0 \tag{3-56}$$

采用母函数的研究方法有

$$\overline{C}_i = \left[C(0) + A(0) \cdot \frac{\kappa_d}{\kappa_d + s} \right]\frac{u_+^i}{x^{i+1}} \tag{3-57}$$

$$\overline{A}_i = \left[C(0) + A(0) \cdot \frac{\kappa_d}{\kappa_d + s} \right]\frac{\kappa_c}{\kappa_d + s} \cdot \frac{u_+^i}{x^{i+1}} \tag{3-58}$$

式中

$$x = \frac{[u_+ + u_- + s + \kappa_c s/(s+\kappa_d)] + \sqrt{[u_+ + u_- + s + \kappa_c s/(s+\kappa_d)]^2 - 4u_+ \,u_-}}{2u_+} \tag{3-59}$$

由式 (3-57)、(3-58)，以及色谱流出曲线 Laplace 变换解与其三阶中心矩之间的关系

$$\mu_3 = -\lim_{s \to 0} \frac{\mathrm{d}^3 \ln\overline{C}_m}{\mathrm{d}s^3} \tag{3-60}$$

进一步得到，在柱尾

$$\gamma_1 = \frac{m}{u_+ - u_-} \cdot \left(1 + \frac{\kappa_c}{\kappa_d}\right) \tag{3-61}$$

$$\mu_2 = \frac{2m}{u_+ - u_-} \cdot \frac{k'}{\kappa_d} + m \cdot \frac{u_+ + u_-}{(u_+ - u_-)^3} \cdot (1 + k') + \frac{k'}{\kappa_d(1 + k')^2} \tag{3-62}$$

$$\mu_3 = \frac{mk'}{(u_+ - u_-)\kappa_d^2} + \frac{3m(u_+ + u_-)k'}{(u_+ - u_-)^3 \kappa_d} \cdot (1 + k')$$

$$+ \frac{2m(u_+ + u_-)^2 + 4u_+ u_-}{(u_+ - u_-)^5} \cdot (1 + k')^3 \tag{3-63}$$

式（3-61）～（3-63）反映了不同条件、不同分离模式下电色谱过程中流出曲线的变化规律。

如果不考虑溶质在两相间传质速率的有限性，与式（3-34）对应的表达式分别为

$$\gamma_1 = \frac{m}{u_+ - u_-}(1 + k') \tag{3-64}$$

$$\mu_2 = \left[\frac{m}{(u_+ - u_-)^2} + \frac{2mu_-}{(u_+ - u_-)^3}\right](1 + k')^2 \tag{3-65}$$

$$\mu_3 = \left[\frac{2m}{(u_+ - u_-)^3} + \frac{6mu_-}{(u_+ - u_-)^4} + \frac{6mu_-(u_+ + u_-)}{(u_+ - u_-)^5}\right](1 + k')^3 \tag{3-66}$$

§3.3.2　溶质的保留时间

流出曲线一阶原点矩的物理意义为溶质流出时间的数学期望，通常可近似地认为其与溶质的保留时间具有相同的意义。

根据式（3-50）、（3-51），有

$$u_+ = u_0 + u_D \tag{3-67}$$

$$u_- = u_D \tag{3-68}$$

式中：u_0、u_D 分别为溶质在流动相中的迁移速度和广义扩散速率常数，而死时间 $t_0 = m/u_0$，这样式（3-61）可以被改写为

$$\gamma_1 = t_0(1 + k') \tag{3-69}$$

式（3-69）与只考虑一种分离机理时其他理论的结果相同。

1. 一阶原点矩与保留时间的偏差

由前面的推导可知，只有在峰形完全对称的极限情况下，才能有 $\gamma_1 = t_m$。对于实际的色谱峰，极限条件并不能满足，因此 γ_1 与溶质的保留时间之间存在一定的差别。

注意到平衡色谱流出曲线上出现极大值时：$\dfrac{dC}{dt}=0$，根据 Bessel 函数的性质，可以得到

$$t_{m1} = \frac{L \cdot m/(m+1)}{(u+2u_D) - 2u_D \cdot \dfrac{C_{m+1}}{C_m} \cdot \dfrac{m+1}{m+2}} \cdot (1+k') \tag{3-70}$$

$$t_{m2} = \frac{L \cdot (m+2)/(m+1)}{2(u+u_D) - 2u_D \cdot \dfrac{C_{m-1}}{C_m} \cdot \dfrac{m+1}{m}} - (u+2u_D) \tag{3-71}$$

在 $t = t_m$ 时，近似地有 $C_{m-1}/C_m \approx C_{m+1}/C_m$，因此

$$t_m = \frac{L}{\dfrac{m+1}{m} \cdot (u+u_D) - u_D \cdot \dfrac{m+1}{m+2}} \cdot (1+k') \tag{3-72}$$

式（3-70）、（3-71）分别代表了 t_m 的上、下界。由式（3-72）可以看出，广义扩散速率对实际色谱流出曲线有一定的影响。在不考虑两相传质阻力的条件下，因扩散的作用，样品保留时间也与 γ_1 不相同，其差别不仅和扩散速率有关，与柱效及流动相线速度等都有关。m 越大，γ_1 与溶质的真实保留时间之间的差别越小。对比式（3-69）、（3-72）可知样品真实保留时间略大于其均值，这也说明正常色谱峰应为拖尾的形状。

在采用 EMG 模型[1,39]进行液相色谱峰模拟时，引入真实色谱峰所对应的 Gauss 峰保留时间参数 t_g，显然 γ_1 的表达式相当于 t_g 的计算公式，而式（3-72）为真实 t_m 的数学表达式。

同样，研究非平衡线性条件下溶质的保留时间，也能够得到

$$t_m =$$
$$\frac{(m+1)\left\{[2+k'-u/\kappa_d(m+1)] \pm \sqrt{[k'-u/\kappa_d(m+1)]^2 + 4(1+k')/(m+1)}\right\}}{2u}$$
$$\tag{3-73}$$

注意到，m 很大，化简后一个根为

$$t_m = \frac{m+1}{u}\left(1 + \frac{\kappa_c}{\kappa_d}\right) \tag{3-74}$$

另一个根对应于溶质无保留的情况

$$t_0 = (m+1)/u \tag{3-75}$$

对于中性溶质，t_0 对应于死时间；而对于带电溶质，t_0 为在相同条件的毛细管区带电泳中溶质的迁移时间。

式（3-74）为非平衡线性色谱情况下溶质保留时间的一般表达式。从概率论

的角度讲，进样后，随着流动相的迁移，在 t_0 时间即有样品分子到达柱后。这些分子没有参加两相间分配。当单位柱效较高时，没有隙流存在，只要柱管足够长，其浓度应极低。可以看到，溶质在固定相中浓度达到极大值时，才有 $k' = A_m/C_m$。溶质在流动相中的迁移速度很快，且柱效不很高的情况下，样品保留时间与死时间很接近，两相间传质速率的有限性将十分明显。

2. 中性溶质在反相电色谱中保留时间的变化规律

在中性溶质的反相电色谱过程中，流动相由电渗流驱动。在细内径毛细管中，当柱两端所施加的电压不很高时，焦耳热的影响一般可以不计，此时，电渗流速度与所施加的电压成正比关系。对于特定的溶质与分离条件，容量因子一定。如果施加电压恒定时，电渗流速度不变。由式（3-69），柱长与保留时间的关系可以近似地表示为

$$t_m = a_l L \tag{3-76}$$

式中：a_l 为与流速、溶质性质有关的常数。

同理，在柱长一定时，电压与保留时间的关系也可以表示为

$$t_m = a_V / V \tag{3-77}$$

式中：a_V 为与柱长、溶质性质有关的常数。

由式（3-76）、（3-77），随着柱长和电压倒数的增加，中性溶质在毛细管电色谱中的保留时间均呈正比例增加。图 3-4 和图 3-5 分别给出了在 95% CH_3CN 与 5% 1mmol/L MES 混合溶液作为流动相条件下，以萘作为样品测得的实验结果。

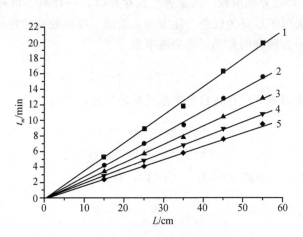

图 3-4　保留时间与柱长的关系

施加电压：1. $V=20kV$；2. $V=25kV$；3. $V=30kV$；4. $V=35kV$；5. $V=40kV$

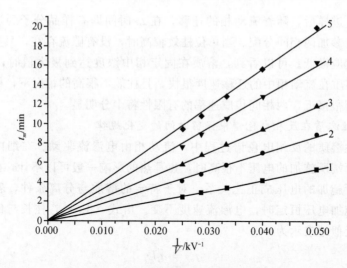

图 3-5　保留时间与电压倒数的关系

电色谱柱长：1. $L=15\text{cm}$；2. $L=25\text{cm}$；3. $L=35\text{cm}$；4. $L=45\text{cm}$；5. $L=55\text{cm}$

3. 带电溶质在反相电色谱中保留时间的变化规律

对于带电溶质的反相电色谱分离，广义扩散速率可以简化为由分子扩散 u_d 和电扩散 u_{ed} 两部分组成，由式（3-68）有

$$u_- = u_d + u_{ed} \tag{3-78}$$

由 §2.4，电扩散 u_{ed} 是由于本底电解质中的同离子迁移速率 u_{bep} 与荷电溶质的迁移速率 u_{cep} 存在差别所致。当这种差别存在时，一种离子相对于另一种离子的运动将产生类似于层流的现象。注意到无量纲、唯象处理的特征，电扩散速率可以近似地表示为两种同离子层流的速率差

$$u_{ed} = u_{bep} - u_{cep} \tag{3-79}$$

注意到带电溶质同时存在自身电泳迁移的特征，可得

$$u_- = u_{bep} - u_{cep} + u_d \tag{3-80}$$

$$u_+ = u_{bep} + u_{eo} + u_d \tag{3-81}$$

结合式（3-61）和式（3-80）、（3-81），有

$$t_m = \frac{m}{u_{cep} + u_{eo}}(1 + k') \tag{3-82}$$

也可以将式（3-82）取一级近似改写成

$$t_m = \frac{m}{u_{eo}}\left[1 + k' + (1 + k')\frac{u_{cep}}{u_{eo}}\right] \tag{3-83}$$

Horvath 等[40] 也得到了与式（3-83）相同的结果，并定义毛细管电色谱中溶质的容量因子

$$k^* = k' + (1+k') \frac{u_{cep}}{u_{eo}} \tag{3-84}$$

对于式（3-84），已有诸多文献论述[41]。由于毛细管电色谱中对溶质容量因子影响的因素较多，因此容量因子并不能起到在一般高效液相色谱中所对应的作用。由式（3-84），溶质在毛细管电色谱中的保留不仅取决于其在两相间的分配，溶质自身的电泳淌度也有重要影响。在反相电色谱中，k' 反映了溶质的疏水性质，因此毛细管电色谱较高效液相色谱和 CZE 可以更便利地进行选择性调节。

§3.3.3　流出曲线的方差

流出曲线的二阶中心矩等于其方差。由式（3-62），再根据正、反向传质速率常数的表达式（3-67）、（3-68），可以得到

$$\mu_2 = \frac{2m}{u} \cdot \frac{k'}{\kappa_d} + \frac{2mu_D}{u^3} \cdot (1+k') + \frac{m}{u^2} \cdot (1+k') + \frac{k'}{\kappa_d(1+k)^2} \tag{3-85}$$

式中右边第一项表示两相间传质阻力对峰展宽的影响；第二项表示纵向扩散的影响；第三项表示溶质在流动相中迁移速度的影响；第四项表示纵向传质与径向传质的耦联。

图 3-6 和图 3-7 为根据式（3-85），选择不同的输运参量进行数值计算得到的理论结果。从图中可以看出，u 和 κ_d 对峰展宽有近乎相反的影响规律，但相对而言，κ_d 的影响要大于 u 的影响。

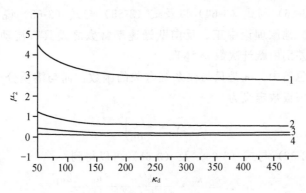

图 3-6　μ_2 与 κ_d 的关系

$m=1000$，$t_0=1$，1. $t_m=5$；2. $t_m=10$；3. $t_m=20$；4. $t_m=50$

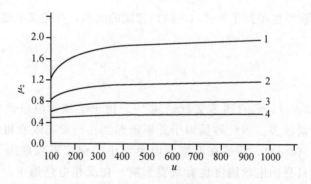

图 3-7　μ_2 与 u 的关系

$m = 1000$，$t_m = 20$，$1. \kappa_d = 50$；$2. \kappa_d = 100$；$3. \kappa_d = 200$；$4. \kappa_d = 500$

§3.3.4　弛豫理论中相关参数的物理意义

弛豫理论中定义 u_+、u_- 分别为溶质在柱过程中的正、反向跃迁速率常数，m 为溶质分子在电色谱系统中跃迁的平均次数，但这并不能将它们与实际柱分离过程中的操作参数及状态参量相联系，以至于不能将理论与实践有机地结合。为此，必须找出这些参数在实际分离过程中所对应的物理意义。

在前面的讨论中，我们将 u_+、u_- 分别采用式（3-67）、（3-68）进行研究，而对 m 赋予了柱长或与色谱塔板理论中塔板数概念类似的意义，但并没有说明具体的理由。下面将通过弛豫理论得到的色谱流出曲线统计矩表达式与塔板理论进行对照，进一步明确这些参数的意义。

塔板理论的一阶原点矩和二阶中心矩的表达式分别为[42]

$$\gamma_1 = N(1 + k') \tag{3-86}$$

$$\mu_1 = Nk'(1 + k') \tag{3-87}$$

对比式（3-86）与式（3-64）以及式（3-85）与式（3-65）说明 m 与塔板数有相同的意义。弛豫理论中正、反向跃迁速率常数之差具有流动相线速度的意义，量纲上的差别由跃迁次数 m 体现。

在平衡电色谱中，m 是只与柱系统有关的函数，而与溶质分子的特征无关。塔板理论中，塔板数定义为

$$N = \left(\frac{t_m}{\sigma}\right)^2 \tag{3-88}$$

结合式（2-32）与式（3-64）及（3-65）可以得到

$$m/N = \frac{\kappa_d}{u_0} \cdot \frac{k'}{(1 + k')^2} + \frac{u_0 + 2u_D}{u_0} \tag{3-89}$$

一般情况下，$u_D \ll u_0$，且对于线性色谱，两相间传质速率远大于流动相线速度，因此近似地认为 $N \approx m$ 是合理的。

m 和 N 不仅在数值上相近，可以用来表示柱效，也可以作为柱长度的标度。从理论的角度讲，两者皆是柱过程的函数，并不涉及溶质在两相中的作用，也与溶质的性质无关。

§3.3.5　电色谱中的半峰宽规律

由式（3-65）可以得到

$$\sqrt{\mu_2} = \sqrt{\frac{m}{(u_+ - u_-)^2} + \frac{2mu_-}{(u_+ - u_-)^3}} \cdot (1 + k') \tag{3-90}$$

显然，在没有特殊的广义扩散作用时，流出曲线的方差与容量因子呈线性关系。如果考虑柱外效应等过程，式（3-65）的形式将会有所改变。一般地，k' 在适中范围内，对式（3-65）作一级近似是合理的，这样

$$\sqrt{\mu_2} = a_k k' + b_k \tag{3-91}$$

式中：a_k、b_k 为常数。由于电色谱中流出曲线的对称性一般较好，可以认为 $\sqrt{\mu_2}$ 与半峰宽 $W_{1/2}$ 呈线性关系

$$W_{1/2} = a_W \sqrt{\mu_2} + b_W \tag{3-92}$$

式中：a_W、b_W 为与柱系统及分离条件有关的常数。

结合式（3-91）与式（3-92）有

$$W_{1/2} = a'k' + b' \tag{3-93}$$

也可以将式（3-93）改写成

$$W_{1/2} = at_m + b \tag{3-94}$$

图 3-8 为在反相电色谱体系中，采用中性溶质进行研究得到的一组实验结果，说明半峰宽与容量因子具有良好的线性关系。

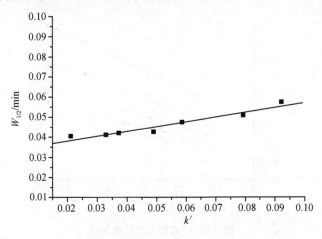

图 3-8　半峰宽与容量因子的关系

在高效液相色谱中，式（3-101）早已为张玉奎等[43]证实。由于电色谱与液相色谱的共性，色谱峰半峰宽与保留时间呈近似线性关系的规律在电色谱中也同样存在。这一规律在电色谱分离条件优化中具有重要作用。

§3.3.6　特殊电色谱系统中的峰展宽特征

式（3-62）为电色谱中谱带展宽的一般表达式，对于不同的分离模式和样品特征，可以对应地转换成不同的形式。这里就中性溶质在反相电色谱中的分离、无电渗流柱中带点溶质的分离以及离子交换分离模式中的谱带压缩现象等几种特殊分离体系中的峰展宽特征加以探讨。

1. 中性溶质在柱上检测反相电色谱中的峰展宽特征

根据流出曲线的二阶中心矩表达式，当流速 u 一定时，由 m 的物理意义，结合式（3-92），柱长与半峰宽的关系可以近似地表示为：

$$W_{1/2} = a_{wl}L + b_{wl} \qquad (3-95)$$

式中：a_{wl}，b_{wl} 在通常的实验条件下为常数。

同理，柱长一定时，电渗流速度与半峰宽的关系也可以近似表示为

$$W_{1/2} = \frac{a_u}{u^2} + \frac{b_u}{u} + c_u \qquad (3-96)$$

式中：a_u，b_u 为常数。

尤慧艳[44]设计了一种特殊性能的电色谱柱，可以在不同的柱长处进行在线检测，因此能够部分地避免柱外效应对流出曲线的影响。以 95%CH_3CN 加 5% 1mmol/L MES 混合溶液作流动相，硫脲和萘的混合物为样品，得到图 3-9 和图 3-10 的实验结果。

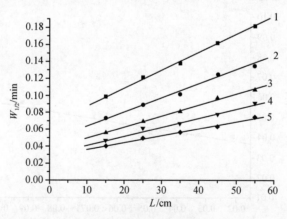

图 3-9　半峰宽与柱长的关系

实验条件同图 3-5

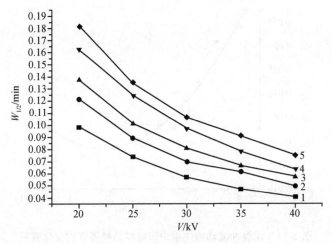

图 3-10 半峰宽与电压的关系

实验条件同图 3-5

由图 3-9 可见，在实验范围内，半峰宽随柱长增加而线性增加。随着电压的升高，线性关系的斜率发生变化，直线有交于一点的趋势。根据半峰宽公式中系数的意义，电压变化时，流速随之改变，a 随流动相线速的增加而变小，但 b 不受其影响。实际上，在 b 中还应包括进样过程、涡流扩散等因素的影响，这些影响基本也不随柱两端施加电压而变化。从理论上讲，零柱长时，流出曲线半峰宽在不同电压下与柱长的关系曲线交于一点。

柱两端施加的电压与电渗流速率成正比，因此图 3-10 反映了流动相线速与流出曲线半峰宽的关系。随着电压的增加，半峰宽呈非线性减小。在较低的电压下，电渗流速率较小，峰展宽严重，此时分子扩散对峰展宽起主要作用。随着电压的升高，半峰宽变小。这一结果与塔板高度随流动相线速的变化趋势一致。

2. 无缓冲流动相体系中带电样品的谱带展宽

由式（3-62），流出曲线二阶中心矩由管路输运和反向传质等部分构成。影响毛细管电色谱峰扩展的因素极其复杂，既包括了高效液相色谱的特征，也存在毛细管区带电泳的规律，且有二者之间的耦联。在无缓冲流动相体系中进行试验的极端情况下，$u_{bep} = 0$，电扩散作用的影响将更为明显。

结合式（3-67）与式（3-85），有

$$W_{1/2} = a_{wt}t_m^2 + b_{wt}t_m^3 + b'_{wt}u_{cep}t_m^3 + c_{wt} \tag{3-97}$$

式中：a_{wt}，b_{wt}，b'_{wt} 和 c_{wt} 分别对应于不同因素对峰展宽的贡献。

图 3-11 给出了在无缓冲流动相体系中，对六种不同带电形态药物进行分离得到的实验结果，图中也给出了采用式（3-97）进行拟合的理论结果。可以看出，在无缓冲流动相体系中，溶质的电泳迁移对峰宽的影响较流动相中存在缓冲

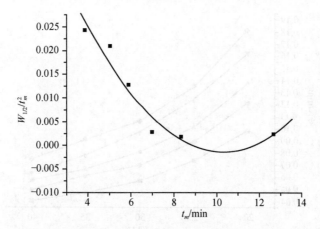

图 3-11　无缓冲流动相体系中带电样品峰展宽的变化特征

样品分别为：磷酸氯喹，氯异丙嗪，盐酸双肼酞嗪，芦丁，氢氯噻嗪，利眠宁。

分离条件：50％乙腈＋50％水，254nm 检测，3μm C18柱。进样：5kV/2s

盐的一般情况更为明显。随着溶质表观迁移速率的变化，峰展宽呈先减小至最小值，再逐渐增大的趋势。

3. 弱电渗流柱上带电样品的谱带展宽

在电色谱柱中无电渗流的情况下，由于不存在使中性样品迁移的驱动力，因此不能够分离中性溶质。但是对于带电溶质，由于其自身的电泳迁移行为，仍能够达到分离的目的。这种体系与毛细管壁改性的区带电泳中带电溶质的分离相似，但是溶质的色谱保留机制对于特定的样品，仍然有一定的作用[45]。

由于无电渗流作用，式（3-85）可以改写成

$$\mu_2 = \frac{2m}{u_{ep}} \cdot \frac{k'}{\kappa_d} + \frac{2mu_d}{u^3} \cdot (1+k') + \frac{m}{u_{ep}^2} \cdot (1+k') + \frac{k'}{\kappa_d(1+k')^2} \quad (3\text{-}98)$$

在电色谱过程中，电泳流速度通常只相当于电渗流速度的 20％ 左右[26]，甚至更小。与一般电色谱相比，在弱电渗流柱中分离的谱带展宽相当于较慢流动相线速度的情况，而其他影响因素基本保持不变。同时，由于电泳流的作用显著，因此，色谱机理所起的作用将相对不明显。

平贵臣[46]制备了一种几乎无电渗流的连续床层电色谱柱，并用这种色谱柱进行酸性溶质的电色谱分离。图 3-12 为在不同 pH 条件下得到的一组实验结果。可以看出，pH 对酸性化合物的选择性和其迁移速度有显著影响。随着流动相 pH 从 6.03 增至 7.00，对氨基苯磺酸和对甲基苯磺酸由基线分离变成共洗脱至洗脱顺序相反，与此同时酸性溶质的迁移速度逐步增大。流动相的 pH 可直接决定溶质的解离状态，进而影响其电泳淌度。6 种酸性溶质在 7min 内实现基线分离。

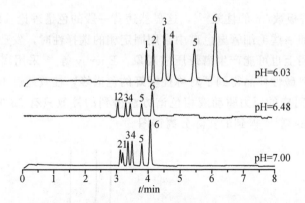

图 3-12　无电渗流柱上酸性溶质的电色谱分离

分离条件：流动相 乙腈＋ 磷酸缓冲液（5mmol/L）（70∶30，体积比），分离电压 10kV

色谱峰：1. 对氨基苯磺酸；2. 间硝基苯磺酸；3. 对甲基苯甲酸；

4. 对溴苯甲酸；5. α-萘乙酸；6. 对羟基苯甲酸

为了考察色谱分配作用对分离的作用，我们[47]也使用涂覆有聚丙烯酰胺的毛细管在与毛细管电色谱相同的条件下进行毛细管区带电泳实验，两者结果十分相似，说明解离状态下的酸性化合物与固定相的疏水相互作用十分弱。因为在这种色谱柱上无带电位点，碱性化合物不与固定相发生特异性相互作用，因此在不添加胺改性剂的条件下，仍能够有比较好的峰形。

4. 离子交换电色谱中的峰压缩效应

峰压缩现象是指在正常的色谱分离条件下，由一般的色谱理论难于解释的原因得到超窄的色谱峰。Enlund 等[12]对毛细管电色谱中的峰压缩现象作了系统综述，并将其分成两类，第一类为不可重复、难于控制、原因不明的聚焦作用，这种情况只有在强阳离子交换分离模式中被观察到。另一类为由于样品溶液和流动相组成不同而引起的连续堆积作用。这一类峰压缩现象将在第五章中做详细讨论。

不考虑溶质在两相间传质速率有限性对峰展宽的影响，流出曲线的方差可以采用式（3-65）表示。结合式（3-78）和（3-79）有

$$\mu_2 = \frac{m}{(u_{cep} + u_{eo})^2} + \frac{2m(u_{bep} - u_{cep} + u_d)}{(u_{cep} + u_{eo})^3} \qquad (3-99)$$

通常情况下，电扩散与分子扩散同样导致峰展宽，根据式（3-99），电扩散作用也有可能导致进样区带的压缩。更一般地，广义扩散速率或反向迁移速率可能导致峰压缩现象出现。当 $2u_+ = u$ 时，区带宽度将出现极小值，我们[48]已将这一特征应用于毛细管电色谱柱内富集研究。

Evans 等[49]最初采用阳离子交换树脂（SCX）作为毛细管电色谱固定相是为了增加低 pH 条件下的电渗流速度，但是发生了没有预料到的现象，得到了 8 000 000 塔板数/m 异乎寻常的高柱效，利用 SCX 固定相的长柱进行实验甚至得

到 50 000 000 塔板数/m 的柱效[50]，这显然违背一般的色谱理论。Evans 等 [51] 比较电渗流流型和一些毛细管电色谱中常用固定相的选择性时，发现在其他类型的离子交换固定相上也可能产生谱带压缩现象。Euerby 等[52] 采用离子交换的电色谱分离模式分离碱性样品得到了对称性极好的色谱峰，柱效超过 16 000 000 塔板数/m，而利用对应的压力驱动液相色谱方法得到的柱效只有 56 000 塔板数/m。图 3-13 为 Evans 等[49] 得到的实际分离谱图。

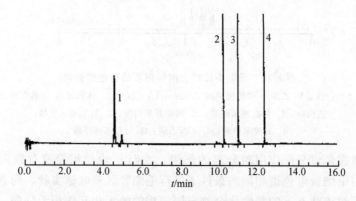

图 3-13　毛细管电色谱中的谱带压缩分离谱图
色谱柱：Spherisorb SCX 3μm，260(500)mm×0.05mm；流动相：30% 50mmol/L
磷酸缓冲溶液 pH3.5＋70%乙腈；运行电压：30kV，进样电压：2kV，30s。
色谱峰：1. 改性三氧甲噻，2. 去甲替林，3. 羟甲金霉素；4. 盐酸脱氧麻黄碱

　　Stahlberg[53] 和 Horvath[54] 分别建立了相应的理论模型，说明毛细管电色谱中带电溶质的迁移行为，提供了一些关于谱带压缩效应的可能解释。Stahlberg 认为非同一的电场强度和非线性吸附等温线的色谱与电泳输运机制结合，对区带在色谱柱内的输运可能起到一定的稳定作用，使得其分布不随迁移过程而变化。Horvath 认为毛细管电色谱系统中形成的内梯度可以导致谱带压缩效应的发生，这种现象是溶质的电泳迁移与其在固定相表面电扩散结合的结果。

　　尽管有越来越多的数据表明，这种谱带压缩效应重复性差且难于控制，但仍然经常出现，这也说明在离子交换电色谱分离过程中还可能有一些机理没有被完全了解。对于一般的色谱过程，由于分离机理明确，因此无论是正向流还是反向流都有明确的物理意义，在分析型线性分离的条件下，不可能出现这种谱带压缩现象。但是如果有特殊的作用机制存在，例如溶质在固定相表面的移动等将可能会导致 $u_{bep}-u_{cep}+u_d$ 很小，甚至为负值的情况。

§3.3.7　流出曲线的对称性

　　流出曲线的三阶中心矩反映了色谱峰的对称性，$\mu_3 = 0$ 时为对称峰，$\mu_3 > 0$

时为拖尾峰，而 $\mu_3 < 0$ 时表现为前伸峰。为了说明输运参量对峰形对称性的影响，在不单独考虑反向流的情况下，求得流出曲线三阶中心矩的表达式为

$$\mu_3 = \frac{12(m+1)}{u^3} \cdot (1+k')^3 + \frac{6(m+1)k'}{\kappa_d u^2} + \frac{k'}{\kappa_d^2 (1+k')^2} \qquad (3\text{-}100)$$

式中右边第一项表示一般柱内输运过程引起的峰形对称性变化，第三项表示由于两相间非平衡传质引起的峰形对称性变化，第二项表示第一与第三项的耦联。由于 u、κ_d、κ_c 皆为大于 0 的数，式（3-100）说明，通常情况下得到的电色谱峰为拖尾形式。κ_d 增加，峰形不对称性变小。κ_d 与液膜厚度有关，液膜越厚，κ_d 越小，拖尾越明显。图 3-14 给出了一组 κ_d 与 μ_3 关系的理论计算结果。

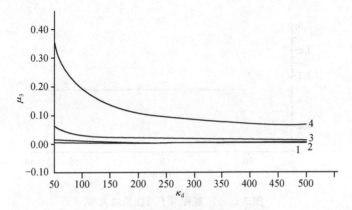

图 3-14　κ_d 对峰形对称性的影响

$m=1000$，$t_0=1$，1. $t_m=5$；2. $t_m=10$；3. $t_m=20$；4. $t_m=50$

图 3-14 的变化趋势表明，随着 κ_d 的增加，峰形的对称性相对变好，且其影响规律与 μ_2 相似。当 κ_d 增大到一定程度时，对称性的变化将不明显，这说明此时已经可以不必考虑两相间传质速率的有限性，溶质在两相间基本达成平衡。这一结论与戴朝政等[55]得到的结果一致。

1. 反相电色谱中中性溶质流出曲线的对称性

对于中性溶质，式（3-63）可以改写成

$$\mu_3 = \frac{mk'}{u_0 \kappa_d} + \frac{3mk'(u_0 + 2u_d)}{u_0^3 \kappa_d}(1+k')^2 + \frac{2m[(u_0 + 2u_d)^2 + 4u_0 u_d]}{u_0^5} \cdot (1+k')^3$$

$$(3\text{-}101)$$

引入 u_d 能够产生多种耦联作用，其总的结果是使峰形的对称性变差。根据各参数的意义，由式（3-101）得到的 μ_3 始终大于零，因此流出曲线为拖尾的形式。但是，由于电色谱峰形较窄及数据采集速度的限制[56]，一般表现为良好的对称峰形。

如果近似地认为 μ_3 与峰对称度 A_s 成线性关系。与方差的处理类似，柱长、

电渗流速率与峰对称度 A_s 的关系可以分别表示为

$$A_s = a_A L + b_A \qquad (3\text{-}102)$$

$$A_s = a_{Au}/u^3 + b_{Au}/u^2 + c_{Au}/u + d_{Au} \qquad (3\text{-}103)$$

式中：a_A、b_A 等为常数。

以硫脲、苯的同系物混合物为样品，95％CH_3CN 加 5％ 1mmol/L $Na_2B_4O_7$ 为流动相进行试验，采用在线检测的方法得到图 3-15 和图 3-16 的结果。可以看出，不对称因子没有明显变化，其主要原因为对于中性溶质的反相电色谱分离，流出曲线对称性较好。在实验范围内流出曲线对称性的变化范围很小，不足以明显反映出其变化趋势。

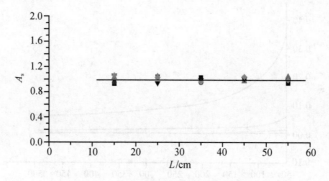

图 3-15　不对称因子与柱长的关系
V 分别为：20kV、25kV、30kV、35kV 和 40kV

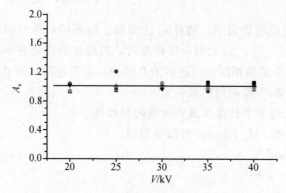

图 3-16　不对称因子与电压的关系
柱长 L 分别为 15cm、25cm、35cm、45cm 和 55cm

2. 无缓冲流动相体系中溶质流出曲线的对称性特征

由式（3-63），流出曲线三阶中心矩由管路输运、反向流和正反向流耦联三部分构成，u_{cep}、u_{bep} 的相对大小、保留值以及电渗流速率都可能会导致峰形对称性的变化。

在无缓冲流动相体系的极端情况下 $u_{\text{bep}}=0$，不同溶质峰形对称性的差异可以更明显地表现出来。当 $\mu_3=0$ 时，如果再不考虑分子扩散的影响（$u_D=0$），那么

$$u_{\text{cep}}+u_{\text{eo}}=\frac{3+\sqrt{3}}{2+\sqrt{3}}u_{\text{eo}} \tag{3-104}$$

一般情况下，由于毛细管电色谱柱效较高，对称峰出现在离死时间较远的位置，电扩散作用的影响不能够被明显地观察到。Beckers 等[57~59]认为在毛细管区带电泳中样品离子的电泳淌度与本底电解质中同离子的电泳淌度相同时，峰形为对称的形式。而由式（3-104），在毛细管电色谱中，当溶质的流出时间略大于死时间时，可能得到对称性较好的峰形。图 3-17 给出了六种药物在无缓冲流动向体系中分离的实际谱图[60]。

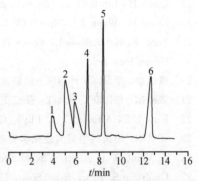

图 3-17　六种药物在无缓
冲流动相体系中的分离
分离条件同图 3-11

由图 3-17 可以看出，在对称峰前面流出的组分，色谱峰皆呈拖尾的形式，而在其后流出的色谱峰皆为前伸峰。式（3-101）中，由于 $k'+1$ 的影响，也使得这种峰不对称性行为表现更加明显。对于溶质带电性质差别较大的样品，在反相毛细管电色谱中更易于产生拖尾峰、对称峰及前伸峰同时出现的现象。

参 考 文 献

1　卢佩章，戴朝政. 色谱理论基础. 北京：科学出版社，1989：20

2　D. H. 祖巴列夫著. 非平衡统计热力学. 李沅柏，郑哲洙译. 北京：高等教育出版社，1982：348

3　Degroot S R, Mazur P. Non-Equilibrium Thermodynamics. Amsterdam：North-Holland Publishing Company, 1962：258

4　陈宗淇，戴闽光. 胶体化学. 北京：高等教育出版社，1984：260

5　D. J. 肖著. 胶体与表面化学导论. 张中路，张任佑译. 北京：化学工业出版社，1989：191

6　赵学庄. 化学动力学导论. 上册. 北京：高等教育出版社，1984：75

7　Eyring H. J. Chem. Phys., 1936, 4：283

8　Ree F H, Ree T, Eyring H. Ind. Eng. Chem., 1958, 50：1036

9　Martin A J P, Synge R L M. Biochem. J., 1941, 35：1358

10　Giddings J C. Dynamics of Chromatography. Part I. New York：Marcel Dekker, 1965

11　Giddings J C. Unifield Separation Science. New York：John & Sons Inc，1991：223

12　Enlund A M，Andersson M E，Hagman G. J. Chromatogr. A，2004，1044：153

13　邹汉法，张玉奎，卢佩章. 高效离子对液相色谱法. 郑州：河南科学技术出版社，1992

14　高鸿主编. 分析化学前沿. 北京：科学出版社，1991：145

15　Stalberg J. Anal. Chem.，1997，67：3812

16　张维冰. 定标粒子理论. 重庆：重庆大学出版社，1997

17　Liang H，Lin B C. J. Chromatogr. A，1998，828：3

18　Liang H，Wang Z G，Lin B C. J. Chromatogr. A，1997，763：237

19　Foret F，Krivankova L，Bocek P. Capillary Zone Electrophoresis. New York：VCH Publishers Inc，1993

20　张维冰，李瑞江，许国旺，洪群发，张玉奎. 分析科学学报，1999，15：199

21　张维冰，许国旺，李瑞江，张玉奎. 色谱. 1999，17：1

22　King E L，Altman C. J. Phys. Chem.，1956，59：1375

23　张维冰. 中国科学院大连化学物理研究所博士论文. 大连，1999

24　de Vault D. J. Amer. Chem. Soc.，1943，65：532

25　Goldstein S. Proc. Roy. Soc.，1953，219：151

26　邹汉法，刘震，叶明亮，张玉奎. 毛细管电色谱及其应用. 北京：科学出版社，2001：7

27　卢开澄. 组合数学算法与分析. 北京：清华大学出版社，1983：55

28　戴朝政，卢佩章. 色谱，1997，15：361

29　王东援，孙毓庆，蔡红等. 色谱，1994，12：247

30　Yau J K，Hoard S A. J. Appl. Crystallogr.，1989，22：244

31　Neuman S P，Gardner D A. Ground Water，1989：2766

32　Giddings J C. J. Chromatogr.，1961，5：46

33　Jannson P A. Deconvolution With Applications in Spectroscopy. Orlando：Academic Press，1984

34　Dose E V，Guiochon G. Anal. Chem.，1990，62：1723

35　Schure M R，Lenhoff A M. Anal. Chem.，1993，65：3024

36　Bendat J S，Piersol A G. 相关分析和谱分析的工程应用. 凌福根译. 北京：国防工业出版社，1983：24

37　Golay M J E. Gas Chromatography. London：Butterworths，1958

38　Guiochon G. J. Gas Chromatogr.，1964，2：139

39　Dyson N. J. Chromatogr. A，1999，842：321

40　Rathore A S，Horvath Cs. J. Chromatogr. A.，1997，743：231

41　叶明亮，邹汉法，刘震，朱军，倪坚毅，张玉奎. 中国科学（B辑），1999，42：639

42　孔宏伟，张维冰，许国旺，洪群发，张玉奎. 分析化学，1999，4：408

43　张玉奎，董礼孚，包绵生，周桂敏，林从敏，卢佩章. 分析测试通报，1984，3：16

44　尤慧艳. 中国科学院大连化学物理研究所博士论文. 大连，2003

45　Wu R，Zou H，Ye M，Lei Z，Ni J. Anal. Chem.，2001，73：4918

46　平贵臣. 中国科学院大连化学物理研究所博士论文. 大连，2003

47　Ping G，Zhang Y，Zhang L，Zhang W，Schmitt-Kopplin P，Kettrup A. J. Chromatogr. A，2004，1035：265

48　金龙珠. 分析化学新进展. 北京：科学出版社，2002

49　Smith N W，Evans M B. Chromatographia，1995，41：197

50　Smith N W. Presented at ISC'96. Stuttgart，15～20 September 1996

51　Smith N W，Evans M B. J. Chromatogr. A，1999，832：41

52　Euerby M R，Gilligan D，Johnson C M，Roulin S C P，Myers P，Bartle K D. J. Microcol. Sep.，1997，9：373

53　Stahlberg J. Anal. Chem.，1997，69：3812

54　Xiang R，Horvath Cs. Anal. Chem.，2002，74：762

55　戴朝政，向在筠. 化学学报，1994，52：64

56　Dyson N. J. Chromatogr. A.，1999，842：321

57　Colon L A，Burgos G，Maloney T D，Cintron J M，Rodríguez R L. Electrophoresis，2000，21：3965

58　Beckers J L. J. Chromatogr. A.，1995，693：347

59　Sustacek V，Foret F，Bocek P. J. Chromatogr. A.，1991，545：239

60　You H，Zhang W，Zhang Y. Chromatographia，2003，58：317

第四章　毛细管电色谱分离机理及溶质输运

毛细管电色谱分离过程中存在多种宏观及微观的输运过程，这些过程包括溶质不同形态之间的化学转换以及吸附、分配等物理作用。溶质在分离过程中表现的宏观特征与其所参与的微观过程有着直接的联系，也决定了不同分离模式遵循不同的分离机理及不同的溶质输运特征。

§4.1　电色谱过程中的一般输运方程

尽管毛细管电色谱过程中可能存在多种宏观或微观的输运过程，但是这些过程中一般只有一种或几种过程的转化或迁移速率与其他过程相比相对较慢，对溶质在柱过程中的宏观输运起着控制作用。例如：从唯象的角度讲，在柱管中溶质分子与流动相之间发生的化学反应及溶质在流动相和固定相之间交换过程的传质速率一般远大于溶质在流动相中的纵向迁移速率，因此一般可以不考虑那些快速过程传质速率的有限性，即平衡均能在瞬时达成。这样，可以简化所讨论的问题，通过简单的数学物理模型直接得到合理的、有价值的、能够指导实践的结论。

毛细管电色谱过程中的平衡可以粗略地分为化学平衡和物理平衡两类。溶液中溶质不同形态的分布由其所参与的平衡过程决定，不同的溶质存在形态可能以相同或不同的速率迁移，而每一种形态依其摩尔分数决定其对溶质总的宏观迁移速率的贡献。毛细管电色谱中的平衡过程是溶质迁移速率差异的内因，决定了不同分离模式毛细管电色谱的分离机制。

§4.1.1　毛细管电色谱中的化学平衡

无论何种分离模式的色谱过程，化学平衡对分离效果皆起着重要的作用。在毛细管区带电泳过程中，难分离的稀土离子[1]可以根据化学平衡的原理通过化学反应改变其电泳淌度，得到很好的分离。弱相互作用平衡主要在手性物质[2]、异构体的分离[3]中采用。关福玉[4]从化学平衡出发，对毛细管区带电泳过程中溶质的电泳淌度与平衡常数及实验条件之间的关系作过详细的综述。邹汉法等[5,6]也对电色谱中的多元平衡作唯象处理。通常情况下，毛细管电色谱中的化学平衡可以分为酸碱平衡、络合平衡和弱化学作用平衡等类型。

1. 酸碱平衡

如果样品为可以解离的酸或碱性样品，那么在毛细管电色谱分离过程中可能存在下面的平衡

$$HA \stackrel{k_a}{=\!=} H^+ + A^- \tag{4-1}$$

$$BOH \stackrel{k_b}{=\!=} B^+ + OH^- \tag{4-2}$$

式中：k_a、k_b 分别为酸、碱解离平衡常数。

对于多元酸碱的情况，也能够相应地写出其解离平衡方程式。由式（4-1）可见，酸、碱性溶质的不同形态在分离过程中的分布与流动相 pH 有关，如果流动相具有足够的缓冲容量，那么可以认为溶质在输运过程中所处环境的 pH 不变，这样能够将式（4-1）和式（4-2）统一地简写成

$$A_i \stackrel{k_H}{=\!=} A_j \tag{4-3}$$

式中：A_i、A_j 分别代表溶质的两种形态；$k_H = k_a[H^+]$ 或 $k_H = k_b[OH^-]$ 为转换常数。

2. 络合平衡

如果流动相中存在可以与溶质结合的配体，络合反应将可能在溶质和配体之间发生。由于这类反应一般是多阶的，因此溶质的存在形态也可能有多种，这种络合平衡能够统一地写成

$$ME_i + E \stackrel{k_e}{=\!=} ME_{i+1} \tag{4-4}$$

式中：E、ME_i 分别代表络合剂和溶质与络合剂形成的络合物；k_e 为络合平衡常数。

与对酸碱反应的讨论同理，如果流动相中的络合剂浓度相对较大，即伴随溶质在流动相中的输运过程，溶质氛围中的络合剂浓度基本维持不变，式（4-4）的络合平衡方程也可以写成与式（4-3）相同的形式，式中转换常数的表达式改写为 $k_E = k_e C_L$。

3. 弱化学作用平衡

邹汉法[7]在研究手性对映体与手性试剂之间的作用时认为，为了达到好的分离效果，在手性溶质与手性试剂之间必须存在多个作用位点，这种相互作用尽管一般较弱，但仍可作为一类特殊的化学反应来研究。

弱化学作用可以表示为

$$M + L \stackrel{k_1}{=\!=} HL \tag{4-5}$$

式中：M 代表溶质；L 代表可以与溶质发生弱化学作用的试剂；ML 代表它们结合形成的产物，这种结合体一般不很稳定，分子间的相互作用介于 van der Waals 力和化学键力之间。

在弱化学作用试剂浓度较大时，同样可以将式（4-5）简写为式（4-3）的形式，平衡常数 $k_L = k_1 C_L$。

§4.1.2　毛细管电色谱中的物理平衡

物理平衡包括吸附平衡和分配平衡等。在所有的毛细管电色谱分离模式中都存在物理作用过程，且在有些分离模式中甚至多种作用同时存在。

分配平衡和吸附平衡是色谱分离过程中的两种主要平衡模式，也是色谱法分离不同分子结构物质的基础。在气固色谱中溶质与固定相的作用主要以吸附为主。陈吉平[8]通过对气液分配色谱保留机理的探讨，说明对不同的溶质及不同的色谱固定相，溶质的保留机理可能有较大的差别，溶质在气液相之间即可能有分配过程发生，界面吸附现象也可能同时存在。

在液相色谱过程中，卢佩章等[9]通过统计热力学的研究方法证实溶质在固定相表面存在吸附顶替行为。耿信笃等[10,11]证实在液相色谱固定相 ODS 上，吸附和分配两种机理可能同时存在。

毛细管管壁对溶质分子的吸附，尤其是对蛋白质等大分子的吸附可用于开管毛细管电色谱手性分离[12]。管壁的吸附作用，导致毛细管表面力场的变化，并进一步对溶质在分离过程中的输运行为产生影响。一般认为[13]，MEKC 的分离机理起因于溶质在流动相和胶束之间分配，表面活性剂形成的胶束起到准固定相的作用，即溶质在 MEKC 中的输运行为主要由溶质在两相间的分配决定，尤其对中性溶质更为如此。毛细管电色谱将 CZE 与液相色谱的分离机制加以综合，因此两相间传质过程在其中也占有重要地位。

无论是分配过程还是吸附过程，在平衡的条件下，不同环境或力场中存在的溶质之间的平衡可以写作

$$A_i \overset{k_p}{=} A_j \tag{4-6}$$

式中：k_p 代表分配或吸附等物理传质过程的平衡常数。

平衡过程在柱分离过程中的作用可以有两方面的影响：一些化学平衡的存在，可能是两组分分离的必要条件，例如：对于手性对映体的分离，手性试剂与溶质之间的弱化学作用是必要的，其分离的机制就在于两种手性对映体与手性试剂之间相互作用的差别；而有一些平衡过程可能对分离过程起到不利的作用，例如：溶质在毛细管壁的强吸附作用；溶质与有些溶剂之间的特殊不可逆作用等。因此必须了解电色谱过程中各种平衡的特征，才可能说明不同分离模式的分离机理和溶质的输运规律。

§4.1.3　平衡限制的溶质输运速率

根据我们在第三章中的讨论，如果溶质在两种不同的力场中存在，即认为它们分别代表溶质的两种不同形态。一种溶质在毛细管电色谱中可能以很多种形态

存在，各形态之间以不同的方式维持平衡。对反相电色谱而言，溶质在流动相中及在固定相中所处的力场不同，因此认为溶质以两种不同的形态存在。

由分子独立运动原理，溶质每一种形态的输运过程皆独立完成，与其他形态的输运过程无关。溶质在电色谱过程中的宏观迁移速率等于其各种形态沿柱轴向输运速率按摩尔分数的加权平均

$$u = \sum_{i=1}^{n} u_i x_i \tag{4-7}$$

式中：u 为溶质 C 的宏观迁移速率；x_i 为其形态 i 的摩尔分数；u_i 是指 i 形态的溶质 C 沿柱轴向的输运速率；n 为其总形态数。

溶质 C 的任意两种形态之间皆可能发生交换反应，且交换可以迅速达到平衡，这样，在形态 i 和 j 之间的交换反应可以简写成

$$C_i \underset{}{\overset{k_{ij}}{\longleftrightarrow}} C_j \tag{4-8}$$

式中：$k_{ij} = C_i / C_j$ 为交换过程的平衡常数。这里认为与 C 参与反应的其他反应物量皆相对较大，浓度可当作恒定值考虑，因此在平衡常数中包括了这些物质浓度的因素。显然，式（4-3）和式（4-6）是式（4-8）的特殊形式。

式（4-8）与式（3-1）对应，相当于一个简单的一级对峙反应的平衡网络。如果溶质 C 的总浓度为 $C(0)$，由摩尔分数的定义有

$$x_i = \frac{C_i}{C(0)} = \frac{C_i}{\sum_{j=1}^{n} C_j} \tag{4-9}$$

式（4-9）结合式（4-7）可得

$$u = \sum_{i=1}^{n} u_i \frac{1}{\sum_{j=1}^{n} k_{ij}} \tag{4-10}$$

式（4-10）描述了溶质在电色谱分离过程中可能存在的各种平衡和其宏观输运速率之间的关系。对于实际毛细管电色谱分离过程，可以根据不同的分离模式进一步将式（4-10）简写成相应的形式。

§4.2 简单电色谱分离模式中不同形态溶质的输运

不同毛细管电色谱分离模式中存在的平衡有不同的形式，可以是一种简单的形式，也可以是多种形式同时存在的复杂耦联情况。就化学反应而言，可能存在多种不同的类型，同时一个化学反应也可能由多个步骤来完成。所有液相色谱的分离模式都可以沿用到毛细管电色谱中。但是尽管分离模式的分离机理相近，溶质的输运规律也可能不尽相同。

§4.2.1 溶质在电色谱中的迁移行为

对于中性溶质而言，其输运机制与 HPLC 基本相同，流出次序和时间与液相色谱也相当，其方向与电渗流相同。溶质在色谱柱后的流出依其与固定相作用的强度次序排列：作用强者，后流出；作用弱者，先流出。如图 4-1（A）所示。

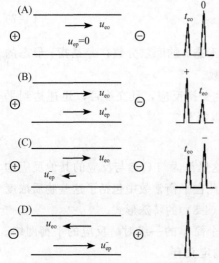

图 4-1 带电样品在电色谱中的操作模式

对于带电溶质，其在色谱柱中的输运过程不仅受到色谱分配机理的影响，也和以质荷比为基础的电泳分离机理有关。带电溶质在电色谱中的迁移依电泳淌度的不同，表观速率也不同。根据电泳流和电渗流的大小和方向的差异，如图 4-1 所示，存在三种可能的迁移模式：

（B）两者方向相同：带电溶质的迁移速度总是大于电渗流标记物的速度，溶质在死时间之前流出。

（C）两者方向相反，但电渗流速度大于电泳流速度：溶质将在死时间之后出峰。

（D）两者方向相反，但电渗流速度小于电泳流速度。需要将电极颠倒，这样不能得到电渗流标记物的峰。

溶质的流出次序不仅取决于保留值的差别，同时也取决于其电泳迁移速度的差别。

§4.2.2 分离机理

1. 中性溶质在电色谱中的迁移

对于中性溶质在电色谱中的分离，只需考虑溶质在流动相和固定相之间的转换平衡，这种转换可以是分配或吸附，如反相或正相的分离模式；也可能是弱化学作用，如亲和电色谱分离。这种情况下，分离过程中只存在溶质的两种形态，即溶质在流动相中的形态和其在固定相中的形态。两种形态之间的交换反应为

$$C + S \overset{k}{=\!=\!=} CS \tag{4-11}$$

式中：S 代表固定相；k 为两种形态之间交换的平衡常数。对于反相电色谱，k 代表吸附常数；对于亲和电色谱，k 对应于配体和受体之间的结合常数。

不考虑溶质在固定相表面的迁移，即溶质在固定相中的存在形态沿柱轴向的迁移速率为 0。而中性溶质在流动相沿柱轴向的迁移速率等于电渗流速度 u_{eo}，化简式（4-10）可以得到

$$u = \frac{u_{eo}}{1 + k/C_S} \tag{4-12}$$

式中：C_S 为固定相表面与溶质作用"活性质点"的浓度。

式（4-12）也可以进一步被改写成

$$t_0 = \frac{t_m}{1 + k'} \tag{4-13}$$

这是液相色谱中的著名公式。实际上，求得式（4-13）的基本思想与平衡色谱理论[9,14]的基本假设相同，因此式（4-13）的结果已在预料之中。

2. 离子在电色谱中的迁移

越来越多的证据表明中性溶质在毛细管电色谱和高效液相色谱中的迁移满足相同的机理[15~17]。因此，理论处理也相对较为简单，可以直接通过容量因子反映溶质的输运特征。但是，对于离子在电色谱中的分离或者带电溶质与中性溶质混合物的分离，分离机制不同于中性分子。因为在溶质的输运过程中，不仅有电场力产生的电渗流驱动，不同离子自身的带电特征使得其在柱过程中有不同的迁移速度，两种机制的综合导致电色谱分离离子型溶质具有更高的分离效率和选择性[18]，但是处理过程也更为复杂。

如果不考虑双电层的重叠[19,20]以及柱内可能存在的流动相梯度[21]，离子在流动相中的迁移淌度等于电渗流淌度 μ_{eo} 与其自身电泳淌度 μ_{ep} 的加和

$$\mu_A = \mu_{eo} + \mu_{ep} \tag{4-14}$$

溶质离子在固定相表面的交换平衡为

$$I + S \stackrel{k}{=} IS \tag{4-15}$$

如果不计固定相上形态的离子沿柱管方向的迁移速率，那么溶质在电色谱分离过程中的实际迁移速率

$$u = \frac{E}{1 + k/C_S}(\mu_{eo} + \mu_{ep}) \tag{4-16}$$

k/C_S 具有色谱容量因子的意义。μ_{ep} 相当于该离子在毛细管区带电泳中等同条件下的迁移淌度，μ_{eo} 为不保留中性分子的迁移淌度。毛细管区带电泳中管壁的可逆吸附对离子迁移淌度的影响相当于空心柱电色谱的行为，因此式（4-16）同样适用于这种情况。

式（4-16）可以改写成

$$t_m = t_0\left(1 + \frac{t_{CZE}}{t_0}\right) \cdot (1 + k') \tag{4-17}$$

比较式（4-13）与式（4-17）可以说明离子和中性分子在电色谱中分离机制的差别。将式（4-17）换型后与我们采用弛豫理论得到的式（3-83）相同。

Horvath 等[22]定义

$$k'_e = \mu_{ep}/\mu_{eo} \tag{4-18}$$

将式（4-18）带入式（3-84）中，引入电色谱保留因子的概念

$$k^* = k' + k'k'_e + k'_e \tag{4-19}$$

对于中性溶质，$k'_e = 0$，电色谱容量因子等于色谱容量因子，分离过程可以按照经典的液相色谱方法处理。对于带电溶质，k'_e 不为 0，处理需采用毛细管区带电泳（CZE）的数据。

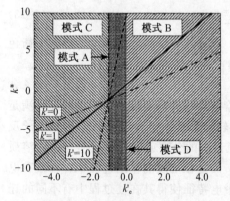

图 4-2　电色谱容量因子
与溶质迁移速度之间的关系

式（4-19）较为简单，在一些特殊的场合也便捷实用，但是物理意义不很明确，有时可能会得出有悖于试验结果的结论。在典型的电色谱系统中，电渗流的方向指向阳极，中性溶质随电渗流向阳极迁移。带电溶质的迁移方向取决于其带电性质。当电泳流与电渗流同方向时，溶质可以以更快的速度向阳极迁移，反之亦然。图 4-2 中给出了容量因子与溶质迁移速度之间的关系[23]。

由图 4-2 可以看出，k^* 和 k'_e 满足线性关系，k'_e 增加，直线的斜率增加。电渗流与电泳流速度相等时，$k'_e = -1$，迁移停止，分离不能够完成。图 4-2 中模式 A 代表这种不能进行色谱分离的情况，模式 B 为电泳流与电渗流同方向。模式 C 为电泳流与电渗流反方向的情况，但中性溶质的迁移比带电溶质慢。在模式 D 的情况，电泳流与电渗流方向也相反，但是中性溶质的迁移比带电溶质快。

3. 一元弱酸碱在电色谱中的迁移

弱酸碱在电色谱中的输运行为不仅与固定相的性质有关，也决定于其自身的解离平衡特征，尤其在流动相 pH 与其 pk_a 相近时更是如此。一元弱酸碱在毛细管电色谱中的平衡过程包括

1）中性分子的吸附平衡

$$HA + S \overset{k_{HA}}{=} HAS \tag{4-20}$$

2）离子的吸附平衡

$$A^- + S^* \overset{k_A}{=} AS^{*-} \tag{4-21}$$

3）酸碱解离平衡

$$HA \overset{k_a}{=} H^+ + A^- \tag{4-1}$$

这里 S、S^* 分别表示固定相表面上与溶质中性和带电形态作用的吸附活性位点。这两种活性质点可能相同，也可能不同。如果不考虑固定相的容量，实际上两者相同与否并不会对结果产生影响。

体系中包含有溶质的四种形态 AS*⁻、HAS、HA 和 A⁻。由于 AS*⁻ 和 HAS 处于吸附状态；中性分子 HA 的迁移淌度等于电渗流淌度；离子 A⁻ 的迁移淌度同式（4-14），等于其自身的电泳淌度与电渗流淌度的加和。与这四种形态的溶质对应的平衡常数矩阵为

$$
K = \begin{bmatrix}
1 & \dfrac{[H^+]}{k_a} & \dfrac{[S^{*-}]}{k_A} & \dfrac{[H^+][S]}{k_a k_{HA}} \\[3mm]
\dfrac{k_a}{[H^+]} & 1 & \dfrac{k_a}{k_A}\dfrac{[S^{*-}]}{[H^+]} & \dfrac{[S]}{k_{HA}} \\[3mm]
\dfrac{k_A}{[S^{*-}]} & \dfrac{k_A}{k_a}\dfrac{[H^+]}{[S^{*-}]} & 1 & \dfrac{k_A}{k_a k_{HA}}\dfrac{[H^+][S]}{[S^{*-}]} \\[3mm]
\dfrac{k_a k_{HA}}{[H^+][S]} & \dfrac{k_{HA}}{[S]} & \dfrac{k_a k_{HA}}{k_A}\dfrac{[S^{*-}]}{[H^+][S]} & 1
\end{bmatrix} \tag{4-22}
$$

将式（4-22）代入式（4-10）中，经整理得

$$
u = \frac{(\mu_{eo} + \mu_A)E}{1 + \dfrac{[H^+]}{k_a} + \dfrac{[S^{*-}]}{k_A} + \dfrac{[H^+][S]}{k_a k_{HA}}} + \frac{\mu_{eo}E}{1 + \dfrac{k_a}{[H^+]} + \dfrac{[S]}{k_{HA}} + \dfrac{k_a}{k_A}\dfrac{[S^{*-}]}{[H^+]}} \tag{4-23}
$$

令 k'_{HA}、k'_A 分别为 HA 和 A⁻ 的容量因子；$k = [H^+]/k_a$，式（4-23）也可以进一步被改写成

$$
t_m = t_{CZE} \cdot \frac{(1 + k'_A) + k(1 + k'_{HA})}{1 + kt_0/t_{CZE}} \tag{4-24}
$$

式中：t_{CZE} 为溶质在 CZE 中对应的迁移时间。

在反相电色谱中，如果不考虑溶质带电形态与固定相的作用，式（4-24）可化简为

$$
t_m = t_{CZE} \cdot \frac{k(1 + k'_{HA})}{1 + k \cdot k'_e} \tag{4-25}
$$

而在离子交换电色谱中，如果忽略中性形态溶质与固定相的作用，可以得到

$$
t_m = t_{CZE} \cdot \frac{1 + k'_A}{1 + kt_0/t_{CZE}} \tag{4-26}
$$

式（4-26）实际上是式（3-83）的另一种形式。式（4-24）~（4-26）能够很好地描述电色谱中色谱保留和电泳迁移对可离解化合物输运的贡献，是毛细管电色谱中的重要公式。

4. 两性电解质在电色谱中的迁移

在毛细管电色谱中，两性电解质在流动相中以三种形态存在，且达到平衡

$$
HA^+ \overset{k_a}{=} A + H^+ \tag{4-27}
$$

$$A \overset{k_b}{=\!=} A^- + H^+ \tag{4-28}$$

溶质三种形态的任一种都可能与固定相表面发生作用

$$HA^+ + S \overset{k_{Sa}}{=\!=} SAH^+ \tag{4-29}$$

$$A + S \overset{k_S}{=\!=} SA \tag{4-30}$$

$$A^- + S \overset{k_{Sb}}{=\!=} SA^- \tag{4-31}$$

因此，体系中一共存在溶质的六种形态。在流动相中的三种形态分别以各自的输运速率迁移，而在固定相表面的三种形态的迁移速率为零，溶质的表观迁移速度

$$u = \sum_{i=1}^{3} u_i x_i \tag{4-32}$$

式中：$i = 1 \sim 3$ 分别对应于 HA^+、A 和 A^-。结合式（4-27）~（4-32）有

$$u = \frac{(\mu_{A^+} k_a[H^+] + \mu_{HA}[H^+]^2 + \mu_{A^-} k_a k_b)E}{(k_a[H^+] + [H^+]^2 + k_a k_b) + (k_a[H^+] \cdot k'_{Sa} + [H^+]^2 \cdot k'_S + k_a k_b \cdot k'_{Sb})} \tag{4-33}$$

式中：$k' = k[S]$，对应于容量因子；E 为施加场强。

这里以一种典型的两性电解质样品为例说明其在电色谱中的迁移特征。溶质的酸碱解离平衡常数分别为：$pk_a = 2.3$；$pk_b = 9.6$（这相当于一种典型氨基酸的解离平衡常数）；碱性形态和酸性形态的电导皆取 $3 \times 10^{-8} m^{-1} \cdot V^{-1} \cdot s^{-1}$；电渗流速度为 $5cm/min$；电压 $15kV$，柱长 $20cm$（同文献 [24]）；同时模仿文献 [25]，吸附平衡常数分别取 0、0.2 和 2，计算结果见图 4-3。

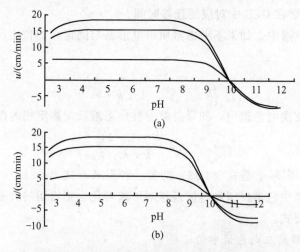

图 4-3　两性电解质在毛细管电色谱中的迁移

（a）三种形态的吸附常数相等；（b）只有中性形态吸附

从上至下吸附平衡常数分别为 0，0.2，2

从图 4-3 中可以看出，在溶质迁移速率与 pH 关系曲线上有一平台，在 pH 较大或较小时溶质的迁移速率皆会降低，曲线在溶质的酸碱解离常数附近存在两个拐点。由于有电渗流存在，等电点时溶质的迁移速率并非为零。只有 pH 达到很高时，溶质的迁移速率才会由于其正负带电形态相反迁移速率的中和作用，使得总体宏观迁移速率降为零，pH 继续升高，溶质的迁移方向将会反转，此时只有通过改变电极方向等措施才能完成正常的电色谱分离操作。

溶质在固定相表面的吸附作用对曲线形状的影响不大，但随着吸附常数的增加，平台的高度逐渐降低。当吸附常数达到一定值时溶质的迁移速率将降低到电渗流的水平。溶质不同形态在固定相表面的吸附与否对曲线形状的影响也不大，只是相当于吸附常数总体的变化。不同溶质有形状类似的平台，可以通过对这些平台特征的讨论研究两性溶质在毛细管电色谱中分离的优化条件。

5. 多元酸性溶质在毛细管电色谱中迁移的一般规律

在毛细管电色谱分离过程中，可解离多元酸性溶质 H_nA 可能涉及下列平衡过程：

1）溶质分子的解离

$$H_nA \overset{k_{a1}}{=\!\!=} H_{n-1}A^{1-} + H^+ \tag{4-34}$$

$$H_{n-1}A \overset{k_{a2}}{=\!\!=} H_{n-2}A^{2-} + H^+ \tag{4-35}$$

$$\cdots\cdots$$

$$HA \overset{k_{ai}}{=\!\!=} A^{n-} + H^+ \tag{4-36}$$

式中：$k_{ai} = \dfrac{[H_{n-i+1}A^{(i+1)-}]}{[H_{n-i}A^{i-}] \cdot [H^+]}$ 为第 i 步解离的平衡常数。

2）不同形态的溶质分子与固定相的相互作用

$$H_iA^{(n-i)-} \overset{k_i}{=\!\!=} H_iA_{(s)}^{(n-i)-} \tag{4-37}$$

式中：$k_i = \dfrac{[H_iA_{(s)}^{(n-i)-}]}{[H_iA^{(n-i)-}]}$ 为 i 形态溶质在两相间分配的平衡常数。

由于溶质形态的不同，其与固定相表面作用的平衡常数也有所不同，考虑到这种差异的影响，溶质在分离过程中涉及的平衡构成了一个复杂的平衡网络[26]。根据质量平衡原理，不同存在形态溶质的浓度加和应保持不变，即

$$C(0) = \sum_{i=0}^{n} \left([H_iA^{(n-i)-}] + [H_iA_{(s)}^{(n-i)-}] \right) \tag{4-38}$$

这样，i 形态溶质在流动相中所占的摩尔分数为

$$x_i = \frac{(1 + k_i) \prod\limits_{j=0}^{i} k_{aj} [\mathrm{H}^+]^j}{\sum\limits_{i=0}^{n} (1 + k_i) \prod\limits_{j=0}^{i} k_{aj} [\mathrm{H}^+]^j} \tag{4-39}$$

不同形态溶质在流动相中的迁移不仅受到电渗流的作用，而且也受到自身电泳迁移率的作用。由于质量及所带电荷数不同，其电泳迁移速率也不同。中性形态溶质的迁移速率等于电渗流速率；荷电形态的溶质的迁移速率等于电泳迁移速率与电渗流速率的矢量和，即

$$u_i = u_{eo} + u_{epi} \tag{4-40}$$

式中：u_{epi} 为溶质 $\mathrm{H}_i \mathrm{A}^{(n-i)-}$ 的电泳迁移速率。

忽略固定相表面上溶质形态的迁移过程，溶质在分离过程中的真实迁移速率为其在流动相中各种形态的迁移速率的摩尔分数的加权平均，因此溶质的总迁移速率可表示为：

$$u = \frac{\sum\limits_{i=0}^{n} (1 + k_i)(u_{eo} + u_{epi}) \prod\limits_{j=0}^{i} k_{aj} [\mathrm{H}^+]^j}{\sum\limits_{i=0}^{n} (1 + k_i) \prod\limits_{j=0}^{i} k_{aj} [\mathrm{H}^+]^j} \tag{4-41}$$

式（4-41）描述了可解离溶质在电色谱中以多种形态存在时迁移过程的一般规律。

§4.2.3　反相电色谱与液相色谱分离的比较

反相电色谱是分离机理最简单的一种分离模式，其分离机制与反相液相色谱相同。电色谱方法与高效液相色谱对于溶质迁移的本质差别在于：前者以电压降驱动，而后者以流体动力学压力降驱动。

对毛细管电色谱和微柱液相色谱中保留行为的比较研究曾经在不同实验室开展过，但结果差异较大。Vissers 等[27]发现在同样的固定相和流动相条件下，电色谱中中性溶质的容量因子比高效液相色谱小 20%。Eimer 等[28]的研究结果发现带电溶质的容量因子也有差别。有一些研究[17,29~31]认为：对于不带电的极性化合物和非极性化合物在高效液相色谱和电色谱模式下的保留行为差别较大：极性化合物在电色谱中的保留比高效液相色谱强，而非极性化合物在电色谱中的保留比高效液相色谱弱。Jiskra 等[32]系统研究了反相毛细管电色谱与液相色谱中不同溶质的分离行为。表 4-1 中给出了他们得到的两种分离模式中不同固定相上的容量因子比较。可以看出，在两种不同模式下，不同溶质的容量因子有一定差别，但是这种差别不很大。Vissers 等[27]得到结果的差别可能通过对死时间的校准得到补偿。

表 4-1　不同固定相中两种模式溶质容量因子的对比

Logarithms of retention factors extrapolated to 100% aqueous eluent in individual chromatographic systems

	溶质	Hypersil C18		Hypersil C8 MOS		Hypersil Phenyl		Spherisorb ODS		Spherisorb C8		Unimicro C18		Unimicro C8		Unimicro Phenyl 18	
		HPLC	CEC	HPLC	CEC	HPLC	CEC	HPLC	CEC	HPLC	CEC	HPLC	CEC	HPLC	CEC	HPLC	CEC
1	己苯	6.8896	6.7875	6.8952	6.7579	6.1838	6.2189	6.4547	6.4859	6.8524	6.4009	6.2938	6.1251	6.8634	6.8542	6.3947	6.2490
2	1,3,5-三异丙基苯	7.5969	7.4694	7.8589	7.6340	7.0597	6.4122	7.0826	7.0962	7.9865	7.3278	7.0644	6.8385	7.8104	7.5546	7.2221	7.0719
3	1,4-二硝基苯	3.3307	3.3280	3.5104	3.4699	3.1718	3.0677	6.3164	5.0714	4.6630	4.1411	2.6063	2.5997	3.8115	3.8364	3.6197	3.2227
4	3-三氟甲酚	3.3498	3.4113	3.8029	3.7493	3.5055	3.2564	6.3703	5.2672	4.1665	4.3150	2.9729	2.8641	4.0909	4.0652	3.8537	3.5613
5	3,5-二氯酚	3.7453	3.8200	4.1998	4.1160	3.6170	3.0982	5.4174	4.3205	4.4597	3.7131	3.2747	3.2812	4.118	3.9484	3.9454	3.6621
6	4-膦基酚	2.4421	2.2699	1.9323	1.7582	2.1608	1.8683	8.0989	6.8314	2.1452	2.8712	1.3620	1.0909	2.4349	2.0986	2.8500	2.0727
7	4-碘酚	3.1399	3.1695	3.4818	3.3882	2.9769	2.9368	4.8794	4.1149	3.8838	3.5546	2.6673	2.5982	3.7421	3.6896	3.4974	3.1233
8	苯甲醚	2.9818	3.0310	3.3711	3.0874	2.8390	2.8745	3.8934	3.7837	3.3855	3.1648	2.5416	2.5052	3.5924	3.6088	3.1488	2.9127
9	苯甲酰胺	-0.0636	0.0284	0.1706	0.1214	0.3093	0.0560	1.4421	0.3557	0.5670	0.2640	-0.5647	-0.6775	0.4340	0.5727	0.6348	0.4501
10	苯	2.9563	3.0568	3.3792	3.3502	2.6257	2.7196	3.4653	3.7403	3.2508	3.1517	2.5675	2.5478	3.6033	3.6499	3.1787	2.8514
11	氯苯	3.7446	3.8149	4.2018	4.1603	3.3607	3.3741	3.7416	4.0986	3.9358	3.8396	3.3984	3.3522	4.3773	4.3996	3.7288	3.4757
12	环己酮	0.5780	0.9771	0.9234	0.9817	0.6586	0.6516	3.2235	1.7929	1.5305	1.1457	0.3847	0.2806	1.4493	1.5365	1.3878	1.1013
13	二苯并噻吩	5.2880	5.2275	6.0893	5.9210	4.8632	4.9205	5.1093	5.1538	5.6867	5.3776	4.9306	4.8239	5.5909	6.0155	5.0753	4.8745
14	苯酚	1.8713	1.9034	1.8566	1.8303	1.8956	1.6201	7.3360	4.5947	2.6005	2.2926	1.0660	1.0019	2.1819	2.2212	2.2888	1.8713
15	六氯丁二烯	5.8905	5.8070	5.9595	5.8911	5.3608	5.4501	5.6157	5.6734	6.0137	5.6620	5.2663	5.0692	6.3909	6.3657	5.5756	5.4300
16	吲哚	1.4766	1.5621	1.5860	1.5356	1.4586	1.3001	3.3165	1.9024	1.9749	1.6479	0.8925	0.7694	1.8958	1.9067	2.0131	1.6564
17	咖啡因	-1.1170	21.0608	21.5547	-1.4163	-0.9153	-1.3497	-1.8807	-1.3489	-1.2510	-1.1745	-1.9988	-1.9089	-1.0928	-0.9130	-0.9496	-0.7478
18	4-硝基苯甲酸	N/A	N/A	N/A	N/A	N/A	N/A	N/A	N/A	N/A	N/A	N/A	N/A	N/A	N/A	N/A	N/A
19	甲基吡咯烷酮	-1.5731	-1.5032	-2.1933	-2.1923	-1.5955	-1.3497	-2.0614	-1.7704	-1.6867	-1.6597	-2.6003	-2.5132	-1.7852	-1.6161	-1.0976	-1.5471
20	萘	4.4222	4.4403	4.8830	4.7714	3.9157	3.9475	4.4095	4.4376	4.6420	4.3966	4.1020	4.0350	4.9962	4.9618	4.2294	4.0112
21	4-氯酚	2.8017	2.8010	2.9211	2.8923	2.5838	2.5305	4.1911	4.2740	3.1546	3.3569	2.1210	2.0993	3.2379	3.2502	3.1150	2.7058
22	甲苯	3.6731	3.7153	4.1474	4.1025	3.2389	3.2980	4.0619	4.0697	4.0061	3.7965	3.3256	3.2924	4.2957	4.3017	3.6116	3.4061
23	氰基苯	2.4781	2.5528	2.7396	2.7173	2.2436	2.3027	3.2451	3.6883	2.7184	2.7694	1.9140	1.8747	3.0572	3.0946	2.8172	2.5092
24	苯甲酸	N/A	N/A	N/A	N/A	N/A	N/A	N/A	N/A	N/A	N/A	N/A	N/A	N/A	N/A	N/A	N/A
25	1,3-二丙苯	6.2297	6.1735	6.4277	6.3080	5.7691	5.7907	5.7980	6.0112	6.2177	6.2742	6.0303	5.4610	6.4494	6.4677	5.9979	5.8601

　　从理论上讲，中性溶质在反相电色谱和液相色谱中的分离相同，因此在固定的流动相和固定相条件下，应该得到相同的容量因子测定结果。由图 2-8，在两种分离模式中，容量因子之间存在很好的相关性。对于带电溶质的容量因子计算，采用不同的公式计算结果有一定差别。Barle 等[33]在不同固定相上，采用不同样品进行实验研究，结果表明在两种分离模式中容量因子偏差的规律性不很明显。Rathore 等[34]系统综述了不同形态溶质在两种分离模式中的容量因子变化规律，并认为带电溶质的静电相互作用可能对分离机理有一定影响。张丽华[35]选用含不同官能团的 27 种中性化合物加以研究，整个实验在同一装置、同一根毛细管填充柱上进行，得到的结果中除个别化合物偏差相对较大外，其余绝大多数点偏差均在 3.00% 以内。这说明对于相同的柱系统，在严格控制的实验条件下，中性化合物在两种模式中的容量因子十分相近。他们认为两种模式实验结果之间的较大偏差可能是由于实验条件的选择不一致、操作误差等引起，并不涉及分离机理问题。

§4.2.4　保留值方程与同系线性规律

　　反相液相色谱中，中性溶质的容量因子对数与流动相中有机调节剂浓度呈良好的线性关系

$$\ln k' = a + bC_{B} \tag{4-42}$$

式中：C_{B} 为强溶剂的体积分数；a、b 为与溶质的分子结构以及流动相、固定相性质有关的常数。

　　卢佩章等[9]采用统计热力学的方法已经说明了这种规律存在的内在原因。由于中性溶质在反相电色谱中与其在液相色谱中满足相同的机理，因此也同样应该满足这一规律。对于带电溶质在毛细管柱内的迁移，电泳流和电渗流速度皆与流动相的介电常数和黏度有关，而这两种物理性质也与流动相中有机调节剂的浓度有关。因此，在一级近似的情况下，同样可以得到式（4-42）的结果。图 4-4 为 Keith 等[33]得到的一组实验结果。可以看出，对于不同种类的溶质都能够得到很好的线性关系。

　　对于液相色谱中的分离过程，卢佩章等也从理论上证实式（4-42）中的系数 a、b 与同系物溶质的碳数之间存在线性关系。反相电色谱中常采用具有非极性表面的固定相，极性较强的水溶液作为流动相。对于有机溶质，随着疏水性的增加，其与固定相表面的作用相对增强，在色谱柱上的保留也相对增大。实际上，电色谱中溶质的容量因子可以作为溶质的一种特殊的物性参量考虑[36]，因此 $\ln k'$ 与同系物碳数之间应该存在近似的线性关系

$$\ln k' = a + b \cdot n \tag{4-43}$$

式中：a、b 对于特定的分离体系为常数，n 为同系物的碳数。

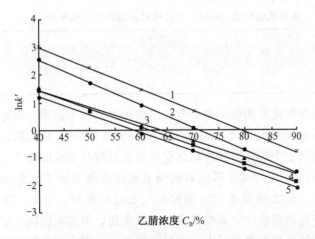

图 4-4　反相色谱中流动相中强溶剂浓度与溶质容量因子的关系
1. 芴；2. 二苯胺；3. 苯甲醚；4. 硝基苯；5. 邻苯二甲酸甲酯

　　式（4-42）和式（4-43）一般认为是反相色谱分离的重要特点，可以作为分离模式确定的重要旁证。

§4.2.5　反相色谱中电渗流速度测定方法的比较

　　在毛细管电色谱中，中性溶质靠电渗流的驱动完成输运过程，而对于带电溶质，电渗流不仅影响其分离选择性，也影响到整个分析速度。同时，电渗流速度也是电色谱热力学研究的基本参数，因此电渗流对于电色谱分析方法建立以及理论研究皆具有非常重要的意义。

　　毛细管电色谱与高效液相色谱类似，其死时间或电渗流的测定有多种方法，进样脉冲检测、采用示踪剂等是常用的方法。在反相毛细管电色谱中，宏观电渗流一般采用在固定相表面无保留的中性溶质（如硫脲）作为示踪剂进行测定。平贵臣[37]以色谱热力学为基础，发展了一种通过同系线性规律确定电渗流速率的方法，尤慧艳[38]也将这种方法用于不同分离体系的电渗流测定。

　　结合式（4-14）和式（4-43），有

$$\ln\left(\frac{t_m}{t_0} - 1\right) = a + b \cdot n \tag{4-44}$$

　　将同系物在电色谱中的保留时间与其碳数采用式（4-44）进行迭代处理，很容易得到分离系统的死时间。由于硫脲具有较高的摩尔吸光系数且为强极性分子，是反相毛细管电色谱最常采用的电渗流标记物之一。表 4-2 为采用硫脲和采用式（4-44）进行死时间确定的结果比较。可以看出，由同系物线性规律回归得到的死时间小于由硫脲测得的死时间。

表 4-2　采用硫脲和式（4-44）进行死时间确定的结果比较

方　法	乙腈含量						
	0.55	0.60	0.65	0.70	0.75	0.80	0.85
硫　脲	5.81	5.13	5.03	4.81	5.03	4.90	5.07
式 (4-44)	6.58	5.84	5.75	5.68	5.74	5.62	5.12

采用同系线性规律确定电渗流速率具有较强的热力学理论基础，因此可以认为得到的死时间较由硫脲测得的死时间更为准确。平贵臣[37]认为硫脲为强极性分子，在毛细管电色谱柱中迁移时其溶剂化层可能会有部分带电的属性，从而使迁移速度加快。尤慧艳[38]通过对比不同有机调节剂浓度和压力下硫脲在高效液相色谱中的迁移时间，证实硫脲在 C18 固定相上有弱的保留。可见，采用硫脲作为死时间标记物与流动相的性质和操作条件关系密切，但与采用同系线性规律进行迭代处理相比，结果偏差并非很大，在对结果要求不很高的情况下仍不失是一种简单易行的方法。

§4.3　加压电色谱中溶质的保留及选择性调节

加压电色谱是指在毛细管电色谱柱一端或两端通过泵施加压力的一种电色谱技术。加压毛细管电色谱同时包含了高效液相色谱和电色谱的分离机理[39~44]，既具有高柱效的优点，同时又由于压力的引入，使分离过程受 pH 和缓冲液的限制相对减小，既可分离电中性物质，又能选择性地分离带电物质，对复杂样品显示了极大的分离潜力。

尽管在柱一端加压会导致流型变化而使柱效略有损失，但泵压同时又可以作为一种推动力来提高流速，尤其在柱系统电渗流速度较低的情况下，采用这种方法可以有效地缩短样品的分析时间。Gfroerer 等[45]考察了压力对分离效果的影响，结果发现甚至在压力达到 10^7Pa 的情况下，柱效的变化仍不十分明显。Ru 等[46]在正向与反向加压的情况下研究压力对加压毛细管电色谱分离的影响时，证实两种情况下电渗流皆为主要的驱动力，他们也发现反向加压能够使分离重复性得到极大提高。Wu 等[47]采用 6cm 的柱子在 14min 内分离了 6 种小肽，说明了加压毛细管电色谱在快速分析中的优势。梁振等[48]也成功地实现了加压毛细管电色谱与质谱的联用。

Yan 等[49]在分离小肽类样品时认为通过压力和电渗流的共同作用可以对中性和带电溶质的分离选择性进行灵活地调节。我们[50,51]也从理论上研究了加压毛细管电色谱中压力对可解离溶质选择性影响的特征。

§4.3.1　加压电色谱中溶质的分离机理

在加压毛细管电色谱过程中压力与电压同时作为样品在柱管中输运的推动

力，因此在电压减小、压力增大的情况下可以使用较粗管径的毛细管而使焦耳热不至于太大，加长检测光程，提高检测的灵敏度；此外一直困扰毛细管电色谱的气泡问题在加压毛细管电色谱中由于压力的引入也可以得到有效的解决[39]。

　　加压电色谱将毛细管区带电泳和液相色谱有机结合，流动相的驱动力不是单纯的流体动力学压力降或电势差，可以更有效地结合两种分离模式的优点，改善分离选择性。尽管流动相速度不仅由电渗流及带电溶质自身的电泳流控制，而且也受到因压力降而产生的流体输运的影响。但是，从分离机理的角度讲，这种分离模式与一般的单纯电色谱方法没有本质的差别。张丽华等[35]为了对比中性溶质在反相液相色谱和电色谱中的分离行为，采用 μ-高效液相色谱、毛细管电色谱和加压毛细管电色谱（PEC）三种分离模式进行研究，得到表 4-3 的容量因子试验结果。偏差 1 和 2 分别指毛细管电色谱和加压电色谱模式下溶质的容量因子相对微柱液相色谱中的偏差。可以看出，三者没有明显的差别，说明其分离机理，或者说溶质与固定相的作用形式及特征没有本质的差别。

表 4-3　中性溶质在三种分离模式中的容量因子的比较

溶质	毛细管电色谱	μ-高效液相色谱	PEC	偏差 1/%	偏差 2/%
苯	1.01	1.04	1.04	−2.89	0.00
甲苯	1.50	1.52	1.52	−1.32	0.00
乙苯	2.09	2.14	2.13	−2.34	−0.467
丙苯	3.14	3.20	3.21	−1.88	0.312
丁苯	4.70	4.78	4.83	−1.67	1.05
苯甲醛	0.507	0.521	0.496	−2.69	−4.80
苯乙酮	0.543	0.539	0.517	0.742	−4.08
苯丙醚	0.852	0.860	0.854	−0.930	−0.698
苯丁醚	1.22	1.20	1.21	1.67	0.833
氰基苯	0.549	0.548	0.556	0.182	1.46
苯甲醚	0.873	0.886	0.889	−1.47	0.339
苯乙醚	1.25	1.28	1.28	−2.34	0.00
苯酚	0.274	0.276	0.267	−0.725	−3.26
对甲酚	0.353	0.373	0.373	−5.36	0.00
苯甲酸乙酯	1.19	1.19	1.11	0.000	−6.72
苄基醇	0.249	0.249	0.254	0.000	2.01
苯乙醇	0.324	0.325	0.328	−0.308	0.923
苯丙醇	0.472	0.480	0.470	−1.67	−2.08
硝基苯	0.692	0.690	0.687	0.290	−0.435
对硝基甲苯	0.986	0.996	0.974	−1.00	−2.21
苯胺	0.334	0.336	0.328	−0.595	−2.38
溴苯	1.69	1.66	1.66	1.81	0.00
萘	1.95	1.95	1.96	0.000	0.513
氯苯	1.49	1.47	1.47	1.36	0.00

溶质	毛细管电色谱	μ-高效液相色谱	PEC	偏差 1/%	偏差 2/%
对二氯苯	2.26	2.29	2.21	-1.31	-3.49
对二甲苯	2.27	2.29	2.21	-0.873	-3.49
联苯	2.62	2.67	2.58	-1.87	-3.37

注：高效液相色谱：施加压力 5×10^6 Pa，PEC 压力 5×10^6 Pa＋电压 10kV；

色谱柱：$3\mu m$, Spherisorb ODS, $75\mu m$ I. D. ;

流动相：80% 乙腈＋4mmol/L Tris, pH9. 2

在式（4-24）中引入压力产生的流体流动对溶质迁移速率的影响，可以得到

$$t_m = \frac{[(1+k'_A) + k(1+k'_{HA})](1+k)}{1/t_{ep} + 1/t_{eo} + 1/t_p + (1+k)(1/t_{eo} + 1/t_p)} \qquad (4-45)$$

式中：t_m，t_{eo}，t_{ep} 和 t_p 分别为溶质的表观迁移时间、电场力驱动产生电渗流导致的溶质迁移时间、电泳迁移时间和压力流产生的迁移时间。式（4-45）为加压毛细管电色谱中溶质迁移时间的一般表达式。在一定的 pH 条件下，溶质通常主要以一种相态存在，这样，式（4-45）可以被适当化简。此外，在实际测试过程中，不可能将因不同势场引起的溶质输运速度完全分离开来考虑，此时也需采用简化的结果。

§4.3.2　压力对不同形态溶质分离选择性的影响

压力对不同形态溶质的输运影响差别很大，对于电渗流速度不很大的情况，带电溶质的电泳迁移速度在其总迁移速率中所占的比重较大。因此，与中性溶质相比，小的压力梯度产生的迁移速度对其输运的影响也将相对较小。

1. 两种中性溶质的分离

中性溶质在加压毛细管电色谱中的迁移机理与其在一般色谱过程中相同，式（4-45）可以改写成

$$t_m = t_{0p}(1 + k'_{HA}) \qquad (4-46)$$

式中：$t_{0p} = t_{eo}t_p/(t_{eo} + t_p)$ 为加压毛细管电色谱死时间。

这样，两种溶质的分离时间差

$$\Delta t_m = t_{0p} \Delta k'_{HA} \qquad (4-47)$$

式（4-47）说明尽管压力可以对分离度、峰间距产生影响，但对中性溶质的分离而言，分离选择性主要由溶质的容量因子确定，仅采用改变压力的方式不会引起出峰次序的变化。

2. 中性溶质与带电溶质的分离

对于有保留的带电形态的溶质，高效液相色谱和 CE 机理将同时起作用。Wu 等[52]研究证实，带电形态的溶质与反相色谱固定相的作用可以导致分离选择性的改变，其容量因子对分离选择性的影响可能起着重要的作用。由式（4-45），

在加压毛细管电色谱中，带电形态溶质的迁移时间可以表示为

$$t_m = \frac{1 + k'_A}{1/t_{ep} + 1/t_{eo} + 1/t_p} \tag{4-48}$$

结合式（4-46）与（4-48），一种中性溶质与一种带电溶质的保留时间差

$$\Delta t_m = \frac{t_0 t_p \Delta k'}{t_0 + t_p} - \frac{t_p^2 (1 + k'_A)}{t_0 + t_p} \tag{4-49}$$

式中：t_0 为不加压力条件下的毛细管电色谱死时间。式（4-49）可以清晰地反映出压力对分离选择性的作用。如果两组分峰完全重叠，即 $\Delta t_m = 0$，则

$$t_0 = t_p (1 + k'_A)/\Delta k' \tag{4-50}$$

图 4-5 中给出了在两种溶质容量因子不变的情况下，由式（4-50）得到的 t_p 与 t_0 关系的变化趋势。

图 4-5 中曲线 3 为电压及压力同时变化的操作条件轨线，如果电压维持不变，随着压力的增加，t_p 将沿着与横轴平行的方向逐渐减小，首先 $(1+k'_A)/\Delta k'$ 较小的两种溶质峰间距逐渐缩短，发生重叠后，两峰位置转换，此后峰间距进一步加大。对于 $(1+k'_A)/\Delta k'$ 较大的两种溶质，只有在压力增加到足够大的情况下才有可能发生倒置。

压力的影响表观反映为对加压毛细管电色谱死

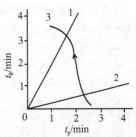

图 4-5　t_p 与 t_0 的关系示意图
1. $(1+k'_A)/\Delta k' = 0.3$；
2. $(1+k'_A)/\Delta k' = 0.7$

时间的影响，但由于带电溶质的迁移不仅与流动相的迁移有关，与其自身的电泳迁移速率关系也很大。两者的作用满足式（4-48）的非线性关系，这也决定了压力对分离选择性的影响。同理，死时间的调节也可以由改变电压来实现，无压力作用下的毛细管电色谱死时间与操作电压呈正比例关系，因此，调节电压与调节压力可以达到相同的效果。在一般的毛细管电色谱过程中，电压的改变不能够引起出峰次序的变化，通常只能够采用改变固定相、柱温等条件使溶质分离过程的热力学性质发生变化来实现选择性的大幅度调节，而在加压毛细管电色谱中只须改变操作电压或压力就可以便利地实现这一过程。

3. 两种带电溶质的分离

对于两种带电形态的溶质，由式（4-48），迁移时间差可以表示为

$$\Delta t_m = \frac{1/t_p \Delta k' + (k'_2/t_{01} - k'_1/t_{02})}{(1/t_{01} + 1/t_p)(1/t_{02} + 1/t_p)} \tag{4-51}$$

两峰完全重叠时，$\Delta t_m = 0$，这样

$$t_p = \frac{(a-1)t_{01} t_{02}}{t_{02} - t_{01}} \tag{4-52}$$

式中：$a = (1+k'_1)/(1+k'_2)$。从式（4-52）可以看出，带电溶质在加压毛细管电

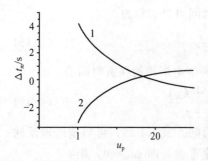

图 4-6　压力对两种可解离
化合物分离选择性的影响

1. $k_1' = 9$, $k_2' = 2.7$,
   $u_{ep1} = 150 \times 10^{-5} \, \text{cm/(V·s)}$,
   $u_{ep2} = 25 \times 10^{-5} \, \text{cm/(V·s)}$,
   $u_{eo} = 50 \times 10^{-5} \, \text{cm/(V·s)}$,
   $E = 20\text{kV}$, $L = 30\text{cm}$;
2. $k_1' = 7.3$, $k_2' = 15.7$,
   $u_{ep1} = 50 \times 10^{-5} \, \text{cm/(V·s)}$,
   $u_{ep2} = 200 \times 10^{-5} \, \text{cm/(V·s)}$,
   $u_{eo} = 50 \times 10^{-5} \, \text{cm/(V·s)}$,
   $E = 20\text{kV}$, $L = 30\text{cm}$

色谱输运过程中，不仅有电场力产生的电渗流驱动，压力产生的流体动力学流驱动，还有其自身的带电特征也使得不同离子在加压毛细管电色谱中有不同的迁移淌度，分离取决于几种机制的综合作用。与中性溶质和带电溶质的分离类似，不仅可以通过改变分离过程的热力学特征调节选择性，也可以通过压力或电压调节峰间距及出峰顺序。

图 4-6 为根据式（4-52）通过理论计算得到的结果。在其他条件不变的情况下，当 $t_{ep1} < t_{ep2}$ 时，随着 t_p 的减小，曲线单调下降；反之，曲线则单调上升。t_p 为某一特定值时曲线通过零点，意味着两种溶质将同时出峰。通过零点后，两组分的出峰顺序发生倒置。

为了说明式（4-51）的结果，以小肽为样品，采用加压电色谱的方法研究压力和电压对分离选择性的影响，图 4-7 中给出了一组实验结果[49]。可以看出，不同的溶质对于电压与压力的响应不同，对于带电溶质的分离，可以方便地通过适当调节压力或电压进行选择性调节。

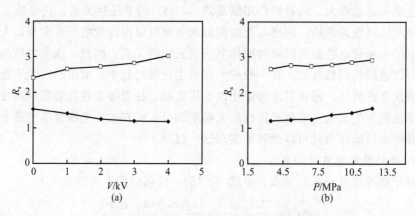

图 4-7　压力和电压对小肽分离选择性的影响

色谱柱：250mm×100μm I.D.×375 μm O.D. 内填 3 μm C18；流动相：（A）0.1%（体积分数）三氟乙酸 TFA，（B）0.1%（体积分数）TFA in25%（体积分数）乙腈，性梯度：10%～20% B（3min），20%～60%B（4min）；进样体积：20nL；UV 2l4nm。

上面的线：七肽和六肽的分离度；下面的线：四肽和三肽的分离度

（a）柱上加压：6.89MPa；（b）电压：2kV

加压毛细管电色谱中，由于综合了高效液相色谱与毛细管电色谱的分离机制，溶质的迁移时间同时受电泳流、电渗流及压力驱动的流体动力学流控制。对于中性溶质的分离，尽管可以通过压力的改变调节峰间距和分离时间，但不会使出峰次序发生变化。而对于中性溶质与带电溶质的分离以及带电溶质与带电溶质的分离，压力和电压皆可以便利地用于选择性的调节，甚至可以在一定范围内调节出峰次序。这一特征也为加压毛细管电色谱应用范围的拓宽提供了一条可行的途径。

§4.4 混合固定相电色谱中溶质的输运特征

在毛细管电色谱中，流动相的驱动力来源于由管壁和固定相表面双电层形成的电渗流。烷基键合固定相具有疏水的表面，当流动相中有机调节剂浓度较高时，电渗流过低，甚至产生气泡使分离失败。此外，流动相 pH 的变化也会对电渗流产生较大影响。目前，毛细管电色谱柱中采用的固定相 95% 以上沿用反相高效液相色谱中的烷基键合固定相[53]，只有少数采用混合固定相的报道。Smith 等[54]系统研究了多种电色谱柱中电渗流的特征，Ludtke 等[55]也研究了不同样品在烷基和强阳离子交换混合固定相上的分离行为。

在电色谱中采用离子交换与反相色谱固定相可以在较大的流动相组成范围内得到较强且稳定的电渗流，从而避免单纯采用反相固定相的缺陷[56~62]。Huang 等[61]利用反向和离子交换色谱固定相的混合模式分离小肽的混合物，由于离子交换色谱固定相表面的氨基作用，可以在较低的 pH 下产生强且稳定的电渗流。与一般采用 ODS 的反相电色谱相比，通过调节流动相 pH 能够有效改善分离选择性。Adam 等[63]采用电色谱的方法研究奶油中的活性组分和防腐剂时，分离柱采用强阳离子与反相混合色谱固定相。

在反相与离子交换混合固定相的电色谱过程中，溶质的输运不仅与电渗流有关，也与不同形态溶质的电泳速度、溶质与反相和离子交换固定相的作用有关。我们[64]基于式（4-10）的原理，通过对柱过程中各种相互作用的系统考察，说明了溶质在混合固定相电色谱中的输运规律。

§4.4.1 混合固定相电色谱分离机理

在反相和离子交换混合模式电色谱过程中，不同形态的溶质与固定相的作用机制也不同。一般来讲，可解离溶质在混合色谱固定相电色谱中存在溶质的解离平衡和不同形态溶质与固定相的作用平衡。

1. 溶质的解离平衡

对于可解离溶质，在流动相中可以以多种形态存在。简单地，在特定的 pH 范围内，一般可以只考虑其两种形态之间的转换平衡，以一元弱酸 HA 为例，

转换平衡可以写成

$$HA \overset{k_a}{=\!\!=} H + A \tag{4-1}$$

式中：HA 为溶质的酸性形态；A 为其对应的碱性形态。

2. 不同形态溶质与固定相的作用平衡

由于离子交换作用源于固定相表面上的强酸性或碱性基团的解离，而反相固定相表面的键合非极性基团的稳定性较高，因此在流动相中盐的种类和离子强度保持不变的情况下，可以认为两种固定相在研究范围内稳定。与其带电形态相比，中性形态的溶质与离子交换固定相的作用相对较小，一般可以不予考虑。相反，带电形态的溶质与反相色谱固定相的相互作用也较小，同样可以忽略。这样，只需探讨中性形态溶质与反相色谱固定相的作用和带电溶质与离子交换固定相之间的作用

$$HA + S_1 \overset{k_1}{=\!\!=} HAS_1 \tag{4-53}$$

$$A + S_2 \overset{k_2}{=\!\!=} AS_2 \tag{4-54}$$

式中：S_1、S_2 分别代表反相和离子交换固定相，k_1、k_2 分别为对应的平衡常数。

将式（4-1）和（4-53）、（4-54）的平衡关系与式（4-10）结合有

$$u = \frac{k_a[H^+]u_{eo} + (u_{eo} + u_{ep})}{1 + k_a[H^+] + k_2[S_2] + k_a k_1[S_1][H^+]} \tag{4-55}$$

式中：$[S_1]$、$[S_2]$ 为反相和离子交换固定相表面的作用位点浓度。

式（4-55）反映了混合固定相情况下溶质迁移速率与固定相种类、溶质性质、流动相性质、固定相配比以及操作条件之间的关系。

§4.4.2　混合固定相电色谱中电渗流的变化

SCX 为最常用的强阳离子交换固定相，其表面磺酸基的解离使其具有较强的亲水能力；ODS 是最常用的具有强疏水表面的反相色谱固定相。采用 SCX 与 ODS 混合固定相具有一定的代表性，图 4-8 给出了不同固定相配比情况下的电渗流变化。

混合色谱固定相的电渗流采用硫脲测定，全部装填 SCX 的电渗流采用水测定。可以看出，电渗流随 SCX 配比的增加有小的下降趋势，但当 SCX 的配比不是很小时，电渗流基本不变。采用硫脲测定混合色谱固定相的电渗流时，由于硫脲的强极性可能与 SCX 表面发生作用，影响到电渗流的测定精度，但并不影响图 4-8 中电渗流总的变化趋势。Huang 等[61]的研究也表明，混合固定相在较大的流动相有机调节剂浓度变化范围和较大的 pH 变化范围内保持较大且稳定的电渗流。

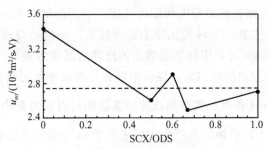

图 4-8 不同 SCX/ODS 配比下的电渗流变化

色谱柱：27cm（20cm）×75μm I. D.

在理想情况下，硫脲在 ODS 柱中完全不与固定相作用。而水在 SCX 柱中也完全不与固定相作用。但在相反的体系中，两者可以与固定相产生极强的相互作用。混合色谱固定相情况下电渗流的强弱应介于两种极端情况下的电渗流强弱之间。根据容量因子的物理意义，这一结果应与稀溶液的依数性规律非常相似。在完全理想的状态下，尤其在两种色谱固定相单独使用的死时间相差较小的情况下，混合色谱固定相电色谱的死时间可以表示为两者关于固定相配比的加权平均。一般来讲，混合模式的电渗流与理想结果将有所偏离，可能得到正偏离或负偏离的结果。

§4.4.3 中性溶质在混合柱上的迁移

对于非离解的中性化合物在混合固定相色谱柱上的分离，式（4-55）可以简化为式（4-12）的形式。如果不考虑电渗流的变化，SCX 的加入只相当于反相电色谱中相比的改变。根据容量因子的定义，式（4-55）可以进一步改写为

$$k' = k_1[S_1] \tag{4-56}$$

式中：k' 为溶质的容量因子；k_1 相当于固定相全部为反相时的 k'，即在一般反相电色谱中的容量因子。图 4-9 中也给出了在 ODS/SCX 混合柱中甲苯的容量因子随 SCX 配比的变化情况。

当 ODS 量过小时，一方面由于溶质的容量因子太小，测定结果误差较大，

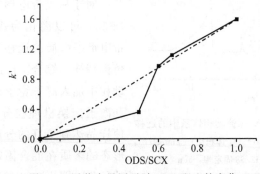

图 4-9 甲苯容量因子随 SCX 配比的变化

另一方面 SCX 固定相表面的静电作用也可能对溶质保留产生影响，因此在图 4-9 的 ODS/SCX 混合柱中，ODS 配比较小的情况下，实验点与理论结果偏差较大。当 ODS 配比超过 60％时，中性形态溶质的迁移所满足的规律与一般反相电色谱中基本相同，正如理论所预测的，保留值随相比的减小呈正比例变化。

§4.4.4　流动相 pH 和有机调节剂浓度对溶质输运过程的影响

SCX/ODS 柱上，电渗流的产生主要来源于 SCX 表面上的磺酸基解离，因此在较宽的 pH 范围内电渗流的变化很小，也使得有机调节剂浓度的改变几乎不对电渗流产生影响，电渗流随流动相中有机调节剂的浓度变化很小。在固定相配比不变的情况下，中性溶质的保留因子与有机调节剂组成之间满足一般的反相色谱机理。Walhagen 等[60]在研究混合模式分离小肽时证实了这一结论，有机调节剂浓度的变化范围在 30％～60％之间。

离子交换固定相对于强极性溶质具有一定的作用。硫脲为强极性化合物，因此，在这种混合固定相分离模式下采用硫脲测定死时间具有一定的局限性。磺酸基的存在同时增大了固定相表面的亲水能力，这样可以通过降低流动相中有机改性剂含量的方法来实现强极性化合物的分离。

pH 对溶质迁移的影响主要取决于对其形态的影响。由式（4-55），溶质形态变化后，不仅迁移速率发生变化，其与固定相的作用机理也将发生改变。对于强极性化合物的分离，SCX 也起到一定的作用，此时应在考虑反相色谱机理的同时考虑 SCX 的离子交换作用。磺酸基的存在增大了固定相表面的亲水能力，因此可以通过降低流动相中有机改性剂含量的方法来实现强极性化合物的分离。

§4.4.5　离子形态溶质在混合柱上的迁移

一般的分析方法建立应避免在可解离溶质的$(pk_a \pm 0.5)$的范围内调节 pH，否则所建立方法的稳定性将不能够得到保证[65]。因此，在所建立的方法中一种溶质通常以一种主要形态存在于流动相中。

对于只以带电形态存在的溶质，式（4-55）可以简化为式（4-16）的形式。带电形态溶质的迁移为电泳和离子交换色谱特征的综合。Hilder 等[66]通过在流动相中加入离子竞争试剂调节电泳机理和离子交换机理在分离过程中的作用，使样品达到更好的分离。为了说明带电形态的溶质在混合固定相电色谱中的迁移行为，图 4-10 也给出了喹啉在混合固

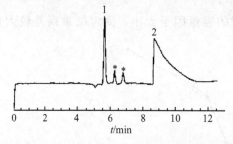

图 4-10　喹啉在 pH2.63 流动相体系中的迁移

流动相：乙腈/H$_2$O(70∶30，体积比)＋2mmol/L NaH$_2$PO$_4$/H$_3$PO$_4$，pH2.63 固定相：5μm，SCX/ODS＝1/2.5　1. 硫脲；2. 喹啉；＊杂质

定相及 pH 2.63 的流动相体系中的电色谱图。

在 pH 2.63 的流动相体系中喹啉带正电荷，与电渗流迁移方向相同，因此较用作电渗流标记物的硫脲更快流出。从图 4-10 中可以看到由于离子交换作用引起的流出峰拖尾现象。当在流动相中加入三乙基胺后，由于其对固定相表面的掩蔽作用，减弱了溶质与固定相的离子交换行为，使得溶质以与 CZE 中类似的机理输运，迁移速率主要由电泳流决定，表观迁移速率加快。结合式（4-56）和图 4-10，也可以得到喹啉在该体系中的离子交换平衡常数（$k_a \approx 0.87$）。

§4.4.6　复杂样品在混合色谱固定相电色谱中的分离

对于同时含有酸性、碱性和中性化合物的复杂样品，由于混合固定相具有较好的选择性调节作用，因此可以得到更好的分离效果。Klampfl 等[56,57,59] 在混合固定相电色谱柱上实现了中性、酸性和碱性化合物的同时分离。张丽华[35] 采用 SCX/ODS 混合填充柱，在等度洗脱方式下也实现了酸性、碱性和中性化合物的同时快速分离，结果见图 4-11。在 pH2.63 的条件下，吡啶和喹啉均带正电，而其他化合物皆为中性，8 种组分在 9min 内得到很好分离。

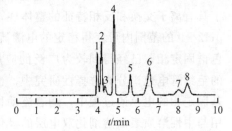

图 4-11　SCX/ODS 混合填充柱同时快速分离酸性、碱性和中性化合物

流动相：乙腈/H_2O（75 : 25，体积比）＋2mmol/L NaH_2PO_4/H_3PO_4，pH2.63 固定相：5μm，SCX/ODS=1/2.5。　1. 硫脲；2. 安息香酸；3. 苯甲酸；4. 苯甲醛；5. 对硝基甲苯；6. 邻苯二甲酸；7. 嘧啶；8. 喹啉

流动相中有机调节剂、pH、竞争试剂浓度的变化，可以同时影响到不同形态溶质的迁移行为。为了使所建立的方法具有足够的稳定性，选定的 pH 应避免在所有组分的 pk_a 附近。通常选择较强的酸性（pH＜3）或较强的碱性（pH＞8）范围，这样一般的酸性或碱性组分将以中性形态存在。此外，当组分所带电荷导致其与电渗流迁移方向相反时，也可能使分析时间过长，甚至不出峰。实际上通过 pH 的控制，同时含有酸性、中性和碱性组分的样品分离可以简化为只有带一种电荷形态的组分及中性组分的分离。带电形态组分的迁移受电泳过程和离子交换过程两种机理影响，而中性形态的溶质的迁移过程满足一般的反相电色谱分离机理。

流动相中的有机调节剂对分离选择性的影响主要取决于对中性组分在两相间分配过程的影响。由于离子交换固定相提供了较强的电渗流，且有机调节剂对电渗流的影响不明显，因此有机调节剂对带电形态组分的迁移影响不大。竞争试剂对中性形态组分的迁移过程几乎无影响，而对带电形态的溶质分离的影响较大，因此有机调节剂的加入可以有效地改善带电形态溶质的峰形。但是由于电泳过程的调节，其作用不如在一般离子交换色谱中对选择性的影响大。

§4.5　毛细管电色谱混合分离机理

中性样品在毛细管电色谱中具有与高效液相色谱相似的机理。电渗流由固定相和管壁表面的双电层产生，当流动相组成改变时，双电层结构也将发生相应的改变，甚至在电场改变时，可能会出现双电层的极化作用[67~69]。另一方面，可极化的中性溶质也可能在毛细管电色谱柱过程中发生构型或形态的变化，表现出一些特殊的行为。我们的研究[70]也证实在 ODS 固定相上，硫脲分子由于其与溶剂化层的极化作用，可能产生"迁移"现象。对于极性固定相，中性溶质的表现行为将更加复杂化。

同时具有多种保留机制的电色谱固定相研究已有一些报道。Tang 等[71]合成了具有离子交换和反相特征的整体柱，有机调节剂对电渗流的影响不很明显，在 pH2~9 的范围内可获得稳定的电渗流。氰基固定相作为一种较为常用的反相电色谱固定相，已经得到较为广泛的应用[72]。我们在对中性溶质在氰基固定相上的毛细管电色谱分离选择性研究中，也发现了多种机理同时作用的结果。采用氰基固定相的电色谱过程中，随着流动相组成的改变，固定相表面双电层的极化作用与中性溶质表面溶剂化双电层的极化作用将产生相应的改变，其结果反映为氰基固定相上中性溶质的保留机制存在由反相到正相的转换过程。进一步对比在反相 ODS 固定相和正相 SI 固定相上的毛细管电色谱分离特征，可以说明中性溶质在不同种类电色谱柱系统中的分离机理。

§4.5.1　溶质参与的平衡过程与迁移速率

在反相固定相（如 ODS）上，由于其表面的极性很弱，因此强极性的硫脲等组分一般可视为不与固定相作用，而弱极性或非极性的溶质会在固定相上有所保留，并依极性的大小依次被洗脱。流动相组成的改变可以改变洗脱时间但不影响样品的流出顺序。

对于氰基固定相，由于固定相表面被弱极性基团覆盖，极性溶质和非极性溶质均可能与固定相表面作用，此时流动相组成对分离选择性将会产生很大的影响。

一般认为，在毛细管电色谱中，中性溶质的输运过程存在下列平衡：

1. 溶质与流动相间的作用

这种作用可以是弱化学作用，更广义地说也可以认为是一般的分子间作用力。

$$C + L \overset{k_1}{=} CL \tag{4-57}$$

2. 溶质与固定相表面的作用

注意到，这种作用可以是特征吸附，也可以是一般的分子间相互作用。

$$C + S \overset{k_2}{\underset{}{=}} CS \tag{4-11}$$

式中：k_1、k_2 分别为对应的平衡常数。

溶质的中性形态 C 以电渗流速率 u_{eo} 迁移，而其溶剂化形态以相应的电泳速率 u_{ep} 迁移，这样，将式（4-11）、（4-57）与式（4-10）结合，可以得到中性溶质在毛细管电色谱中总的迁移速率为

$$u = \frac{u_{eo}(1 + k_1^*) + u_{ep}k_1^*}{1 + k_1^* + k_2^*} \tag{4-58}$$

式中：$k_1^* = k_1 C_L$，$k_1^* = k_2 C_S$，相当于修正的溶质容量因子；C_L、C_S 分别为流动相和固定相中的"浓度"。溶质的表观迁移时间可表示为

$$t_m = t_0 \left(1 + \frac{k_2^*}{k_1^*}\right) + t_\Delta \left(1 + \frac{1 + k_2^*}{k_1^*}\right) \tag{4-59}$$

式中：t_Δ 为由于极化溶质的泳动而引起的迁移时间缩短。

如果认为固定相的表面性质不随流动相组成的变化而变化，则当流动相组成改变时，k_1^* 不变，而 k_2^* 与流动相组成有关。随着有机调节剂浓度的增加，非极性溶质与流动相间作用力相对增加，k_1^* 加大，此时 t_Δ 减少。同理对于极性溶质，t_Δ 增加，反映为对出峰次序或峰间距的影响。

对于氰基柱固定相，其表面极性大于反相 ODS 固定相又小于正相 SI 固定相，随着有机调节剂体积分数的增加，流动相的极性逐渐减弱，固定相与流动相极性的差别发生变化，这样溶质在两相中的分配也将随之改变。溶质在柱中的输运过程实际上是两种作用竞争的结果，这种情况下更易导致选择性的变化。另一方面，随着流动相组成的改变，极性分子表面的溶剂化双电层的性质也将发生变化，与固定相表面的性质变化类似，随着有机调节剂浓度的增加，极性溶质表面的"带电性质"相对减少，表现为 t_Δ 逐渐变小，因此，中性溶质在毛细管电色谱中的迁移，不仅满足高效液相色谱的分离机制，同时也具有部分毛细管电泳的特征。

§4.5.2　氰基柱上有机调节剂浓度与中性溶质分离机理的关系

以硫脲、苯甲醇、萘混合物为样品，在有机调节剂乙腈含量不同的条件下进行实验，得到图 4-12 的结果。由图中可以看出，当有机调节剂浓度较低时，流动相极性较强，硫脲先出峰（图 4-12A），说明此时满足反相色谱的特征。随着流动相中乙腈浓度的增加，流动相的极性减弱，极性溶质与流动相的作用减弱，而与固定相的作用相对加强，即硫脲在固定相上的保留相对增加，此时非极性的萘和极性较弱的苯甲醇更易被极性较弱的流动相洗脱，如图 4-12B 所示。进一步

增加乙腈浓度，则变成流动相极性弱，固定相极性相对加强，溶质按极性由小到大的顺序流出，导致出峰顺序完全颠倒，表现出类似正相色谱的性质，如图4-12C所示。

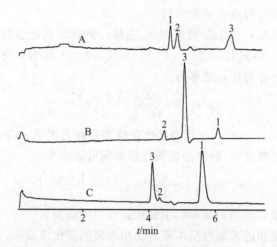

图 4-12　中性样品在氰基柱上的电色谱分离（1）

运行电压：10kV，紫外检测：254nm，进样：5kV/3s

A：50％乙腈与硼砂混合流动相下；B：70％乙腈与硼砂混合流动相下；C：90％乙腈与硼砂混合为流动相。样品：1. 硫脲（1mmol/L）；2. 苯甲醇（15mmol/L）；3. 萘（2mmol/L）

§4.5.3　缓冲液性质对分离机理的影响

毛细管电色谱中，固定相表面双电层的性质不仅与离子强度、有机调节剂浓度有关，也与缓冲液电解质的种类有关。此外，电解质的种类对于固定相表面的性质也会产生一定的影响。对于可极化的极性溶质而言，其表面溶剂化双电层的性质同样受到电解质种类和性质的影响。

在 Tris 作为缓冲液电解质，不同乙腈浓度流动相条件下进行实验得到图 4-13 的结果。对比图 4-12 与图 4-13 可以看出，随着乙腈浓度的增加，在两种缓冲溶液体系中，分离满足相同的规律。但是在 Tris 中，只有在乙腈浓度高达95％时，才会出现硼砂中乙腈浓度 90％时出现的出峰次序完全颠倒的结果。这也说明，相对于硼砂而言，在 Tris 体系中，有机调节剂浓度的改变对双电层和固定相表面特征的影响具有更大的缓冲能力。

在反相液相色谱体系中，尽管流动相组成的改变也会导致选择性的改变[9]，但对于硫脲和萘这类极性相差非常大的溶质，峰序颠倒的现象一般不会出现。因此，溶质在毛细管电色谱中的保留机理较高效液相色谱中更为复杂。

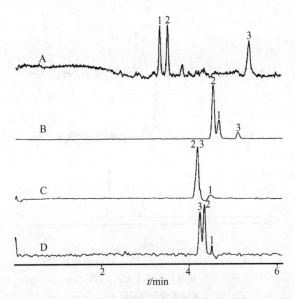

图 4-13　中性样品在氰基柱上的电色谱分离（2）

运行电压：10kV，紫外检测：254nm，进样：5kV/3s

A：50％乙腈与 Tris 混合流动相；B：70％乙腈与 Tris 混合流动相；C：90％乙腈与 Tris
混合流动相；D：95％乙腈与 Tris 混合流动相。样品：1. 硫脲；2. 苯甲醇；3. 萘

§4.5.4　反相及正相模式下中性溶质的分离特征

尤慧艳[38]为了进一步说明电色谱中正相与反相分离中固定相极性对选择性
的影响，在与图 4-12 相同的实验条件下，采用 ODS 柱和 SI 柱进行实验，得到
了图 4-14、图 4-15 的结果。

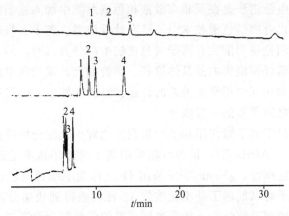

图 4-14　中性样品在 ODS 柱上分离的电色谱图

1. 硫脲；2. 苯甲醇；3. 苯甲醛；4. 萘

其他试验条件同图 4-12

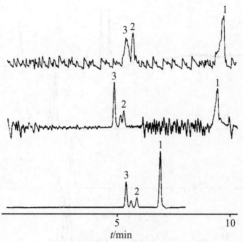

图 4-15　中性样品在 SI 柱上分离的电色谱图

1. 硫脲；2. 苯甲醇；3. 萘

其他试验条件同图 4-12

　　ODS 柱为典型的反相色谱柱，固定相表面被非极性的烷烃基团覆盖，在极性流动相情况下，溶质按极性由大到小的顺序分离。SI 柱为典型的正相柱，与 ODS 柱中溶质的出峰次序相反，即随着溶质极性的增加保留时间相应增加。在实验范围内，出峰顺序没有随有机调节剂浓度增加而发生颠倒的现象出现，这一规律与一般高效液相色谱中的选择性规律相同。由式（4-59），在 ODS 柱中，k_1^* 的影响可以不计，而在 SI 柱中，k_2^* 的影响可以不计。

§4.6　离子对电色谱法分离机理

　　反相离子对电色谱法是在反相高效液相色谱系统中加入适当的离子对试剂后分离带电和中性化合物的色谱技术[7]。已有计量模型、离子、静电作用和统计热力学模型等多种理论说明溶质在离子对色谱法中的分离机制，但目前尚很难判断离子对试剂对色谱保留值影响的具体途径。尽管如此，采用简单的基于溶质与离子对及固定相表面相互作用平衡关系的计量模型仍能够较好地描述溶质的保留与流动相中各组成之间关系的一般规律。

　　在电色谱中基于离子对作用和手性识别原理对手性化合物进行分离可以取得较好的效果[73~76]。Altria 等[77]认为可能采用离子对作用调节毛细管电色谱中酸性化合物分离的选择性。Zhang 等[78]采用 ODS 作为毛细管电色谱固定相，并在流动相中加入离子对试剂四丁基溴化铵使 12 种核酸得到快速分离，他们也通过动力学络合交换模型对核酸在这种分离模式下的保留行为作了相应的说明，但采用这种简单模型并不能系统解释色谱过程、电泳过程和离子对形成过程在整个分离过程中的综合作用。我们[79]基于柱过程中存在的多种平衡，采用唯象的研究方法从理论上系统说明了可解离溶质在毛细管离子对电色谱中的分离机理。

§4.6.1　离子对毛细管电色谱中的平衡过程与溶质输运

离子对毛细管电色谱分离体系由在反相毛细管电色谱中引入离子对试剂构建。由于离子对试剂与溶质及固定相的作用，使溶质在离子对毛细管电色谱中所涉及的平衡过程更为复杂。一般地，可以将这些平衡过程分为以下四类：

1. 离子对试剂与固定相表面的作用

$$A^- + S \overset{k_{AS}}{=} AS^- \qquad (4\text{-}60)$$

式中：S，A 分别代表固定相表面的作用位点和离子对试剂；k_{AS} 为平衡常数。这种作用与一般溶质在固定相表面的作用原理相同。

2. 流动相中溶质与离子对试剂的作用

在相同的离子强度下，不考虑流动相中离子种类变化对双电层的作用，且忽略离子对试剂在流动相中可能形成胶束的影响，溶质与离子对试剂可以结合生成离子对。具体地，在两者价态相同时

$$B + A \overset{k}{=} BA \qquad (4\text{-}61)$$

当两者价态不同，且有多阶作用时

$$nB + A \overset{k}{=} B_n A \qquad (4\text{-}62)$$

式中：B 为样品溶质；k 为综合平衡常数。

由于溶质大小、荷电性质与离子对试剂的差别，多元络合作用可能存在，即所生成的络合物可能非 1∶1 模式，当一个离子对试剂分子可以与多个溶质分子作用时，结果同样可以由式（4-62）表示，这里 n 为络合数。反之，如果一个溶质分子可以与多个离子对试剂分子作用时，可以采用式（4-4）描述

$$B + jA \overset{k}{=} BA_j \qquad (4\text{-}63)$$

3. 溶质与固定相表面的直接作用

固定相表面几乎全部被离子对试剂覆盖，当溶质分子与固定相表面的某些位点有特殊作用时，在固定相表面存在离子对试剂与溶质的竞争作用

$$HB + mAS \overset{k_{HBS}}{=} HBS_m + mA \qquad (4\text{-}64)$$

这一过程类似于顶替吸附作用。

4. 溶质与固定相表面离子对试剂的作用

在固定相表面，溶质与离子对试剂的作用可以有多种情况：一方面，游离溶质可以直接与离子对试剂作用形成与其在流动相中相似的络合物；另一方面，溶质、离子对试剂及固定相也可能形成三元络合物。这些过程可以表示为

$$n_e B + A \overset{k_e}{=} B_{n_e} A \qquad (4\text{-}65)$$

式中：k_e 为络合平衡常数。

$$n_b B + AS \overset{k_{BS}}{=\!=\!=} B_{n_b} AS \qquad (4\text{-}66)$$

式（4-60）～（4-66）可以综合描述在毛细管电色谱中存在离子对试剂时，溶质所涉及的一般平衡过程。根据精细平衡原理，当溶质的络合形态与固定相发生作用时，可以通过以上多步过程的耦联得到相应的结果。

毛细管电色谱中，溶质不同形态的荷电性质，大小及形成络合物的性质不同，迁移速率也不同。由于多元络合物的存在，反映出溶质真实存在形态的多样化。结合式（4-60）～（4-66）及式（4-10）可以得到溶质的表观迁移速率

$$u = \frac{\sum\limits_{i=1}^{n}\prod\limits_{j=1}^{i} k_j [B]^{j-1}[A] u_{AB_i} + \sum\limits_{i=1}^{n_e}\prod\limits_{j=1}^{i} k_{ej}[A]^j u_{A_iB}}{\sum\limits_{i=1}^{n}\prod\limits_{j=1}^{i} k_j [B]^{j-1}[A] + \sum\limits_{i=1}^{n_e}\prod\limits_{j=1}^{i} k_{ej}[A]^j + k_{BS} k_{AS}^m [A]^m + k_S k_{AS}^{n_b}[A]^{n_b}} \qquad (4\text{-}67)$$

有机调节剂一方面影响到溶质在两相迁移的 Gibbs 自由能，同时也影响到溶质与离子对试剂的络合作用以及固定相表面的双电层特征（可以通过电渗流的变化反映出来）。因此式（4-67）能够说明毛细管电色谱中溶质迁移随离子对试剂浓度及多种相互作用变化的规律。

§4.6.2　简单溶质的迁移特征

对于简单中性溶质，在流动相中只与离子对试剂形成一元络合物；且在固定相表面不生成三元络合物的情况下，由于离子对试剂带电，络合形态的溶质分子迁移速率为电渗流速率与其电泳速率的加和，这样式（4-67）可以简写成

$$u = \frac{k[A](u_{ep} + u_{eo}) + u_{eo}}{1 + k[A] + k_{BS} k_{AS}^m [A]^m} \qquad (4\text{-}68)$$

显然，离子对试剂浓度对溶质迁移速率的影响仍呈拟抛物线形规律，但是与离子对 HPLC 相比，溶质迁移速率随离子对试剂浓度变小的范围很小，甚至观察不到。对式（4-68）进一步整理得

$$k^* = \frac{t_m - t_0}{t_0} = k' - k[A] u_{ep} t_m \qquad (4\text{-}69)$$

式中：k' 为溶质在高效液相色谱模式下的容量因子；t_0 为死时间。显然，与带电溶质在一般电色谱中的分离情况相同，容量因子与络合形态溶质的电泳速率有关，因此已不具备其在 HPLC 中的重要性。

同理，对于在流动相中只与离子对试剂形成一元络合物，且在固定相表面不生成三元络合物的带电溶质而言，式（4-67）可以简写成

$$u = \frac{k[A](u_{epBA} + u_{eo}) + u_{eo} + u_{epB}}{1 + k[A] + k_{BS} k_{AS}^m [A]^m} \qquad (4\text{-}70)$$

与离子对 HPLC 相比，带电溶质的迁移速率更快，因此离子对电色谱更适用于带电溶质的快速分离。

与式（4-69）对应，式（4-70）可以改写成

$$t_m = \frac{(1+k')t_0}{1+u_{BA}t_0+(u_B-u_{BA})/(1+k[A])} \qquad (4-71)$$

式（4-71）说明带电溶质在离子对电色谱中的迁移过程不仅受色谱机理的影响，同时也受到离子对作用及电泳分离机理的影响，因此离子对电色谱应有更好的分离选择性。

在溶质不同形态的迁移速率及固定相等条件不变的情况下，式（4-71）可以简化为

$$1/t_m = a + b[A]/t_m + k[A] \qquad (4-72)$$

式中：a、b 为与离子对试剂浓度无关的常数。

Zhang 等[78]采用正相电色谱研究核苷的分离时得到图 4-16 的离子对试剂浓度与溶质保留时间的关系曲线，图中也给出了采用式（4-72）进行拟合得到的结果。可以看出，式（4-72）能够很好反映实验结果的规律性。

在毛细管电色谱流动相中加入离子对试剂构建成离子对电色谱分离模式，通过对溶质在柱过程中涉及的多种平衡过程进行考察，我们得到了可以说明溶质迁移速率随离子对试剂浓度和各种相互作用之间关系的多种理论表达式。带电溶质在离子对电色谱中的迁移过程同

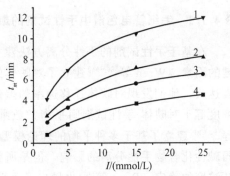

图 4-16　离子对试剂浓度对
溶质保留时间的影响

离子对试剂：TBAB，流动相：35%乙腈＋65%（体积比）磷酸缓冲液，pH6.50，运行电压：20kV。

图中曲线：1. CMP；2. UMP；3. AMP；4. GMP

时受色谱机理，离子对作用和电泳分离机理的影响，因此离子对电色谱有更好的分离选择性，且适于快速分离。

§4.7　电色谱手性分离中的协同作用

毛细管电色谱进行手性化合物的分离分析，既可以采用手性固定相，也可以采用在流动相中加入手性试剂的方法。金属离子配合物、环糊精、蛋白质、低聚糖和多聚糖、大分子抗生素等手性试剂构成的流动相体系中手性化合物能够根据相应的作用机制进行分离[80~85]。邹汉法等[86]也发展了对固定相表面进行动态改性进行手性溶质分离的方法。

　　多种手段同时作用可以改善难拆分对映体的分离效果，即表现为正协同效应，但是，也有多种手段的同时介入对于手性对映体的分离没有影响或有负影响的情况，即表现为零协同效应或负协同效应。采用单一手性试剂不能够得到较好的分离结果时，通过多于一种手性试剂之间的协同效应可能有效改善分离。在毛细管电泳的手性分离中，环糊精-环糊精、环糊精-冠醚等构成的双手性选择剂以及聚合环糊精、手性胶束 CCD 等对一些对映体分离都可以产生协同效应。

　　近年来，对不同分离模式毛细管电泳中的手性分离协同效应及其应用研究逐渐增多。傅若农[87]综述了毛细管电泳手性分离中的协同效应。Gu 等[88]在毛细管区带电泳中研究多种手性试剂对手性分离的综合影响时，认为协同效应起因于三元络合物的形成。目前，人们对这种现象的机理尚不十分清楚，深入研究协同效应的机理，可以有目的地寻找和构建新的能产生正协同效应的体系。协同效应在毛细管电色谱对映体分离分析中有着广阔的应用前景。

§4.7.1　毛细管电色谱中手性试剂的最佳浓度

　　在基于手性试剂的手性分离方法建立中，手性试剂的种类和浓度选择是最关键的因素。Wren 等[89~91]建立了对映体的迁移速率与缓冲溶液中 CD 浓度关系的表达式，他们发现对映体迁移速率的差值为手性选择剂浓度的函数，当手性试剂浓度等于对映体-手性试剂间平衡常数乘积的平方根时，其值达到最大。Rawjee 等[92~94]建立了基于多种平衡的理论模型，用于描述 pH、手性试剂浓度对弱酸或弱碱性化合物手性分离的影响，但是所得到的方程太复杂，难以应用到最佳环糊精浓度的确定。Penn 等[95]也导出了手性分离的解析表达式，发现得到最大分离度的选择剂浓度稍大于迁移差率差最大时的浓度。

　　毛细管电色谱中，只有一种手性试剂存在的情况下，溶质的输运过程与一般有络合剂参与的分离过程相似。两种形态的对映体都可能与手性试剂发生作用，由于不同形态对映体的迁移速率不同，因此络合剂的加入及浓度的变化将可能影响到分离的最终效果。

　　最简单情况下，不考虑手性试剂与固定相之间的作用。在溶质的电色谱输运过程中，只包括对映体与手性试剂、固定相作用两种平衡过程，这样与式(4-68)的得出同理，并注意到两种对映体与手性试剂的结合物在流动相中具有相同的迁移淌度，可以得到溶质在分离过程中的表观迁移淌度

$$\mu_1 = \frac{k_1[B](\mu_{eo}+\mu_{epB})+(\mu_{eo}+\mu_{epA})}{1+k_1[B]+k_{S1}} \tag{4-73}$$

$$\mu_2 = \frac{k_2[B](\mu_{eo}+\mu_{epB})+(\mu_{eo}+\mu_{epA})}{1+k_2[B]+k_{S2}} \tag{4-74}$$

式中：μ_{epB} 为手性试剂与对映体结合物的电泳淌度；μ_{epA} 为溶质的电泳淌度；k 为

溶质与手性试剂的结合平衡常数；k_S 为溶质在流动相和固定相之间的转换常数，下角标 1、2 分别对应于两种对映体；[B] 为手性试剂浓度。

Wren[90] 以对映体的电泳迁移速率差作为指标，推导出了毛细管区带电泳中的手性试剂最佳浓度理论表达式。这里也采用类似的方法研究手性试剂的最佳浓度。

对映体分离选择性可以采用迁移速度差、保留时间差或分离度（R_s）来评价。根据分离度的定义

$$R_s = 1.18 \times \frac{t_2 - t_1}{W_{1/2,1} + W_{1/2,2}} \tag{4-75}$$

式中：t 为对映体的迁移时间，描述了分离的热力学性质；$W_{1/2}$ 为半峰宽，描述了分离过程的动力学特征。

我们已经证实，电色谱流出曲线与高效液相色谱同样满足半峰宽规律。结合式（3-94）与式（4-75）有

$$R_s = 1.18 \times \frac{t_2 - t_1}{a(t_2 - t_1) + 2b} \tag{4-76}$$

由于溶质的迁移时间与手性试剂的浓度有关，当 R_s 达到极值时，有

$$\frac{\partial R_s}{\partial [B]} = 1.18 \times \frac{\left(\frac{\partial t_2}{\partial [B]} - \frac{\partial t_1}{\partial [B]}\right)[a(t_2 + t_1) + 2b] - a(t_2 - t_1)\left(\frac{\partial t_2}{\partial [B]} + \frac{\partial t_1}{\partial [B]}\right)}{[a(t_2 + t_1) + 2b]^2} = 0 \tag{4-77}$$

化简式（4-77）后，可得

$$(at_1 + b)\frac{\partial t_2}{\partial [B]} = (at_2 + b)\frac{\partial t_1}{\partial [B]} \tag{4-78}$$

对映体流出峰一般比较接近，假设两峰的半峰宽相近，这样，式（4-78）又可以被近似写成

$$\frac{\partial t_2}{\partial [B]} = \frac{\partial t_1}{\partial [B]} \tag{4-79}$$

可见，在不考虑两峰峰宽差异的情况下，采用分离度评价的结果与采用时间差的结果一致。将式（4-73）、（4-74）与式（4-79）结合，进一步有

$$\frac{k_1(t_{CZE} - k_u t_{E1})}{(1 + k_1 k_u [B])^2} = \frac{k_2(t_{CZE} - k_u t_{E2})}{(1 + k_2 k_u [B])^2} \tag{4-80}$$

式中：t_{CZE} 为对映体在无手性试剂、其他操作条件相同的毛细管区带电泳中的迁移时间；t_E 为在无手性试剂时对映体的迁移时间；$k_u = (u_{eo} + u_{epB})/(u_{eo} + u_{epA})$ 为在流动相中两种对映体的速度比。

对式（4-80）重新整理，求解得

$$[B] = \frac{1}{k_u} \frac{\sqrt{k_1(t_{CZE} - k_u t_{E1})} - \sqrt{k_2(t_{CZE} - k_u t_{E2})}}{k_1 \sqrt{k_2(t_{CZE} - k_u t_{E2})} - k_2 \sqrt{k_1(t_{CZE} - k_u t_{E1})}} \tag{4-81}$$

如果 $t_{CZE} - k_u t_E < 0$，则替换为 $k_u t_E - t_{CZE}$。使 $t_{CZE} - k_u t_{E1}$ 与 $t_{CZE} - k_u t_{E2}$ 保持相同的符号。

当手性对映体在固定相上具有相同的转换常数时，或者说，固定相对于手性分离不起作用时，式（4-81）可以化简为

$$[B] = \frac{\mu_{eo} + \mu_{epA}}{\mu_{eo} + \mu_{epB}} \cdot \frac{1}{\sqrt{k_1 k_2}} \tag{4-82}$$

式（4-82）是毛细管区带电泳中手性试剂最佳浓度的一般表达式。

理论上，可以通过式（4-82）确定电色谱中手性分离时的手性试剂最佳浓度。显然，由于手性固定相的作用，使得手性试剂最佳浓度的确定不如毛细管区带电泳中便利，但是这也为选择性调节提供了更多的途径。

§4.7.2　手性试剂与手性固定相的协同作用

由式（4-81）可以看到，手性试剂的最佳浓度与溶质和固定相及手性试剂的结合常数都有关，因此，在这种分离体系中可能产生协同效应。

为了简化讨论问题的复杂性，这里仍采用两种对映体迁移时间差作为分离指标。

在加入手性试剂之前，两种对映体的迁移时间差

$$\Delta t = t_{E1} - t_{E2} \tag{4-83}$$

而加入手性试剂后，两种手性对映体的迁移时间差

$$\Delta t_A = \frac{k_1 t_{CZE} + t_{E1}}{1 + k_1 k_u [B]} + \frac{k_2 t_{CZE} + t_{E2}}{1 + k_2 k_u [B]} \tag{4-84}$$

手性试剂对于分离的影响可以表示为

$$\Delta \Delta t = \Delta t_A - \Delta t = \frac{(k_1 - k_2) t_{CZE} - k_u [B](k_1 t_{E1} - k_2 t_{E2}) - k_1 k_2 k_u^2 [B]^2 (t_{E1} - t_{E2})}{(1 + k_1 k_u [B])(1 + k_2 k_u [B])}$$

$$\tag{4-85}$$

如果 $\Delta \Delta t > 0$，说明随着手性试剂浓度的增加，分离效果变好，表现为正的协同效应；如果 $\Delta \Delta t < 0$，表现为负的协同效应；$\Delta \Delta t = 0$，即手性试剂的加入对于分离没有影响，表现为零协同效应。

显然，$\Delta \Delta t$ 是否大于 0，取决于式（4-85）右边的分子。解不等式

$$(k_1 - k_2) t_{CZE} - k_u [B](k_1 t_{E1} - k_2 t_{E2}) - k_1 k_2 k_u^2 [B]^2 (t_{E1} - t_{E2}) > 0 \tag{4-86}$$

假设 $k_1 > k_2$，因为手性试剂的浓度 $[B] > 0$，式（4-86）的合理解为

$$0 < B < \frac{k_u (k_1 t_{E1} - k_2 t_{E2})}{(k_1 - k_2) t_{CZE}} (1 + \sqrt{1 + a}) \tag{4-87}$$

式中

$$a = \frac{4k_1 k_2 (k_1 - k_2)(t_{E1} - t_{E2}) t_{CZE}}{(k_1 t_{E1} - k_2 t_{E2})^2}$$

显然，只要使得手性试剂的浓度在合理的范围，理论上讲可以得到有协同效应的分离结果。

在实际分离过程中，手性试剂的加入可能会对对映体与固定相的作用产生影响；再者，协同作用过小有时并不能够明显地在试验中表现出来，因此较难于看到协同效应的作用。

由式（4-85），当 $k_1 = k_2$ 时，有

$$\Delta \Delta t = \frac{-k_1 k_u [B](t_{E1} - t_{E2})}{1 + k_1 k_u [B]} \tag{4-88}$$

在通常的实验条件下，$k_u > 0$，因此可以与对映体作用的非手性试剂的加入只能使分离变差。但是，如果选择特殊的实验条件，使得 $k_u < 0$，也有可能对分离有利。非手性络合剂所产生的络合作用对对映体的输运过程的影响主要取决于对映体不同形态摩尔分数的改变，以及对对映体化学氛围的影响，此外体系组成的改变，对于对映体的整体输运过程、电渗流等也会产生影响。

协同效应不仅与对映体和流动相中手性试剂、固定相的作用有关，而且也与溶质及手性试剂在流动相中的迁移速率有关。更具体地讲，带电对映体在有络合剂存在的电色谱体系中的三种机理都可能对其分离的协同效应起作用，因此电色谱中进行手性分离较液相色谱、毛细管电泳具有更大的优越性。手性固定相与手性试剂的协同作用，在手性试剂选择及其手性分离机理研究等方面也可以提供有价值的信息。

§4.7.3　两种手性试剂组合的协同作用

在不采用手性固定相，只是在流动相中加入两种不同的手性试剂进行电色谱手性分离时，也可能产生协同效应。这种手性分离的情况与毛细管区带电泳中类似，但是由前面的讨论，对映体与固定相之间的作用对溶质迁移速度的影响，也将会影响到协同作用的大小。

在有多种络合剂存在的情况下，对映体的分离效果取决于对映体不同形态的结构、带电性质和相对量。对映体与手性试剂之间存在复杂的热力学平衡作用，同时，手性试剂之间也可能存在相互作用，每一种相互作用皆可能对对映体在电色谱中的输运过程产生影响。

考虑对映体与两种手性试剂的作用以及对映体与手性试剂结合物同固定相的作用，结合式（4-10）的结果，可得

$$\Delta u = \frac{(k_{12} - k_{12})C_1(u_1 - u_{1E_2}) + (k_{22} - k_{21})C_2(u_1 - u_{1E_1})}{(a_1 k_{11} k_{21} + k_{11} C_1 + k_{21} C_2)(a_2 k_{12} k_{22} + k_{12} C_1 + k_{22} C_2)}$$
$$+ \frac{(k_{12} k_{21} - k_{1A} k_{22})C_1 C_2(u_{1E_1} - u_{1E_2})}{(a_1 k_{11} k_{21} + k_{11} C_1 + k_{21} C_2)(a_2 k_{12} k_{22} + k_{12} C_1 + k_{22} C_2)}$$

(4-89)

式中

$$u_A = (u_{eo} + u_{epA})/(1 + k_A)$$
$$u_{AE_1} = (u_{eo} + u_{epAE_1})/(1 + k_{AE_1})$$
$$u_{AE_2} = (u_{eo} + u_{epAE_2})/(1 + k_{AE_2})$$
$$a_1 = 1 + k_A + k_{11} k_{AE_1} + k_{12} k_{AE_2}$$
$$a_1 = 1 + k_A + k_{21} k_{AE_1} + k_{22} k_{AE_2}$$

k_{ij} 表示第 i 种手性试剂与第 j 种对映体作用的平衡常数；k_A、k_{AE_1} 和 k_{AE_2} 分别为 A、AE_1 和 AE_2 在流动相和固定相之间的交换常数。

式（4-89）的推导过程中没有考虑两种手性试剂之间的相互作用，如果将这一因素也加以考虑，情况将更为复杂。式（4-89）同样也可用于研究对映体的迁移速率与手性试剂浓度的关系，说明不同因素对总体分离结果的影响。协同效应对分离度的影响不仅与络合物的迁移速率、溶质与固定相的作用等有关，更主要地受不同平衡过程的综合影响。

三元络合物的形成需要特定的条件[96]，在毛细管电色谱或者一般的毛细管电泳过程中这些条件很难满足，因此生成三元络合物而产生协同效应的可能性不大。由式（4-89）可以证明：由于对映体和两种手性试剂之间的竞争反应及对映体不同形态迁移速率的差别，正协同效应和负协同效应都可能出现，甚至在一定条件下可能会出现先正协同效应，再负协同效应，又正协同效应的情况（相反的情况也可能出现）。如果两种手性试剂之间也有结合行为，将导致相应的对映体与两种手性试剂的结合物摩尔分数的改变，一般也不会生成三元络合物。

§4.7.4 "逆流协同手性分离"的构想

毛细管电泳过程与液相色谱不同，在液相色谱中，携带溶质的流动相在压力降的驱动下迁移，溶质的迁移只能是单方向的，而在毛细管电泳中，一方面溶质和流动相随电渗流一起迁移，另一方面，根据溶质的带电性质，可以与电渗流方向相同，也可以向电渗流相反的方向迁移。

对于只有一种手性试剂存在的毛细管电色谱或毛细管电泳过程中，两种对映体的迁移速度可以由式（4-73）、式（4-74）表示。注意到对映体、手性试剂的电泳流方向都可以与电渗流的方向不同，因此有可能造成这样的条件，使得

$\mu_1 > 0$ 而 $\mu_2 < 0$，也即

$$k_1[B](\mu_{eo} + \mu_{epB}) + (\mu_{eo} + \mu_{epA}) > 0 \tag{4-90}$$

$$k_2[B](\mu_{eo} + \mu_{epB}) + (\mu_{eo} + \mu_{epA}) < 0 \tag{4-91}$$

求解式（4-90）和式（4-91）可得

$$k_1[B] > -\frac{\mu_{eo} + \mu_{epA}}{\mu_{eo} + \mu_{epB}} > k_2[B] \tag{4-92}$$

根据式（4-92），只要选择合适的条件，在毛细管电色谱中可能产生使得两种对映体向相反方向迁移的情况。如果选择两种手性试剂，结果将较为复杂，但是结论是类似的。

手性试剂种类和浓度的改变对对映体在柱内输运过程的影响主要通过改变对映体的存在形态和对其化学氛围的作用。根据对映体与手性试剂作用的差异，选择合适的手性试剂，在适当的流动相体系中，通过调节流动相 pH、有机调节剂种类和浓度控制对映体不同形态的带电性质，使一种对映体向前的迁移速率更快，而另一种对映体向相反的方向迁移，或相对减慢其向前的迁移速率，将使两者的分离更好。在极端的情况下，可能只有一种对映体可以在柱尾流出，而另一种对映体不能够从柱内流出。

采用不同等电点的手性试剂或络合剂进行试验研究，通过改变缓冲溶液体系中络合剂浓度、有机调节剂浓度和 pH 等条件，使络合剂的电泳迁移特征与电渗流匹配，应该能够实现"逆流手性分离"。理论上讲，为了达到"逆流手性分离"的目的，要求手性试剂与对映体的结合平衡常数必须足够大，两者也应有较大的差别。

§4.8　固定相动态改性电色谱的分离机理

不同结构的溶质在不同固定相上的作用形式和强度差别很大。在高效液相色谱中，固定相表面的硅羟基与碱性溶质的特异性作用，导致峰形严重拖尾，硅羟基的作用对分离不利。但是，在电色谱中需要硅胶基质表面的硅羟基提供双电层，流动相中通常也需要加入一定浓度的电解质以维持适当的电渗流。显然，同一种作用在不同的分离模式和环境中可以起到完全不同的作用。基于溶质与固定相的特异性相互作用，邹汉法等[12,86,97~100]发展了一种动态改性的毛细管电色谱分离模式，并成功地应用于中性样品、手性对映体的分离。他们认为动态改性试剂将溶质与固定相表面的直接作用改变成溶质与竞争试剂在固定相表面的顶替作用。这种顶替作用是可逆的，结果使得溶质与固定相表面的作用强度相对降低。相对于一般的电色谱方法而言，尽管这种方法的稳定性较差，但是对于特殊样品的分离分析方法建立仍不失为一种便捷、高效的手段。

§4.8.1　溶质在动态改性电色谱中的输运

固定相动态改性电色谱是指在流动相中加入某种可以在固定相表面有特殊作用的化合物作为固定相改性剂的分离模式。添加的化合物可以与固定相表面发生可逆作用，使固定相的表面性质改变，从而达到改变固定相分离选择性的目的。

固定相动态改性电色谱的最初原理应来源于毛细管区带电泳中为了调整电渗流进行的毛细管壁表面活性剂改性方法。这种方法与在流动相中加入有机改性剂进行选择性调节的机理有所不同，实际上，固定相的动态改性更接近于混合固定相分离模式。在分离系统中加入固定相改性剂，一方面将影响到与溶质直接作用的固定相的表面积，即分离相比；另一方面，溶质可以直接和固定相表面状态的改性剂作用，以完全不同的分离机制完成分离。

在动态改性电色谱中，可能存在下面能够对分离产生影响的主要平衡过程：

1. 溶质与固定相的作用

$$C + S \overset{k_s}{=} CS \tag{4-11}$$

$$k_s = \frac{[CS]}{[C][S]} \tag{4-93}$$

没有改性剂存在时，可以认为固定相表面的活性位点数目一定。由于改性剂在固定相表面与流动相之间的动态平衡，将使得可以直接与溶质作用的固定相表面积降低。因此 [S] 与动态改性剂浓度有关，一般不能认为固定不变。

2. 溶质与固定相表面动态改性剂的作用

$$C + R \overset{k_r}{=} CR \tag{4-94}$$

$$k_r = \frac{[CR]}{[C][R]} \tag{4-95}$$

固定相表面上的动态改性剂相当于另一种固定相，对分离的影响与其所占据的固定相表面分数有关。

3. 溶质与流动相的作用

$$C + L \overset{k_1}{=} CL \tag{4-57}$$

在流动相中加入固定相动态改性剂，可以使溶质在流动相中的化学氛围发生变化，直接影响到溶质在两相间转移的 Gibbs 自由能及带电溶质的电泳速度。同时由于固定相表面性质的变化，电渗流也会改变。与对氰基柱分离机理的讨论类似，我们假设这种改变可以通过溶质与流动相弱化学作用的变化加以修正。

4. 动态改性剂与固定相的作用

动态改性剂与固定相的作用可以作为一种动态平衡考虑。与其他作用不同，由于动态改性剂在固定相表面的作用可能占据较大比例的固定相表面，因此以简单的线性关系进行描述将与实际有较大偏离。这里假设动态改性剂在固定相表面的吸附符合 Langmuir 吸附等温线的形式，即

$$[R] = \frac{a[L]}{1 + b[L]} \tag{4-96}$$

式中：a、b 为常数；$[L]$ 为改性剂在流动相中的浓度。注意到 $[R]$ 与 $[S]$ 相关，如果以占有分数来表示，那么

$$x_R + x_S = 1 \tag{4-97}$$

根据式（4-10），结合式（4-93）和式（4-95），可以得到溶质在动态改性电色谱中迁移速度与改性剂浓度及不同平衡过程之间的关系

$$u = \frac{u_{eo} + u_{epA} + (u_{eo} + u_{epCL})k_1[L]}{1 + k_s[S] + k_r[R] + k_1[L]} \tag{4-98}$$

式中：u_{epA} 和 u_{epCL} 分别为溶质及其与流动相中改性剂结合物的电泳迁移速度。

式（4-98）建立了溶质的迁移速度与固定相、改性剂性质的联系，如果再考虑式（4-96）与式（4-97）的关系，可以说明动态改性毛细管电色谱的分离特征。

§4.8.2　动态改性剂对电渗流的影响

邹汉法等[98]在非极性毛细管电色谱原位柱上通过阳离子表面活性剂的动态修饰使其产生从阴极至阳极的电渗流，并考察了中性化合物的分离及电渗流的变化情况。也在流动相中加入阴离子表面活性剂，使其疏水端吸附于连续床层的表面，使床层表面带负电荷，从而产生从阳极至阴极的电渗流。

在一般的填充反相电色谱中，电渗流的产生起源于硅胶为基质的色谱固定相中硅羟基的解离；而在离子交换电色谱中，固定相表面离子交换基团解离产生电荷，并形成双电层，在外加电场的作用下毛细管柱内产生电渗流。邹汉法等合成的有机基质整体柱本身产生的电渗流比传统的以硅胶为基体的固定相所产生的电渗流小很多。为使其能产生足够大的电渗流以用于实现溶质在柱内的输运，在流动相中加入表面活性剂，进行固定相表面的动态改性。图 4-17，表 4-4

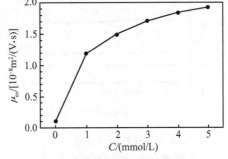

图 4-17　电渗淌度与 SDS 浓度的关系
连续床层柱，流动相 5mmol/L 磷酸盐缓冲溶液

中分别给出了他们采用不同性质的表面活性剂改性得到的电渗流淌度随动态改性剂浓度变化的关系。

表 4-4　十六烷基三甲基溴化铵浓度对电渗流的影响

CTAB 浓度/(mmol/L)	电渗流方向	电渗流淌度/[10^{-8}m²/(V·s)]
0	−，+	0.088
0.5	+，−	0.471
1	+，−	0.854
2	+，−	1.064
3	+，−	1.248
4	+，−	1.330
5	+，−	1.412

注：实验条件：流动相 5mmol/L 磷酸缓冲溶液（pH7.0）＋35％乙腈＋CTAB；色谱柱：24.5/18cm，100μm I. D.；电压：15kV

图 4-17 和表 4-4 的现象可以采用式（4-96）加以说明。随着流动相中表面活性剂浓度的不断加大，固定相表面的电荷密度随之增加，因此柱内电渗流也相应增大。随着固定相对阳离子表面活性剂吸附量的增加，其吸附量将趋于饱和，因此当电渗流增加到一定值后便趋于平稳。

在未加十六烷基三甲基溴化铵的情况下，由于毛细管管壁的硅羟基作用，电渗流方向从阳极到阴极。加入少量的阳离子表面活性剂后，阳离子表面活性剂的长碳链疏水端动态地吸附在具有疏水作用的聚合物固定相表面，带正电荷端则指向流动相，使电渗流方向变为从阴极到阳极。在加入 SDS 的情况下，电渗流方向不变，但是电渗流大小的变化趋势与加入十六烷基三甲基溴化铵的情况完全一致。

理论上，可以通过将实验结果采用式（4-96）进行拟合，以确定固定相表面的最大吸附量。当流动相中加入有机调节剂时，不仅会影响到动态改性剂在固定相上的总体吸附量，也会因对其化学氛围产生影响，导致动态改性剂在两相之间转移的 Gibbs 自由能发生变化，进一步影响到电渗流的大小。

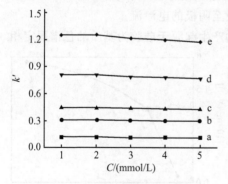

图 4-18　中性溶质容量因子随动态改性剂浓度的变化

柱长：18cm，100μm（I. D.）；流动相：5mmol/L 磷酸缓冲液（pH7.0）＋35％乙腈；电压：15kV；样品：a. 嘧啶；b. 苄基甲醇；c. 苄基乙醇；d. 苄基丙醇；e. 氰苯

§4.8.3　中性溶质的分离特征

在采用表面活性剂进行动态改性的电色谱系统中，不考虑中性溶质与带电动态改性剂的作用，式（4-98）可以简写成

$$u = \frac{u_{eo}}{1 + k_s[S]} \qquad (4-99)$$

如果动态改性剂在固定相上所占据的表面积不够大，以至于影响到溶质在固定相与流动相之间的转移，那么，中性溶质的迁移速率或保留机理将不会发生改变。图 4-18 为阳离子表面活性剂动态改性的毛

细管电色谱中 5 种中性溶质容量因子随表面活性剂浓度变化的实验结果。

由图 4-18，随着流动相中阳离子表面活性剂浓度的增加，5 种中性溶质的容量因子基本保持不变，只呈微弱的下降趋势。中性溶质的保留作用主要取决于原位柱床层的疏水作用，加入阳离子表面活性剂并不能增加对中性化合物的保留。高表面活性剂浓度情况下，在溶质与流动相的疏水相互作用增大的同时，吸附在固定相表面上的表面活性剂对分离相比的影响也将不能忽视。

§4.8.4　动态改性电色谱的手性分离

邹汉法等[86,97]将牛血清白蛋白吸附于强阴离子交换固定相（SAX）上用于电色谱手性分离，也将磺酸化 β-环糊精物理吸附于 SAS 上进行电色谱手性分离研究。图 4-19 为他们在牛血清白蛋白动态改性电色谱中对安息香的分离结果。

在采用手性试剂进行动态改性的毛细管电色谱分离模式中，对映体不仅可以与流动相中的手性试剂发生作用，同时也可以与固定相表面形态的手性试剂发生作用。因此式（4-98）中的每一项都会对分离产生影响。

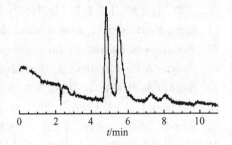

图 4-19　安息香的分离谱图
柱长：31cm，50μm(I. D.)，5μm SAX；流动相：5mmol/L 磷酸缓冲液（pH6.5）+10％乙腈

如果忽略原固定相对于手性分离的作用，并且不考虑对映体在流动相中与在固定相表面与手性试剂作用的差别，则式（4-98）可以改写成

$$u = \frac{u_{eo} + u_{epA} + (u_{eo} + u_{epCL})k_1[L]}{(1 + k_s)(1 + b[L]) + k_1[L](1 + a + b[L])} \qquad (4\text{-}100)$$

式（4-100）可用于说明手性试剂的浓度对分离效果的影响。结合式（4-85），显然，存在可以得到最好分离效果的最佳手性试剂浓度。

参 考 文 献

1　Jackson P E，Vigh G. Anal Chem.，1994，66：619

2　王志，孙亦梁，孙曾培. 分析测试学报，1996，20：85

3　Rawjee Y Y，Haddad P R. Trends Anal. Chem.，1993，12：231

4　关福玉. 分析化学，1996，24（1）：109

5　叶明亮，邹汉法. 中国科学（B 辑），2000，30：33

6　叶明亮. 大连化物所博士学位论文. 大连，2002

7　邹汉法，张玉奎，卢佩章. 高效离子对色谱法. 郑州：河南科学技术出版社，1994

8　陈吉平. 大连化物所博士学位论文. 大连，1997

9　卢佩章，戴朝政. 色谱理论基础. 北京：科学出版社，1989

10　王彦，耿信笃，ZEBOLSKY DonM. Chinese Journal of Chemistry（中国化学：英文版），
　　2003，21：1339

11　董胜利，白泉，张维平，高娟，耿信笃. 分析化学，2003，31：804

12　Ye M，Zou H，Liu Z，Wu R，Lei Z，Ni J. J. Pharm. Biomed. Anal.，2002，27：651

13　Terabe S，Otsuka K. Anal. Chem.，1984，56，111

14　Wilson J N. J. Amer. Chem. Soc.，1940，26：1583

15　Dittmann M M，Wienand K，Bek F，Rozing G P. LC-GC，1995，13：800

16　Wen E，Asiaie R，Horvath C. J. Chromatogr.，1999，855：349

17　Jiskra J，Jiang T，Claessens H A，Cramers C A. J. Microcol. Sep.，2000，12：530

18　Tsuda T. Electric Field Application In Chromatogrephy，Industrial And Chemical Proces-
　　ses. Weinheim：Vch，1995

19　施维. 大连化物所硕士学位论文. 大连，1996

20　王洪，胡汉芳，丁天惠等. 分析化学，1997，26（11）：1293

21　Xiang R，Horvath C. Anal. Chem.，2002，74：762

22　Rathore A S，Horvath C. Electrophoresis，2002，23：1211

23　Rathore A S，Horvath C. J. Chromatogr. A，1996，743：231

24　Stead D A，Reid R G，Taylor R B. J. Chromatogr. A，1998，798：259

25　Stahlberg J. Anal. Chem.，1997，69：3812

26　郑永杰，张维冰，张博，苏立强，张玉奎. 中国学术期刊文摘（科技快报），2000：1146

27　Vissers J P C，Claessens H A，Coufal P. J. High Resol. Chromatogr.，1995，18：540

28　Eimer T，Adam T，Unger K K. 19th International Symposium on Column Liquid Chroma-
　　tography and Related Techniques. Innsbruch，1995：poster 233

29　Jiskra J，Claessens H A，Cramers C A. J. Sep. Sci.，2002，25：569

30　Wie W，Wang Y M，Luo G A，et. al. J. Liq. Chromatogr. Relat. Technol.，1998，21：
　　1433

31　Sander L C，Field L R. Anal. Chem.，1980，52：2009

32　Jiskra J，Claessens H A，Cramers C A，Kaliszan R. J. Chromatogr. A，2002，977：193

33　Bartle K D，Myers P. J. Chromatogr. A，2001，916：3

34　Rathore A S，McKeown A P，Euerby M R. J. Chromatogr. A，2003，1010：105

35　张丽华. 中国科学院大连化学物理研究所博士论文. 大连，2001

36　申书昌，张维冰，卢英华，曲丽娜. 齐齐哈尔轻工学院学报，1993，9：69

37　平贵臣. 中国科学院大连化学物理研究所博士论文. 大连，2003

38　尤慧艳. 中国科学院大连化学物理研究所博士论文. 大连，2003

39　Tsuda T. Anal. Chem.，1987，59，521～523

40　Enlund A M，Andersson M E，Hagman G. J. Chromatogr. A，2004，1044：153

41　Strickmann B C，Gottfried B，Claudia D，Salvatore F. J. Chromatogr. A，2000，887
　　（1/2）：393

42　Hugener M，Tinke A P，Nissen W M A. J. Chromatogr. A，1993，647：375

43 Ru Q, Luo G, Fu Y. J. Chromatogr. A, 2001, 924 (1/2): 331

44 Thomas E, Unger K K. Trends in Analytical Chemstry, 1996, 15 (9): 463

45 Gfroerer P, Tseng L, Rapp E, Albert K, Bayer E. Anal. Chem., 2001, 73: 1432

46 Ru Q, Yao J, Luo G, Zhang Y, Yan C. J. Chromatogr. A, 2000, 894 (1/2): 337

47 Wu J, Huang P, Li M X, Lubman D M. Anal. Chem., 1997, 69 (15): 2908

48 Liang Z, Duan J, Zhang L, Zhang W, Zhang Y, Yan C. Anal. Chem., 2004, 76 (23): 6935

49 Zhang K, Jiang Z, Yao C, Zhang Z, Wang Q, Gao R, Yan C. J. Chromatogr. A, 2003, 987 (1/2): 453

50 姬磊，平贵臣，尤慧艳. 第十三次全国色谱学术报告会文集. 泰安，2001：662

51 曹枫，张维冰，阎超，张玉奎. 分析化学，2004，32：143

52 Wu R, Zou H, Ye M, Lei Z, Ni J. Anal. Chem., 2001, 73 (20): 4918

53 邹汉法，刘震，叶明亮，张玉奎. 毛细管电色谱理论与实践. 北京：科学出版社，2001，46

54 Smith N, Evans M B. J. Chromatogr. A, 1999, 832, 41

55 Ludtke T S, Unger K K. Chromatographia, 1999, 49：49

56 Klampfl C W, Buchberger W, Haddad P R. J. Chromatogr. A, 2001, 911: 277

57 Klampfl C W, Haddad P R. J. Chromatogr. A, 2000, 884: 277

58 Scherer B, Steiner F. J. Chromatogr. A, 2001, 924：197

59 Klampfl C W, Hilder E. F, Haddad P R. J. Chromatogr. A, 2000, 888: 267

60 Walhagen K, Unger K K, Hearn M T W. Anal. Chem., 2001, 73 (20): 4924

61 Huang P, Jin X, Chen Y, et al. Anal. Chem., 1999, 71 (9): 1786

62 Zhang L, Zhang Y, Shi W, et al. J. High Resol. Chromatogr., 1999, 22 (12): 666

63 Adam T, Kramer M. Chromatographia, 1999, 49：35

64 张维冰，张丽华，张凌怡，张玉奎. 色谱，2000，20：295

65 张玉奎，王杰，张维冰. 实用高效液相色谱方法建立. 北京：华文出版社，2001

66 Hilder E F, Macka M, Haddad P R. Anal. Commun., 1999, 36 (8): 299

67 Stahlberg J. J. Chromatogr. A, 2000, 887: 187

68 Wan Q. Anal. Chem., 1997, 69: 361

69 Tanigawa T, Nakagawa T, Kimata K, Nagayama H, Hosoya K, Tanaka N. J. Chromatogr. A, 2000, 887: 299

70 尤慧艳，张维冰，单亦初，阎超，张玉奎. 科学技术与工程，2002，3：9

71 Tang Q, Lee M L. J. Chromatogr. A, 2000, 887: 265

72 魏伟，王义明，罗国安，周玉华，尤慧艳，阎超. 色谱，1998，16 (6)：520

73 Arai T. J. Chromatogr. B., 1998, 717 (1/2): 295

74 Helboe T, Hansen S H. J. Chromatogr. A, 1999, 836: 315

75 Lmmerhofer M, Lindner W. J. Chromatogr. A, 1999, 839: 167

76 Piette V, Filletm, Lindner W. et. al. J. Chromatogr. A, 2000, 875 (1/2): 353

77 Altria K D, Smithn W, Turnbull C H. Chromatographia, 1997, 46: 664

78　Zhang M Q, Yang C M, Rassi Z E. Anal. Chem. , 1999, 71 (15)：3277

79　张维冰，张凌怡，张丽华，张庆合，张玉奎. 分析测试学报，2003, 22：31

80　Fanali S, D'Orazio G, Quaglia M G, Rocco A. J. Chromatogr. A, 2004, 1051：247

81　Mangelings D, et. al. Anal. Chim. Acta, 2004, 509：11

82　Chen Z, Niitsuma M, Uchiyama K, Hobo T. J. Chromatogr. A, 2003, 990：75

83　Schurig V, Mayer S. J. Biochem. Biophys. Methods, 2001, 48：117

84　Wistuba D, Schurig V. J. Chromatogr. A, 2000, 875：255

85　Preinerstorfer B, Bicker W, Lindner W, Lammerhofer M. J. Chromatogr. A, 2004, 1044：
　　187

86　叶亮亮，邹汉法，雷政登，吴仁安，倪坚毅. 色谱，2001, 19：390

87　顾峻岭，傅若农. 分析化学，2001, 29 (9)：1098

88　Lu G, Gu J, Fu R. Apce'98, Dalian, 1998, 31

89　Wren S A C, Rowe R C. J. Chromatogr. , 1992, 603 (1-2)：235

90　Wren S A C, Rowe R C. J. Chromatogr. , 1992, 609 (1-2)：363

91　Wren S A C. J. Chromatogr. , 1993, 636 (1)：57

92　Rawjee Y Y, Vigh G. Anal. Chem. , 1994, 66 (5)：619

93　Rawjee Y Y, Staerk D U, Vigh G. J. Chromatogr. , 1993, 635 (2)：291

94　Rawjee Y Y, Williams R L, Vigh G. J. Chromatogr. A, 1993, 652 (1)：233

95　Penn S G, Bergstrom E T, Goodall D M, Loran J S. Anal. Chem. , 1994, 66：2866

96　罗宗铭. 三元络合物及其在分析化学中的应用. 北京：人民教育出版社，1981

97　叶明亮，邹汉法，雷政登，吴仁安，倪坚毅. 分析化学，2001, 29：299

98　吴仁安，邹汉法，叶明亮，雷振登，倪坚毅. 高等学校化学学报，2002, 23：213

99　吴仁安，邹汉法，叶明亮，熊博晖，倪坚毅. 色谱. 2001, 19：194

100　Liu Z, Zou H, Ni J, Zhang Y. Anal. Chim. Acta, 1999, 378：73

第五章 毛细管电色谱柱上富集

毛细管电色谱为高效液相色谱和毛细管电泳相结合的分离技术，综合了高效液相色谱的高选择性和毛细管电泳的高分离效能[1~3]。电色谱分离中性溶质的原理与高效液相色谱相似，只是由于以电渗流驱动替代一般的压力驱动，可以达到更高的柱效。带电溶质在电色谱中的分离综合了毛细管区带电泳和高效液相色谱的分离机制，因此在柱内富集过程中可以综合两种模式中的相关方法，使其联合作用以取得更佳的富集效果。

电色谱采用的毛细管柱一般较细，溶质的进样量很小。尽管电色谱可以达到很低的质量检测限，但样品的浓度检测限相对较低[4]。因此对电色谱中柱上浓缩技术的研究，对于拓宽其应用范围具有非常重要的实际意义。

§5.1 毛细管电色谱柱上富集机制

毛细管电色谱柱上富集可以分为进样过程富集和连续堆积两类。当样品溶液与运行缓冲溶液组成存在差别时，可能会导致溶质分子作用力场的改变或溶质形态的变化，使溶质在两区带中的迁移速率产生差别，导致溶质在柱内输运过程中的分布改变，区带被压缩或拉伸。不仅可以通过调节两区带化学组成和操作条件等手段来实现溶质在电色谱柱内的富集，也可以采用改变固定相性质的手段达到使样品在柱内不同区域迁移速率不同，进而达到样品局部堆积的目的。连续堆积技术的原理与进样富集类似，可以认为是进样过程富集在整个分离过程中的延续。

毛细管电色谱中的柱内富集可由多种不同的机制同时控制，能够调节的操作条件和选择的手段较多。为了达到好的富集效果，必须综合考察不同机制的特征，并系统研究操作条件对富集效果的影响规律。

§5.1.1 毛细管电色谱中提高检测灵敏度的方法

毛细管电色谱一般采用柱上检测，由于柱上检测的光程很短，致使电色谱的浓度检测灵敏度很低。在现有的检测器条件下，采用通用型 UV 检测器一般仅可达到 10^{-6} mol/L[5]。安捷伦公司推出的 Z 型和带有泡型的毛细管通过增加检测光光程可使检测灵敏度提高几倍，然而泡型池和 Z 型池的存在会损失柱效和分离度[6]。荧光和激光诱导荧光检测可显著地提高检测灵敏度，但缺乏普适性。因为在自然界内只有为数不多的化合物具有荧光活性，而对于大部分非荧光活性物质，只有通过衍生化才能进行荧光或激光诱导荧光检测。衍生化过程不仅使分离变得复杂，也使目标组分难以准确定量。此外，激光诱导荧光检测器较为昂贵，也限制了其推广使用。质谱法灵敏度高、选择性强，能提供分子结构信息和二级分离，是毛细管电泳和电色谱非常理想的检测器，但目前仍缺乏稳定、可靠的毛细管电色谱/质谱接口[7]。

柱上浓缩技术为一种提高检测灵敏度的有效方法。在毛细管电泳中，等速电泳、场放大样品堆积（field-amplified sample stacking，FASS）、"扫"技术等已被用于提高检测灵敏度[8,9]。在毛细管电色谱中可以采用的柱上富集技术包括区带压缩效应（chromatographic zone-sharping effect，CZSE）[10~12]和场放大样品堆积效应[13,14]等多种方法，针对不同的样品和分离系统可供选择应用。

目前，电色谱主要用于较高浓度样品的分离分析（几十至几百 $\mu g/mL$）。Pyell[15]等在研究进样体积对电色谱柱效影响时发现用低于流动相洗脱强度的溶剂配样能使样品区带变窄。Ding[16]等在用电色谱分离尿嘧啶等四种化合物时，证实在保证柱效不发生明显变化的情况下，用10％乙腈/5mmol/L醋酸铵溶解样品，60％乙腈/5mmol/L醋酸铵为流动相，可以使峰高增加10倍。Stead 等[17]采用类似的技术分析甾族样品获得了17倍的浓缩效果。这些研究的主要目的是为了从实验的角度找出可以使富集效果更好的方法。

由于带电溶质在电色谱中的分离综合了毛细管区带电泳和高效液相色谱的分离机制，因此在其柱内富集过程中可以综合两种模式中的富集方法。Farrell[18]最初在一根由两种不同固定相装填的玻璃柱上，通过压力和反方向的电场力的作用，使溶质在界面处得到浓缩。之后，他们也对这种方法作了一些改进。Tsuda 等[19~22]也对带电溶质的柱内富集方法做过较系统的研究。Yang 等[23]采用累加进样的方法进行柱上预浓缩分离9种除草剂，使最低检测浓度降低到 10^{-7} mmol/L，这种方法继承了高效液相色谱累加进样柱上富集的原理。Terabe 等[9,24]系统研究了 MEKC 中采用胶束荷载的柱内富集机理，通过特殊的进样技术得到了较好的富集效果。Rassi 等[25]利用分段的电色谱柱，前一段主要用于样品的富集，后一段用于分离，结合 Z 型检测池对湖水中的有机污染物进行分析，达到 10^{-8} ~ 10^{-9} mmol/L 的最低检测限。

对于电色谱中中性样品柱上富集的研究相对较少，我们[26]从理论和实践上探讨了几种可能用于中性溶质在线富集的方法。基于这些方法，在传统的 $3\mu m$ ODS 填料上利用色谱区带压缩效应对安息香和美芬妥因的检测灵敏度分别提高了 134 和 219 倍，结合色谱区带压缩效应和场放大样品堆积效应，碱性化合物普罗帕酮的浓缩效果高达 17 000 倍，显示出毛细管电色谱柱上浓缩的巨大潜力[12]。为了获得尽可能高的浓缩倍数，样品基质与运行缓冲溶液应有一定的差异，但如果二者的差异过大，可能会导致体系内出现气泡。整体固定相[27]可实现与毛细管内壁的键合，从而无需封口，提高了色谱柱的运行稳定性。使用毛细管整体柱进行柱上浓缩有望得到比在传统的 ODS 柱上更好的富集效果。

在大多数分离分析方法中，堆积过程都限制在进样阶段，被作为一种改善分离效果和增加检测灵敏度的有效手段。Evans 等[28]首次报告了一种电色谱系统中的谱带压缩现象，实际上，类似的现象在离子对反相色谱以及超临界流体色谱中也被发现过。在离子对液相色谱中，这种现象被认为是由样品溶液中的高浓度有机阴离子导致离子梯度，并使柱平衡破坏所致[29,30]。而在超临界流体色谱中，已经证实谱带压缩起源于样品中水的竞争置换作用[31~33]。Enlund 等[34]对毛细管电色谱中的峰压缩现象作了系统综述，并将已经发表的文献中出现的堆积现象分为两类，初步分析了其可能成因。

§5.1.2　柱上富集机制

根据溶质在电色谱柱中的输运特征，通过调节样品溶液和运行缓冲溶液组成，并选择适宜的操作条件，可以达到柱内富集目的。电色谱柱内富集机制包括自富集、固相微萃取、场增强等多种过程。

　1. 场增强作用

当运行缓冲溶液的离子强度大于样品溶液的离子强度时，样品区带的电场强度大于运行区带的电场强度，带电溶质在样品区带内的迁移速率相对较快，溶质进入运行区带后迁移速度降低，从而导致溶质在两区带的界面处堆积。调节样品溶液与运行缓冲溶液的离子强度，可能发生与毛细管区带电泳中的场增强进样相同的效应。

　2. 有机调节剂对场强的影响

样品溶液和运行缓冲溶液中有机调节剂浓度不同时，介电常数也存在差别。根据介电常数与电场强度的关系，结果将导致在柱两端施加电压相同的情况下场强在两区段的分配发生变化。与离子强度引起的场增强效应相同，这一作用使溶质离子在两区带中的迁移速率发生变化和其在柱内分布的改变，溶质在两区带界面处产生堆积。

　3. 固相微萃取过程

电色谱与毛细管区带电泳的主要差别在于电色谱柱中有可以与溶质发生相互作用的固定相存在。流动相组成的变化直接影响到溶质与固定相相互作用的大小。

对于带电溶质而言，在柱头不加水柱和负压的进样过程中，部分样品溶液随电渗流进入到毛细管柱中。由于固定相容量的有限性，大体积或高浓度进样时，可以认为在进样完成后，溶质在柱头样品区带固定相中达到饱和，这一过程相当于在柱头进行了一次小的固相微萃取过程。

对于中性溶质，在超长进样的情况下，柱头附近的固定相中的溶质可能会达到饱和，产生类似于固相微萃取的堆积现象。

4. 自富集现象

与高效液相色谱柱头进样过程相似，由于溶质在固定相表面的吸附作用，其在柱内并非均匀分布，而是满足特定的分布规律。溶质吸附导致的堆积使得其所占据的区带长度与毛细管区带电泳相比相对较短，且分布不均匀，因此已不能够把这一区带看成简单的楔形进样区带。从统计意义上讲，由于分布的变化引起谱带方差的改变，导致进样谱带相对变窄的现象，我们称之为"自富集"作用。

自富集现象的起因为溶质传质速率的有限性而造成的局部堆积。在带电样品场增强进样的情况下，溶质在两区带的边界处也存在相同的效应。溶质进入到运行区带中后，速度迅速减慢，进一步的迁移过程与一般的毛细管电色谱相当。从进样的角度看，由于溶质在固定相与流动相之间的分配作用，同样可导致"自富集"作用，使溶质在运行区带中的真实进样长度较短。

5. "扫"的富集作用

当样品溶液与运行缓冲溶液的组成不同时，溶质在两种不同流动相与固定相之间的分配系数也不相同。尤其在运行缓冲溶液具有较强的洗脱强度时，进样完成后，运行缓冲溶液将样品区带固定相上的溶质迅速洗脱。这一过程与 MEKC 中"扫"的富集作用满足相似的机理。

6. 溶质形态改变的作用

利用溶质在样品溶液与运行流动相中形态的不同，可实现样品在线富集。当不同形态的溶质带电性质差别较大时，其在两区带内的迁移速度差异也较大，富集作用尤为显著。改变溶质形态的方法有调节两区带的 pH 或络合剂种类和浓度等手段。

7. 连续堆积

采用场放大进样技术时，可以使带电溶质在两区带边界处堆积。在堆积的区段中，溶质速度变慢。样品溶液向前迁移并通过该区段时，又会使得溶质速度加快，进一步向前堆积。堆积过程连续进行，直到柱尾。

连续堆积可以在样品区带的前部或者后部发生，达到的效果完全一致。

8. 电扩散引起的谱带压缩

在离子交换电色谱等分离模式中，在固定相表面上的带电溶质分子由于其存在的化学和物理氛围与流动相中差别很大，因此可能表现出不同的特征。如果这些溶质分子也可以在一定方向上迁移，与一般的液相色谱或毛细管电色谱相比，将会导致谱带的相对压缩。

9. 固定相改变引起的样品局部堆积

为了改变溶质在柱内的迁移速率，可以采用多种手段。通过改变流动相组成及操作条件的方法比较便捷。实际上，借助于改变固定相的性质同样也可以达到这一目的。

在色谱柱的不同部分装填不同性质的固定相，可以使样品的保留行为发生变化，引起迁移速率的改变。对固定相或毛细管壁进行局部处理，控制电渗流速度、电场强度的分配以及溶质的容量因子也可以达到相同的效果。

§5.2　中性溶质在进样过程的自富集作用

溶质在固定相中的保留特征有可能使其在柱头完成的进样过程中产生一种特殊的自富集作用。就中性溶质而言，其具体表现为：进样时间与流出峰面积之间存在很好的线性关系，但流出峰峰高随进样时间的增加而升高；溶质的容量因子不同，峰高增高的比例也不同。无论样品溶液的组成如何，这种现象皆可能出现。自富集现象的起因为溶质传质速率的有限性而造成的局部堆积。

§5.2.1　局部堆积的自富集效果

我们在第三章采用弛豫理论对毛细管电色谱分离过程的讨论中，皆假设溶质最初只聚集在第一块塔板上。当采用大进样量来完成柱内富集操作时，这一假设显然已不适用，必须考虑进样区带所占据的长度（多个跃迁长度）对流出曲线的影响。

1. 矩形进样溶质在柱头的分布

根据弛豫理论的基本模型，采用无量纲的处理方法。假设进样完成后样品占有的区带长度为 m_0，溶质在运行缓冲溶液中的容量因子为 k_1'；对应地，溶质在样品溶液中的容量因子为 k_0'。如果采用运行缓冲溶液配制样品，则在整个分离过程中分配系数保持不变。将进样区带划分成 m_0 个小区段，对每一个小区段可以建立对应的质量平衡输运方程

$$\frac{\mathrm{d}C_0}{\mathrm{d}t} = \frac{u_{\mathrm{eo}}}{1 + k_0'} C_0 \tag{5-1}$$

$$\cdots\cdots$$

$$\frac{\mathrm{d}C_{m_0}}{\mathrm{d}t} = \frac{u_{\mathrm{eo}}}{1 + k_0'} (C_{m_0-1} - C_{m_0}) \tag{5-2}$$

$$\frac{\mathrm{d}C_{m_0+1}}{\mathrm{d}t} = \frac{u_{\mathrm{eo}}}{1 + k_0'} (C_{m_0} - C_{m_0+1}) \tag{5-3}$$

$$\cdots\cdots$$

$$\frac{\mathrm{d}C_i}{\mathrm{d}t} = \frac{u_{\mathrm{eo}}}{1 + k_0'} (C_{i-1} - C_i) \tag{5-4}$$

$$\cdots\cdots$$

$$\frac{\mathrm{d}C_m}{\mathrm{d}t} = \frac{u_{\mathrm{eo}}}{1 + k_1'} (C_{m-1} - C_m) \tag{5-5}$$

初始条件

$$t = 0, \begin{cases} C_{j \leqslant m_0} = C(0) \\ C_{j \geqslant m_0} = 0 \end{cases} \tag{5-6}$$

结合式（5-6），对式（5-1）～（5-5）进行 Laplace 变换，并通过母函数的方法研究其递推关系可以得到

$$\overline{C}_m = \frac{C(0)}{s} \left\{ 1 - \left[\frac{u_{eo}}{(1 + k_0')s + u_{eo}} \right]^{m_0 + 1} \right\} \left[\frac{u_{eo}}{(1 + k_1')s + u_{eo}} \right]^{m - m_0} \tag{5-7}$$

进一步求得式（5-7）的一阶原点矩和二阶中心矩的表达式分别为

$$\gamma_1 = \left(\frac{m - m_0}{u_{eo}} + \frac{m_0 + 2}{2u_{eo}} \right)(1 + k_0') \tag{5-8}$$

$$\mu_2 = \left[\frac{m - m_0}{u_{eo}^2} + \frac{m_0(m_0 + 2)}{12u_{eo}^2} \right](1 + k_0')^2 \tag{5-9}$$

式（5-8）说明进样长度的增加将导致出峰时间变短，其数值相当于样品迁移一半进样长度所需要的时间，这一结果与采用其他方法得到的结果相同[35]。而由式（5-9）可知：进样长度对流出曲线二阶中心矩的影响使方差的增加与进样长度的平方有关，相对于迁移时间而言，进样长度对峰宽的影响要更大一些。

2. 局部堆积现象的产生

由于溶质在进样过程中与固定相表面的作用，使其在实际进样区带中的分布非均匀，在进样口端产生局部堆积现象，此时进样过程中溶质的输运方程对应于式（5-1）～（5-3），但初始条件和边界条件变为

$$t = 0, \quad C_{j>0} = 0 \tag{5-10}$$

$$C_0 = C(0) \tag{5-11}$$

结合式（5-1）～（5-3）及式（5-10）和式（5-11），通过 Laplace 变换的方法可以得到溶质在柱内 m_0 处分布随进样时间的变化

$$C_{m_0}^{t_{inj}} = C(0)u_1 \int_0^{t_{inj}} \frac{(u_0 \tau)^{m_0}}{m_0!} e^{-u_0 \tau} d\tau \tag{5-12}$$

式中：$u_0 = u_{eo}/(1 + k_0')$，$u_1 = u_{eo}/(1 + k_1')$ 分别为溶质在进样区带和运行过程中的迁移速度。

与塔板理论的基本假设类似，从统计的角度讲，可以认为在柱内的任意位置、任何时刻都能够找到溶质分子，只是其概率有所差别。在开始正常电色谱分离过程时，溶质所满足的初始条件由式（5-12）表示，结合式（5-3）～（5-5）可以得到对应的溶质在柱内分布的 Laplace 变换解

$$\overline{C}_i = \frac{1}{u_0} \sum_{m_0}^i C_{m_0}^{t_{inj}} \left(\frac{u_0}{u_0 + s} \right)^{i - m_0} \tag{5-13}$$

当 m_0 充分大时，进一步求流出曲线的二阶中心矩，得到进样过程的真实平

均长度

$$\mu_2 = \frac{u_0^2 t_{inj}^2}{12 u_0^2} + \frac{m_0 - u_1 t_{inj}}{u_0^2} + \frac{u_1 t_{inj} - u_0 t_{inj}}{u_0^2} \tag{5-14}$$

由于局部堆积现象的存在，真实进样长度与理论进样长度并不相同。局部堆积自富集与区带电泳中由于溶质迁移速率不同而导致进样量差别的现象不同。在自富集过程中，每种溶质的进样量与一般动力学进样过程的情况完全一致，并不存在针对某种溶质的选择性富集，对所有溶质都有区带压缩作用，但由于溶质容量因子的差别，对不同溶质的富集效果可能不同。

3. 富集倍数

忽略运行过程引起的谱带展宽作用，将富集倍数定义为理想进样函数对流出曲线方差的贡献与自富集操作条件下实际进样函数的对应贡献之比的平方根，即

$$\vartheta = \sqrt{\frac{\mu_{20}}{\mu_{21}}} \tag{5-15}$$

将式（5-14）和式（5-9）代入式（5-15）中整理可以得到

$$\vartheta_0 = \frac{t_{inj}}{t_{in}} = \frac{1}{\sqrt{1 + 12 k_0' / u_0 t_{inj}}} \tag{5-16}$$

由式（5-16），进样时间越长，自富集作用越明显；而溶质的容量因子越大，产生的相对富集作用也越强。

根据弛豫理论的基本假设，溶质在两相间线性分配，且不考虑输运过程中的扩散问题，因此式（5-16）不能反映溶质初始浓度对富集效果的影响。实际上，当溶质浓度很小时，线性分配条件可以满足，溶质浓度在小范围内的变化不会对富集结果产生影响。

§5.2.2　自富集效果与进样时间的关系

以安息香和美芬妥因为溶质，并以流动相配制样品。图 5-1 给出了除进样时间不同外，其他条件皆相同时自富集作用的一组实验结果。图 5-2 中对比了进样条件分别为 10kV×1s 和 10kV×10s 时实际分离谱图的差别。

从图 5-2 可以看出，尽管进样时间加长 10 倍，峰展宽增加不超过 50%，但峰高可增加数倍。再由图 5-1，在所讨论的实验条件下，以进样时间作为进样量的度量；并以峰高作为组分含量的度量时，进

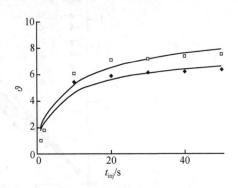

图 5-1　进样时间对自富集效果的影响

电色谱柱：27cm（20cm），75μm，装填 3μm ODS 流动相：60%ACN/40%H₂O，溶质：（□）安息香；（◆）美芬妥因

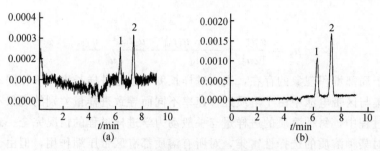

图 5-2　不同进样时间的色谱图对比

电色谱柱：27cm（20cm），75μm，装填 3μm ODS；流动相：70％乙腈/30％H₂O
2mmol/L Tris，pH7.60）；进样条件：5μg/mL；1. 安息香；2. 美芬妥因。(a) 10kV×1s；(b) 10kV×10s

样时间稍大，两者将不能满足很好的线性关系，即进样时间对浓度信号响应值的线性范围很小。在实际样品分析过程中，建议采用非线性工作曲线进行定量。自富集作用尽管在高效液相色谱中也存在，但其影响不如电色谱明显，一方面由于高效液相色谱一般不采用柱头直接进样，另一方面其单位长度固定相有更大的容量。

认为流出曲线满足 Gauss 分布形式，即半峰宽与分布方差之间存在简单的正比例关系，那么可以近似以峰高比来替代方差比。图 5-1 中浓缩倍数为不同进样时间所得峰高与相同条件下进样 1s 所得峰高的比值，同时也给出了采用式（5-16）得到的拟合结果。由图中可以看出，自富集作用可以达到浓缩十几倍的效果。随着进样长度的加长，富集倍数增大。溶质的容量因子越大，富集效果越好。

平贵臣[26]也以苯同系物为溶质，并以流动相配制样品，考察了浓缩效果与进样时间的关系。图 5-3 为苯同系物的浓缩倍数与进样时间之间的关系。在进样时间较短时，苯同系物的浓缩倍数与进样时间呈线性关系，但随着进样时间进一

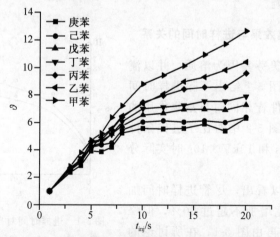

图 5-3　反相色谱中苯同系物的进样时间与峰高的关系

甲基丙烯酸整体柱，流动相：80％乙腈＋5mmol/LTris（pH＝8.7），
运行电压：10 kV，样品浓度：0.01μL/mL；进样电压：10 kV

步增加，则偏离线性。尽管没有详细考虑溶质的正常分离过程中所经历的动力学过程细节，包括扩散、两相间传质等因素的影响，但式（5-16）的结果仍能够说明进样时间对自富集作用的影响特征。

§5.2.3　进样长度与柱效的关系

电色谱中通过加长进样时间可以达到很好的自富集效果，但由此而带来的负面效应是导致分离部分的毛细管长度相对变短，柱效降低。当进样时间过长时，可能会对分离效果产生较大影响。

在式（5-1）～式（5-3）的基本模型中，没有考虑输运过程中扩散的影响。假设峰形对称性很好，半峰宽和方差之间存在正比例关系，根据式（5-14）可以得到

$$\mu_2 = \frac{(m_0 + 2)m_0}{12u^2 k_f^2} + \frac{t_0}{u}$$
$$- \frac{2m_0 r - (m_0 + 2)(1 - k_f)}{2u^2 k_f^2} + \mu_D$$

（5-17）

式中：μ_D 表示由扩散引起的峰展宽；a，b 为比例常数。$u = u_{eo}/(1 + k_0')$，$k_f = k_0'(1 + k_1')/k_1'(1 + k_0')$。

图 5-4、图 5-5 中分别给出了以安息香、美芬妥因和苯同系物为溶质得到的实

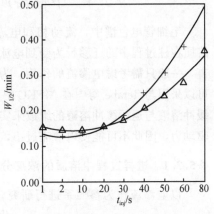

图 5-4　两种药物的进样时间与半峰宽关系
（△）安息香；（＋）美芬妥因

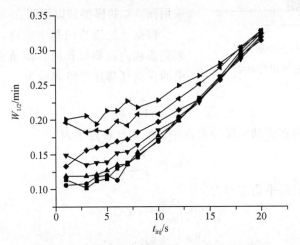

图 5-5　苯同系物的进样时间与半峰宽关系

试验条件同图 5-3

验结果，图 5-4 中也同时给出了由式（5-17）拟合得到的结果。可以看出随着进样时间的加长，半峰宽加宽，柱效降低。尽管这种关系是单调的，但增加的速度与溶质的容量因子等有关。

在不很长的进样时间内，溶质的半峰宽基本不随进样时间的增加而增大，但随着进样时间的进一步延长，色谱峰开始展宽，然而强保留溶质可允许进样时间更长而不引起色谱峰的明显展宽。通过自富集对苯同系物可实现约 7 倍的富集效果。一种极端的情况为采用超长时间进样，自富集的作用将更为显著，我们将在 §5.4 中详细探讨。

§5.3　中性溶质的电色谱综合富集作用

毛细管电色谱中，流动相和电流同时通过充满固定相的毛细管柱，因此带电溶质在柱过程中的迁移行为受到电泳和色谱两种机制的影响。但是对于中性样品而言，一般只需考虑电渗流的作用。为了使中性样品在电色谱过程中得到在线富集，可以采用与 Terabe 等[9]在 MEKC 中采用的类似实验方法，即通过改变配制样品的缓冲溶液与运行缓冲溶液的组成来实现。但是由于在电色谱中电渗流是溶质迁移的驱动力，因此不可能使电渗流过小，这样也限制了这种方法在电色谱中的应用。

§5.3.1　进样过程中溶质的浓度分布

以电渗流作为参照系进行研究，此时，流动相不动，可以使理论处理过程简

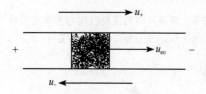

图 5-6　电色谱中样品区带区带的逆流相对运动

化。流动相在柱过程中的输运对应于固定相以流动相的迁移速度向相反的方向运动，即溶质被固定相携带迁移出进样区带，这一过程可以采用图 5-6 的模型加以说明。

根据弛豫理论的基本原理，采用大进样量来完成柱内富集操作时，溶质在样品溶液区带中的反向迁移速率可表示为

$$u_0 = \frac{k_0' u_{eo}}{1 + k_0'} \tag{5-18}$$

同理，溶质在流动相缓冲溶液中的反向迁移速率为

$$u_1 = \frac{k_1' u_{eo}}{1 + k_1'} \tag{5-19}$$

而对应的质量平衡方程为

$$\frac{dC_0}{dt} = - u_0 C_0 \tag{5-20}$$

$$\frac{dC_1}{dt} = u_0 (C_0 - C_1) \tag{5-21}$$

······

$$\frac{\mathrm{d}C_{m_0}}{\mathrm{d}t} = u_0(C_{m_0-1} - C_{m_0}) \qquad (5\text{-}22)$$

$$\frac{\mathrm{d}C_{m_0+1}}{\mathrm{d}t} = u_0 C_{m_0} - u_1 C_{m_0+1} \qquad (5\text{-}23)$$

$$\cdots\cdots$$

$$\frac{\mathrm{d}C_i}{\mathrm{d}t} = u_1(C_{i-1} - C_i) \qquad (5\text{-}24)$$

初始条件

$$t = 0, \begin{cases} C_{i \leqslant m_0} = C(0) \\ C_{i \geqslant m_0} = 0 \end{cases} \qquad (5\text{-}6)$$

结合式 (5-6)，对式 (5-20)~(5-24) 进行 Laplace 变换，并研究其递推关系可得

$$\overline{C}_m = \frac{u_0 C(0)}{u_1 s}\left[1 - \left(\frac{u_0}{s+u_0}\right)^{m_0+1}\right]\left(\frac{u_1}{s+u_1}\right)^{m-m_0} \qquad (5\text{-}25)$$

式 (5-25) 的一阶原点矩和二阶中心矩分别为

$$\gamma_1 = \frac{m_0+1}{2u_0} + \frac{m-m_0}{u_1} \qquad (5\text{-}26)$$

$$\mu_2 = \frac{m-m_0}{u_1^2} + \frac{(m_0+1)^2}{12u_0^2} \qquad (5\text{-}27)$$

再求式 (5-25) 的 Laplace 逆变换得

$$C_m = u_0 C(0) \left\{ \begin{aligned} &\int_0^t \frac{(u_1\tau)^{m-m_0-1}}{(m-m_0-1)!}\mathrm{e}^{-u_1\tau} - u_0 \int_0^{t_1}\!\!\int_0^{t} \frac{(u_1\tau)^{m-m_0-1}}{(m-m_0-1)!} \\ &\frac{[u_1(t_1-\tau)]^m}{m_0!}\exp[-(u_1-u_0)\tau - u_0 t_1]\mathrm{d}\tau\mathrm{d}t_1 \end{aligned} \right\} \qquad (5\text{-}28)$$

式 (5-28) 为通过逆流模型得到的溶质在柱内分布的规律。

§5.3.2 流出曲线的统计特征及富集倍数

进样区段对溶质在柱过程中输运的影响可以延续到其全部从柱内流出。在电渗流的驱动下，流动相迁移的距离大于 m 以后，进样区段的影响将不存在。溶质在柱内的输运速度恒定，并等于 u_1，这一过程所需要的时间即为 t_0。以 t_0 为起点进行研究时，溶质输运方程的 Laplace 变换解可以简化为

$$\overline{C}_m = \frac{1}{u_1+s} \cdot \left[C_m^{t_0} + \left(\frac{u_1}{u_1+s}\right)C_{m-1}^{t_0} + \cdots + \left(\frac{u_0}{u_0+s}\right)^m C_0^{t_0}\right] \qquad (5\text{-}29)$$

式中：$C_m^{t_0}$ 为 t_0 时第 m 跃迁区段上溶质的浓度。

式 (5-29) 的零阶矩、一阶原点矩和二阶中心矩可分别表示为

$$\lim_{s \to 0}\overline{C}_m = \frac{1}{u_1} \cdot \sum_{i=0}^n C_i^{t_0} \qquad (5\text{-}30)$$

$$\lim_{s \to 0} \frac{\mathrm{d}\ln\overline{C}_m}{\mathrm{d}s} = \frac{m}{u_1} - \frac{\sum\limits_{i=0}^{m} iC_i^{t_0}}{u_1 \sum\limits_{i=0}^{m} C_i^{t_0}} \tag{5-31}$$

$$\lim_{s \to 0} \frac{\mathrm{d}^2 \ln\overline{C}_m}{\mathrm{d}s^2} = \frac{1}{u_1^2}\left[\frac{\sum\limits_{i=0}^{m} i^2 C_i^{t_0}}{\sum\limits_{i=0}^{m} C_i^{t_0}} - \left(\frac{\sum\limits_{i=0}^{m} iC_i^{t_0}}{\sum\limits_{i=0}^{m} C_i^{t_0}}\right)^2 - \frac{\sum\limits_{i=0}^{m} iC_i^{t_0}}{\sum\limits_{i=0}^{m} C_i^{t_0}} \right] \tag{5-32}$$

可以看出，流出曲线的统计特征由 C^{t_0} 的分布决定。注意到在求解式（5-29）时取反方向的特征，当 $t = t_0$ 时溶质沿柱轴向的分布为

$$C_i^{t_0} = C(0)u_0\left\{ \int_0^{t_0} \frac{(u_1\tau)^{m-i-1}}{(m-i-1)!} \cdot \mathrm{e}^{-u_1\tau}\mathrm{d}\tau - u_0\iint_0^{t_0}\int_0^{t_1} \frac{(u_1\tau)^{m-i-1}}{(m-i-1)!} \right.$$

$$\left. \frac{[u_0(t_1-\tau)]^{m_0}}{m_0!}\exp - [(u_1-u_0)\tau - u_0t_1]\mathrm{d}\tau\mathrm{d}t_1 \right\} \tag{5-33}$$

认为在 $t = t_0$ 时溶质全部保留在柱内，即进样区带从柱内迁移出时，不携带任何溶质，进一步结合式（5-33）与（5-30）~（5-32），并取一级近似可得

$$\gamma_1 = \frac{m-1}{u} + \frac{(m_0+2)u_1}{2u_0 u} - \frac{u_1 t_0}{u} \tag{5-34}$$

$$\mu_2 = \frac{(m_0+2)(m_0+6)}{12u^2 r^2} + \frac{t_0 u_1}{u^2} - \frac{(m_0+2)}{2u^2 r} \tag{5-35}$$

式中：$u = \dfrac{u_{\mathrm{eo}}}{1+k_1}$ 为正向迁移速率。

式（5-34）、（5-35）为在进样区带组成与运行缓冲溶液不同时，进样函数对流出曲线保留时间和方差的影响，可以直观地说明进样时间、溶质在两区段中的容量因子等对中性溶质在电色谱中富集的影响规律。

由于溶质进样过程中的自富集作用，使得进样真实长度较理论值短。由式（5-35），进样过程的真实平均长度可表示为

$$t_{\mathrm{in}} = t_{\mathrm{inj}} \sqrt{1 + 12k_0/u_0 t_{\mathrm{inj}}} \tag{5-36}$$

根据式（5-15）对富集倍数的定义，结合式（5-35），在不考虑自富集作用的情况下，中性溶质在电色谱中由于样品溶液和运行缓冲溶液组成不同而导致的富集倍数为

$$\vartheta = k_\mathrm{f} \sqrt{\frac{1}{1 + 6(k_\mathrm{f}-1)/m_0}} \tag{5-37}$$

可以看出，溶质的富集倍数不仅与溶质在不同区带中的容量因子有关，而且与进样长度有关，富集作用在整个柱内输运过程中实现。单纯就进样区带而言，随着进样区带长度的增加，中性溶质在电色谱中的富集相对增加，综合富集效果随之提

高。一般地，溶质在进样区带中容量因子的增加，对富集有利，而溶质在运行区带中容量因子的增加，对富集作用不利。

真正的富集过程是进样富集作用与输运富集作用的综合，将式（5-36）带入到式（5-37）中整理得

$$\vartheta = k_{\mathrm{f}}\vartheta_0 \sqrt{\dfrac{1}{1+6(k_{\mathrm{f}}-1)/\left(2t_{\mathrm{inj}}u_0\sqrt{1+12k_0/t_{\mathrm{inj}}u_0}\right)}} \qquad (5\text{-}38)$$

可见 k_{f} 和 ϑ 并非简单的单调关系。由于自富集作用的存在，富集倍数与容量因子等的关系也更为复杂。

§5.3.3　富集效果与进样时间的关系

由式（5-38），进样时间不同，富集效果也将不同。图 5-7 中给出了一组进样时间与富集倍数关系的实验结果，其中富集倍数为各次进样所得峰高与相同条件下进样 1s/10kV 所得峰高的比值。图中也同时给出了采用式（5-38）的拟合结果。

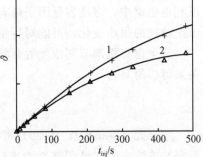

图 5-7　进样时间与富集倍数的关系
1. 安息香；2. 美芬妥因；样品浓度皆为 5μg/mL 流动相：70％乙腈＋30％水＋2mmol/L Tris·HCl（pH7.60）；样品溶液：30％乙腈＋70％水

由图 5-7 中可以看出，随进样长度的加长，富集倍数增大，溶质的容量因子越大，富集效果越好。当以 30％乙腈/70％水配样时，进样时间在 330s 内，美芬妥因的峰高与进样时间呈近似的线性关系，对于保留较强的安息香，连续进样480s，峰高仍与进样时间呈较好的线性关系，美芬妥因和安息香在对应条件下可分别获得 134 和 219 倍的富集效果。

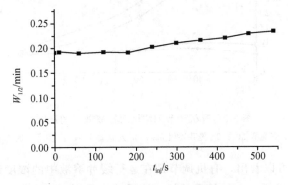

图 5-8　进样时间和半峰宽的关系
样品溶液：30％乙腈＋5mmol/L Tris，pH＝8.7；流动相：80％乙腈＋5mmol/L Tris，pH＝8.7 色谱柱：连续床层反相高分子柱

图 5-8 中给出了进样时间对安息香半峰宽的影响。在进样时间长达 550s 内，溶质的半峰宽并没有随进样时间的增加而显著增加。这说明在该进样时间内，色谱柱内溶质的增加没有使色谱峰明显展宽，而是使溶质浓度随进样时间的增加近于线性增加。

§5.3.4　有机调节剂对富集效果的作用

有机调节剂可以使溶质在不同区段中的容量因子产生变化，即改变溶质在两相间的分配系数，并进一步导致溶质在柱内迁移速率的改变。我们已经证实，在反相电色谱中，溶质容量因子随有机调节剂浓度的增加呈指数变小，因此有机调节剂浓度的很小变化，可能对容量因子产生很大的影响。

只考虑有机调节剂浓度的影响，忽视其他作用，富集倍数与溶质容量因子的关系可以简写为

$$\vartheta = k_{\mathrm{f}} \sqrt{\frac{a}{b + k_{\mathrm{f}}}} \tag{5-39}$$

结合式（5-35）及（5-39）可以看出，当进样区带中有机调节剂浓度小于运行缓冲溶液中的有机调节剂浓度时，$k_{\mathrm{f}} > 1$，可以达到富集的目的，即 k_0 越大，k_1 越小，富集效果越好。单纯采用改变有机调节剂浓度的方法所能够达到的富集效果极为有限，不可能达到 MEKC 中的富集效果。图 5-9 为在进样时间相同情况下，改变有机调节剂浓度得到的一组实验结果。

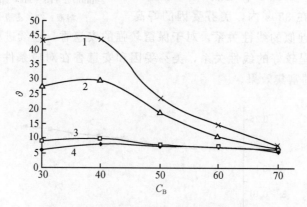

图 5-9　有机调节剂浓度对富集效果的影响
1. 安息香 50s；2. 美芬妥因 50s；3. 安息香 10s；4. 美芬妥因 10s

从图 5-9 中可以看出，有机调节剂在运行缓冲溶液中的浓度越高，而其在进样区段中的浓度越低，富集效果越好。溶质的容量因子随有机调节剂浓度的变化越敏感，富集效果也越好。随着样品溶剂中乙腈浓度的升高，富集倍数随进样时间增大的下降速度越快。

中性溶质在电色谱中的富集可以通过调节有机调节剂在运行缓冲溶液和进样区段中的浓度及适当增加进样长度来实现。富集作用主要由两种过程控制，即进样过程中的自富集作用和运行过程中的一般输运富集作用。进样长度对两种作用的影响相同，随进样长度的增加，富集效果相对更好；有机调节剂的作用与MEKC 中的情况类似，但在电色谱中由于电渗流的作用，使其达不到 MEKC 中的相应效果。进样长度对柱效的影响也与有机调节剂的浓度有关，当其在两区段中的浓度差别较大时，适当加长进样时间并不会对柱效产生太大的影响。

§5.4　中性溶质超长进样的分布特征

电色谱中进样时间决定了进入到毛细管中溶质的量，因此，进样长度对富集效果的影响很大。对浓度极稀的样品，通过加长进样时间，控制操作条件可能有效地实现溶质在柱内的富集，提高检测灵敏度。Terabe 等[24,25]在系统研究毛细管电动力学色谱（MEKC）中溶质的柱内富集特征时，在几乎不影响柱效的情况下，将进样长度加大到占据毛细管柱长的一半以上，达到了较好的柱内富集效果。采用超长时间进样的方法，通过控制进样区带与运行区带中有机调节剂浓度、离子强度等条件，导致溶质在区带界面处的速度阶跃，能够使中性溶质仅保留在柱内较窄的区带中，达到较好的富集效果。

§5.4.1　进样过程中溶质的输运

进样过程中，浓度很小的溶质在柱头附近固定相表面不能很快达到饱和，假设样品中各组分在固定相表面的吸附平衡独自进行，不涉及竞争吸附作用，也不考虑样品中组分之间的耦合作用，并认为溶质在两相间线性分配。根据弛豫理论的基本原理，将毛细管电色谱柱分成一系列小的区段，建立溶质在不同小区段上的质量平衡方程

$$\frac{\mathrm{d}C_1}{\mathrm{d}t} = u_{\mathrm{eo}}C_0 - \frac{u_{\mathrm{eo}}}{1 + k_0'}C_1 \tag{5-40}$$

$$\frac{\mathrm{d}C_2}{\mathrm{d}t} = \frac{u_{\mathrm{eo}}}{1 + k_0'}(C_1 - C_2) \tag{5-41}$$

......

$$\frac{\mathrm{d}C_i}{\mathrm{d}t} = \frac{u_{\mathrm{eo}}}{1 + k_0'}(C_{i-1} - C_i) \tag{5-42}$$

......

$$\frac{\mathrm{d}C_n}{\mathrm{d}t} = \frac{u_{\mathrm{eo}}}{1 + k_0'}(C_{n-1} - C_n) \tag{5-43}$$

初始条件

$$C_i = 0 \quad t = 0 \tag{5-44}$$

求解式（5-40）～式（5-44），可得

$$C_i = C_0(1+k_1)\int_0^{t_0} \frac{[u_0\tau/(1+k')]^{i-1}}{(i-1)!} \exp[-u_0\tau/(1+k')]\mathrm{d}\tau \qquad (5\text{-}45)$$

在一级近似情况下，式（5-45）的一阶原点矩和二阶中心矩分别为

$$\gamma_1 = \frac{l_{\mathrm{inj}}+4}{2} \qquad (5\text{-}46)$$

$$\mu_2 = \frac{l_{\mathrm{inj}}^2 - 6l_{\mathrm{inj}} - 38}{12} \qquad (5\text{-}47)$$

式中：$l_{\mathrm{inj}} = u_{\mathrm{eo}}t_0(1+k_0')$，表示溶质在柱内迁移的距离。由式（5-62）可知，尽管进样时间很长，但溶质在柱内占据的真实长度仍较短，甚至进样长度超过柱长时，即样品溶液全部充满毛细管柱，溶质在柱内占据的真实长度仍很有限，几乎所有溶质不会在柱尾流出。固定相对溶质的这种吸附作用类似于在柱头在线完成了一次固相萃取过程。

§5.4.2　溶质在进样区带中的分布

式（5-45）描述了超长进样条件下溶质在柱内的分布规律，为了数学处理的方便，将式（5-45）改写成

$$\frac{C_i}{C_0(1+k_0')} = 1 - \sum_{j=0}^{i} \frac{l_{\mathrm{inj}}^j}{j!} \mathrm{e}^{-l_{\mathrm{inj}}} \qquad (5\text{-}48)$$

图 5-10 给出了柱头附近不同区段内溶质的浓度随进样长度的变化。可以看出，在柱头处，进样长度为 $4(1+k_0')$ 时，溶质在固定相中才能够基本达到饱和，而此时在 $m=5$ 的小区段上，溶质的浓度只相当于其饱和浓度的 30% 左右。随着进样时间的增加，越接近柱头的区段内的溶质浓度上升速度越快，其结果是溶质在柱头的较小范围内堆积。

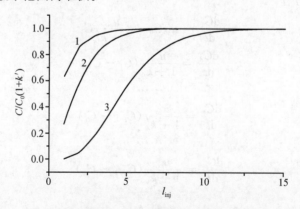

图 5-10　不同进样长度溶质在柱内的理论分布

1. $m=1$；2. $m=2$；3. $m=5$

§5.4.3　溶质的真实区带宽度

由式（5-46）和式（5-47），当溶质在固定相表面的吸附较强时，进样过程中溶质几乎全部在柱头的很小区域中。如果认为流出曲线近似满足正态分布，则溶质在柱内占据的真实长度相当于进样长度的 $1/(1+k_0')$，这一结果与 MEKC 中"扫"（sweep）的富集结果完全一致。随着固定相容量的减小，溶质的分布宽度将会加大。在样品浓度足够稀释的情况下，进样长度甚至可以达到超过柱长的程度，也即进样时间可以达到数倍的死时间，溶质仍不会从柱内流出。

先用运行缓冲溶液充满毛细管，然后用与运行缓冲溶液组成不同的空白样品溶液电动进样，得到图 5-11 所示的超长进样情况下的基线变化。

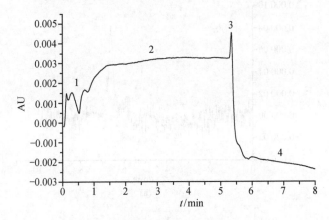

图 5-11　超长进样情况下的基线变化

色谱柱：ODS 5μm，有效长度：28cm。运行缓冲溶液：80％ 乙腈＋20％ 5mmol/L Tris（pH＝8.7）；样品溶液：20％乙腈＋80％ 5mmol/L Tris（pH＝8.7）

图 5-11 中，第 1 段为由于与流动相组成不同的样品溶液引入到毛细管柱内引起的基线波动，第 2 段为样品溶液在柱管中对流动相的取替过程。在 3 的位置两区带界面通过检测窗口，界面附近溶液形态的变化，产生一尖锐高峰，显然 3 位置对应的时间为该系统的死时间 t_0。此后，在柱管的检测窗口前部已完全被样品溶液充满。

§5.4.4　超长进样对富集作用的影响

由于在毛细管电色谱中电渗流的扁平流型取代了液相中的抛物线流型，使柱内轴向传质过程对分离的影响降低，因此可以达到更高的柱效，同时允许进样长度更长，起到与高效液相色谱中累加进样相似的富集效果。连续床层电色谱柱具有优异的运行稳定性，有机调节剂的浓度、pH、离子强度的变化范围可以更大，而且不会对柱寿命产生大的影响，因此可能达到更好的富集效果。

超长进样可以使溶质在柱头富集，在进一步采用高洗脱强度的流动相进行洗脱时，可以达到类似于毛细管胶束电动色谱中"扫"的作用，但是这里较毛细管胶束电动色谱中的"扫"的过程更有优势，因为在"扫"之前固相富集过程提前完成，而富集效果主要由固相富集及"扫"的富集过程共同决定，且进样长度可达到超过柱长的程度。图 5-12 中也给出了在高分子连续床层电色谱柱中样品安息香在柱内流出的情况。图 5-12（a）为正常进样条件下的电色谱谱图，与图 5-12（b）对比，考虑到进样浓度的差异，富集倍数超过 22 000 倍，也说明这种技术在电色谱在线富集方面具有很大潜力。

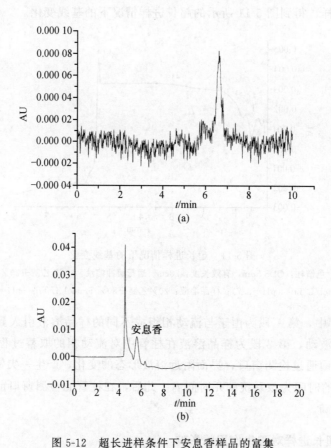

图 5-12 超长进样条件下安息香样品的富集

色谱柱：高分子连续床层柱。有效长度：28cm。

运行缓冲溶液：80％乙腈＋20％ 5mmol/L Tris（pH＝8.7）；

样品溶液：（a）同流动相；（b）20％乙腈＋80％ 5 mmol/L Tris（pH＝8.7）；

样品浓度：（a）18mg/L；（b）0.18mg/ L；进样：（a）1kV×1s；（b）10kV×60min

毛细管电色谱中由于溶质在不同流动相强度下的容量因子不同，采用超长进样的方法可以达到较好的柱内富集效果。尤其对于高分子连续床层柱中样品的分离，由于可以在更大的范围内调整流动相组成，因此非常适宜对样品的在线富集研究和分离分析方法建立。对于混合样品的分离，必须保持溶质在整个柱分离过程中的线性分配，非线性过程的出现将不利于分离和定量[36]，因此必须对样品浓度和进样时间以及其他操作条件进行合理的匹配。

§5.5　带电溶质在电色谱中的柱内富集

带电溶质在电色谱中的输运不仅受到电渗流的作用，其电泳迁移对整体输运过程的贡献也占有非常重要的地位。同时溶质在固定相和流动相间的分配也使得不同溶质尽管在流动相中的迁移速率可能相近，但总体迁移速率有较大差别，从而使得带电溶质在电色谱中有更好的选择性和分离效果。

场增强进样技术在毛细管区带电泳中可以得到较好的富集效果，而带电溶质在电色谱中的进样过程中具有与毛细管区带电泳中相似的特征，因此可以将这一技术引入到电色谱的进样过程中，同时也可以与 Pyell 等[15]采用的富集技术结合，以得到更好的富集效果。采用与运行缓冲溶液相比较低离子强度及较低有机调节剂浓度的样品溶剂配制样品时，由于场增强进样技术的作用，带电溶质可以在进样区带与运行缓冲溶液的边界处产生富集，同时由于样品溶液与运行缓冲溶液溶剂强度的差别，溶质在柱头处固定相中的含量相对较高，能够进一步对溶质产生富集作用。

§5.5.1　溶质在进样区带中的分布

采用场增强结合累加进样的电色谱进样方法时，溶质在柱头的分布如图5-13所示。其中 on 段为由电渗流驱动引入柱内的样品区带，mn 段为电泳流导致溶质迁移产生的样品区带。

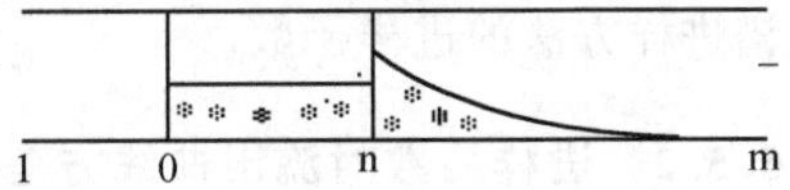

图 5-13　电色谱进样过程中样品分布示意图

考虑到流动相的不可压缩性，且 on 段不很长，对电渗流速度的影响有限可以认为在整个进样过程中溶质以恒定的速度向柱管内输运，则 on 区段的长度为 $m_0 = u_{eo}t_{inj}$。又由于溶质可以在固定相和流动相间迅速达成平衡，因此溶质在该区段流动相中可能达到与原始样品溶液相近的浓度 $C(0)$，而在这一区段中对应的溶质总浓度为

$$C = C(0)(1 + k_0') \tag{5-49}$$

再考虑 mn 区段溶质的输运。区段之间的界面以电渗流的速度匀速向前移动，以此界面为参照点，溶质在第 $n+1$ 区段中向前的迁移速率为 $u_{ep1}/(1+k_1')$，其中 u_{ep1} 为溶质在运行缓冲溶液中的电泳流速度。由于固定相中存在相对于界面

的反向迁移运动，相当于溶质的输运同时受速度为 $u_{eo}k_1/(1+k_1')$ 的反向流作用，为了讨论问题的方便，定义

$$u_{1+} = \frac{u_{ep1}}{1+k_1'} \tag{5-50}$$

$$u_{1-} = \frac{u_{eo}k_1'}{1+k_1'} \tag{5-51}$$

$$u_{0+} = \frac{u_{ep0}}{1+k_0'} \tag{5-52}$$

$$u_{0-} = \frac{u_{eo}k_0'}{1+k_0'} \tag{5-53}$$

溶质在 mn 区段上的质量平衡方程可以表示为

$$\frac{dC_{n+1}}{dt} = u_{0+}C(0) + u_{1-}C_{n+2} - (u_{1+} + u_{1-})C_{n+1} \tag{5-54}$$

$$\cdots\cdots$$

$$\frac{dC_{m+n}}{dt} = u_{1+}C_{m+n-1} + u_{1-}C_{m+n+1} - (u_{1+} + u_{1-})C_{m_0+m} \qquad (m \geqslant 0) \tag{5-55}$$

这里的初始条件与中性样品的情况类似，可以写成

$$t = 0, \quad C_{m+n} = 0 \tag{5-6}$$

采用母函数的方法研究式（5-45）～（5-46）的递推关系，当 $n=m_0$ 时，有

$$C_{m+m_0}^{t_{inj}} = C(0)\,\frac{u_{0+}}{u_{1+}}\left(\frac{u_{1+}}{u_{1-}}\right)^{m/2t_{inj}} \int_0^{t_{inj}} \frac{n}{\tau}\,I_m\left(2\,\sqrt{u_{1+}u_{1-}}\,\tau\right)\exp\left[-(u_{1+}+u_{1-})\tau\right]d\tau \tag{5-56}$$

式（5-56）是进样时间为 t_{inj} 时 mn 区段中进样函数的完整形式，这样，式（5-49）和式（5-56）构成了采用毛细管区带电泳与高效液相色谱机制结合的电色谱进样方法的进样函数。

§5.5.2　进样函数对流出曲线方差的贡献

以式（5-49）和式（5-56）为进样函数，考察溶质在柱过程中的输运质量平衡方程，经 Laplace 变换后，通过母函数的方法研究流出曲线的统计特征。在只考虑进样部分影响的情况下，取一级近似可得到流出曲线的二阶中心矩的表达式

$$\mu_{2,inj} = \frac{\mu_{2n} + a\mu_{2m_0}}{1+a} \tag{5-57}$$

式中

$$a = \frac{u_{eo}u_{ep1}(1+k_0')}{u_{ep0}(u_{ep1} - k_1'u_{eo})} \tag{5-58}$$

a 为进样过程完成后，溶质在 om 区段中与 nm 区段中分配量之比；

$$\mu_{2,m} = \frac{t_{\text{inj}}^2}{12} + \frac{t_{\text{inj}}(u_{1+} + u_{1-})}{2(u_{1+} - u_{1-})^2} - \frac{4u_{1+}u_{1+}}{(u_{1+} - u_{1-})^4} \tag{5-59}$$

$$\mu_{2,m_0} = \frac{(m_0 + 6)(m_0 + 2)}{12(u_{0+} - u_{0-})^2} \tag{5-60}$$

分别为 nm 区段和 on 区段对流出曲线方差的贡献。

可以看出，进样函数对流出曲线分布方差的贡献并非为两区段影响的简单加和，而是两区段方差的加权平均，加权数为溶质的质量比。

§5.5.3　带电溶质的电色谱在线富集特征

不存在富集作用的情况下，带电溶质在电场的作用下以电泳流和电渗流速度的加和向毛细管柱中迁移，并同时在流动相和固定相之间完成分配。在进样时间内，溶质向柱内迁移的距离等于进样时间与溶质在柱内迁移速度的乘积，即进样长度为 $t_{\text{inj}}(u_{\text{ep0}} + u_{\text{eo}})/(1 + k_1')$，以此进样长度进行柱内分离过程得到的流出曲线方差可简写为

$$\mu_{2\text{inj}} = \frac{t_{\text{inj}}^2}{12} \tag{5-61}$$

由式（5-15），并结合式（5-57）~式（5-61）可以得到总的富集倍数

$$\vartheta = \sqrt{\frac{t_{\text{inj}}^2(u_{\text{ep0}} + u_{\text{eo}})^2 \cdot [u_{\text{eo}}u_{\text{ep1}}(1 + k_0') + u_{\text{ep0}}(u_{\text{ep1}} - k_1'u_{\text{eo}})](1 + k_1')^2}{u_{\text{eo}}u_{\text{ep1}}\dfrac{(u_{\text{ep1}} - k_1'u_{\text{eo}})^2(1 + k_0')^5}{(u_{\text{ep0}} - k_0'u_{\text{eo}})^2}m_0^2 + u_{\text{ep0}}t_{\text{inj}}^2(u_{\text{ep1}} - k_1'u_{\text{eo}})^3(1 + k_0')^2}} \tag{5-62}$$

式（5-62）给出了采用场增强进样及高效液相色谱柱内富集原理结合情况下的富集倍数与溶质性质、电色谱实验条件等因素之间的关系，可以通过该式进一步探讨各种因素对富集效果的影响规律。由式（5-62）可以看出，溶质在两区段中分配系数对富集效果的影响较为复杂：一方面在 on 区段中，随着 k_0' 的增加，固相萃取作用增强，使富集效果变好；但另一方面随 k_1' 的减小，nm 区段的长度增加，降低富集效果。因此并非样品溶液和流动相的洗脱强度差越大，富集效果较好，这也说明 Pyell 等[15] 的结论在这种情况下的应用有一定的局限性。

当 $u_{\text{eo}} = 0$ 时，式（5-62）可以化简为

$$\vartheta = \frac{(1 + k_1')^2}{(1 + k_0')} \cdot \frac{u_{\text{ep0}}}{u_{\text{ep1}}} \tag{5-63}$$

若再有 $k_1' = k_0'$，则

$$\vartheta = (1 + k_1')\frac{u_{\text{ep0}}}{u_{\text{ep1}}} \tag{5-64}$$

式（5-64）与 MEKC 中的柱内富集简化公式相似[9]，如果 $k_1' = 0$，式（5-64）的结果即为毛细管区带电泳中场增强进样富集效果的表达式。对于中性溶质，

$u_{ep1}=u_{ep0}$，则式（5-63）也可以简化为中性溶质在电色谱中柱内富集的结果[37]。

根据式（5-64），样品溶液和流动相的电阻率相差越大，越有利于富集。而样品溶液和流动相的洗脱强度差对富集效果的影响对不同的样品存在最佳范围，不宜过高，也不宜过低。因此为了使样品溶液在电色谱中得到较好的富集效果，必须使两种机理协同作用。

带电溶质溶解在适宜的洗脱强度和无电解质的溶液中，经过长时间电动进样后，将电色谱柱的进样端切换到高电解质浓度的高洗脱强度流动相中，然后加高电压分离，可以得到较好的富集效果。图 5-14 和图 5-15 为采用两种进样方式富集效果的对比，表 5-1 也给出了不同操作条件下得到的半峰宽（$W_{1/2}$）、峰高（h）和柱效（N）的实验结果。

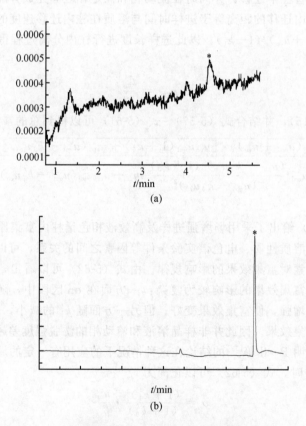

(a)

(b)

图 5-14　不同操作条件下对药物普罗帕酮分离效果对比
（a）常规进样；（b）采用柱内富集进样
（a）样品溶液采用运行缓冲溶液，进样：10kV×1s；样品浓度：5μg/mL；
（b）样品溶液：40% 乙腈＋60% 水，进样：10kV×120s。流动相：85%
乙腈＋2mmol/L Tris＋0.6mmol/L TEA，pH7.60，样品浓度：0.5μg/mL；（＊）样品峰

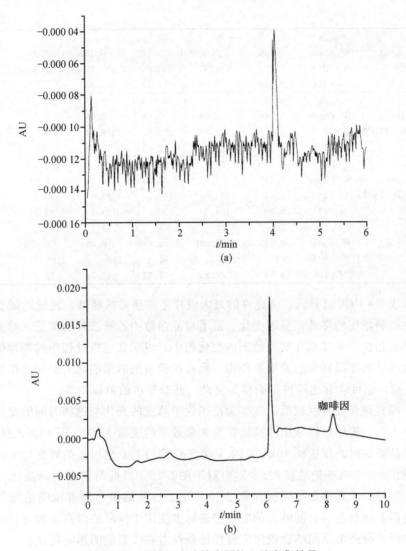

图 5-15 咖啡因在连续床层柱上的富集效果

流动相：80% 乙腈＋5mmol/L NaAc，pH3.7，样品溶液：

(a) 同流动相；(b) 10% 乙腈＋1mmol/L NaAc，pH，3.7；样品浓度：

(a) 10μg/mL；(b) 0.1μg/mL；电动进样：(a) 2kV×1s；(b) 10kV×300s

表 5-1 操作条件下对半峰宽（$W_{1/2}$）、峰高（h）和柱效（N）的影响

	t_{inj}/s	1	2	10	20	30	40
5μg/mL	$W_{1/2}$/min	0.132	0.133	0.301	0.468		
（在流动相中）	$h×10^{-4}$	1.4	13.80	36.9	39.9		
	$N×10^4$	3.259	3.112	5.806	2.352		

续表

0.5μg/mL (85% ACN-15%水)	t_{inj}/s	1	10	20	30	40	50
	$W_{1/2}/min$	0.116	0.080	0.077	0.080	0.30	0.54
	$h\times10^{-4}$	7.4	51.9	234.5	189.2	55.3	46.4
	$N\times10^4$	3.936	8.96	11.19	7.909	0.523	0.16
0.5μg/mL (70% ACN-30%水)	t_{inj}/s	1	30	50	70	90	120
	$W_{1/2}/min$	0.116	0.08	0.08	0.09	0.10	0.20
	$h\times10^{-4}$	5.1	184.9	273.6	299.7	288.3	181.8
	$N\times10^4$	4.18	12.29	12.01	9.18	7.54	1.90
0.5μg/mL (50% ACN-50%水)	t_{inj}/s	1	30	90	180	240	300
	$W_{1/2}/min$	0.116	0.03	0.03	0.03	0.04	0.09
	$h\times10^{-4}$	5.41	134.3	351.3	563.1	910.3	405.2
	$N\times10^4$	3.80	101.6	103.1	105.6	89.35	14.9
0.5μg/mL (40% ACN-60%水)	t_{inj}/s	1	40	70	100	120	
	$W_{1/2}/min$	0.053	0.029	0.030	0.035	0.038	
	$h\times10^{-4}$	17	1130	1960	2390	2490	
	$N\times10^4$	18.70	79.30	77.62	60.74	52.61	

从表 5-1 中可以看到，所允许的最大进样量和获得的峰高、柱效均随着样品溶液中乙腈浓度的降低而显著变化。随着样品溶液中乙腈浓度的降低，峰高增加速率越来越快，半峰宽在实验范围内变化很小，说明在进样过程中的场增强效应对碱性样品的在线富集起着重要作用，而有机调节剂的影响起着协同的作用，由式（5-62）也可以看出这种影响较为复杂，并非简单的单调关系。

半峰宽测量准确度较低，在实验范围内半峰宽的变化与进样时间的变化相比变化不大，一般地可以采用峰高比作为富集效果的度量[37~39]。以 40％乙腈-60％水为样品溶剂时，仅进样 10kV×120s 就获得了 17 000 倍以上的峰高增加，且柱效保持在 520 000 理论塔板数/米。而对于图 5-15，根据两谱图的峰高比和溶质浓度的差异，计算得咖啡因被富集 24 000 倍。这些结果已能够说明毛细管区带电泳与高效液相色谱机制结合的电色谱进样方法用于样品柱内富集的可行性，也可以与理论研究结果相结合说明实验操作条件对在线富集的影响规律。

§5.6　连续堆积的谱带压缩作用

电色谱中的连续堆积效应与中性样品柱内富集过程中的输运富集作用不同，特别指溶质的流出峰在系统峰附近，并具有高度压缩效果的现象。谱带压缩现象与样品溶液导致的流动相间断同步，必须在足够长的进样长度，且在柱内有间断产生弱或强的溶剂梯度时才能出现。与我们前面讨论的其他柱内富集方法类似，当以流动相配制样品，或进样体积较小时，将不会出现连续堆积现象。

Enlund 等[34]认为与运行缓冲溶液组成不同的样品区带可以作为一个特殊的非平衡区带来考虑，在其中有比正常流动相中更高的电场强度，带电溶质的迁移速度较高。当溶质迁移出此区带后速度下降，样品区带再次捕获这些溶质，被捕获的溶质形成一窄的色谱峰，而迁移太快和太慢的溶质将按照正常的色谱规律流出。可以被堆积的溶质实际上相当于在边界附近"振动"，并产生类似于制备色谱中"激波"峰的特征，导致连续堆积的效果。图 5-16 为 Lobert 等[40]给出的连续堆积模型。

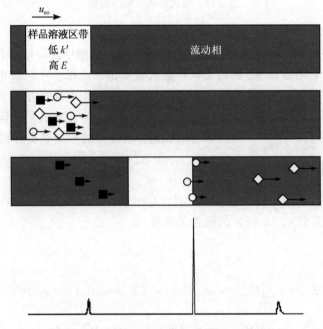

图 5-16　毛细管电色谱中的连续堆积作用

　　在大多数分离分析方法建立中，连续堆积被描述成为改善分离效果和增加检测灵敏度的手段。但是由于连续堆积必须在特定的操作环境下才能够产生，其真正的实用范围还值得商榷。

§5.6.1　溶质在柱内的分布

　　基于图 5-16 的模型，可以构建图 5-17 的简化物理模型。在一根无限长的色谱柱的中间有一段样品溶液。可以将色谱柱分成 3 部分。中间部分为样品区带，长度为 $m+1$。前部和后部的溶液组成相同，皆为运行缓冲溶液。随着分离过程的开始，溶质在其自身的电泳迁移作用下逐渐向样品区带外转移。这里同样以电渗流作为参照系，如果忽略两种溶液界面处的电扩散作用，那么，样品区带边界在整个运行过程中不移动，在整个运行过程中保持静止。实际上，以这种方式进行迁移的溶质在柱内的分布与正常情况下相同，并不影响溶质在真实输运过程中所满足的分布规律。

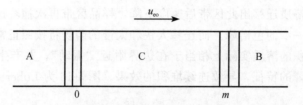

图 5-17　简化的连续堆积模型

1. 样品区带前面部分溶质的输运

在运行开始时，样品区带前面部分的运行缓冲溶液中没有溶质存在。随着分离过程的进行，溶质以 u_{ep1} 的速度从样品区带中进入。每一小区段中溶质相对于样品区带向前的运行速度为 $u_{ep1}/(1+k_1')$。由于固定相中存在相对于界面的反向迁移运动，因此相当于溶质的输运同时受速度为 $u_{eo}k_1'/(1+k_1')$ 的反向流作用。

与式（5-54）、（5-55）对应，溶质在这一部分中的质量平衡方程为

$$(u_+ + u_- + s)\bar{C}_{m+1} = u_{0+}\bar{C}_m + u_-\bar{C}_{m+2} \tag{5-65}$$

$$\cdots\cdots$$

$$(u_+ + u_- + s)\bar{C}_{m+i} = u_+\bar{C}_{m+i-1} + u_-\bar{C}_{m+i+1} \qquad (i \geqslant 0) \tag{5-66}$$

研究式（5-65）、（5-66）的递推关系有

$$\bar{C}_{m+1} = \frac{u_{0+}}{u_-} x_{22} \bar{C}_m \tag{5-67}$$

$$B_0 = s\sum_{i=1}^{\infty}\bar{C}_{m+i} = u_{0+}\bar{C}_m - u_-\bar{C}_{m+1} = u_{0+}(1-x_{22})\bar{C}_m \tag{5-68}$$

$$B_1 = s\sum_{i=1}^{\infty}(m+i)\bar{C}_{m+i} = u_{0+}(m+1-mx_{22})\bar{C}_m + (u_+ - u_-)B_0/s \tag{5-69}$$

$$B_2 = s\sum_{i=1}^{\infty}(m+i)^2\bar{C}_{m+i} = u_{0+}[(m+1)^2 - m^2 x_{22}]\bar{C}_m$$
$$+ 2(u_+ - u_-)B_1/s + (u_+ + u_-)B_0/s \tag{5-70}$$

式中：C_m 为样品区带溶液的终点；x_{22} 的表达式同式（3-25）中取负号的形式。由式（5-67），溶质在这一部分的分布不仅取决于其迁移速度和分配系数，样品区带作为溶质的直接供给者，也会影响到溶质的分布特征。

2. 样品区带后面部分的溶质输运

样品区带后面部分的溶液组成仍为运行缓冲溶液，因此溶质在其中的电泳迁移速度为 u_{ep1}，正向和反向的迁移速度分别为 $u_{ep1}/(1+k_1')$ 和 $u_{eo}k_1'/(1+k_1')$。

这一区段中的溶质由固定相的反向流动带进来，如果以界面作为起点向相反的方向进行研究，则流动相中的溶质迁移为反向流，而固定相的迁移为正向流。与式（5-65）和式（5-66）的得出同理，有

$$(u_+ + u_- + s)\bar{C}_{-1} = u_{0-}\bar{C}_0 + u_+\bar{C}_{-2} \tag{5-71}$$

……

$$(u_+ + u_- + s)\bar{C}_{-i} = u_-\bar{C}_{-(i-1)} + u_+\bar{C}_{-(i+1)} \qquad (i \geqslant 2) \tag{5-72}$$

进一步研究式（5-71）和式（5-71）的递推关系有

$$\bar{C}_{-1} = \frac{u_{0-}}{u_+} x_{12}\bar{C}_0 \tag{5-73}$$

$$A_0 = s\sum_{i=1}^{\infty}\bar{C}_{-i} = u_{0-}\bar{C}_0 - u_+\bar{C}_{-1} = u_{0-}(1-x_{12})\bar{C}_0 \tag{5-74}$$

$$A_1 = s\sum_{i=1}^{\infty}(-i)\bar{C}_{-i} = (u_+ - u_-)A_0/s - u_{0-}\bar{C}_0 \tag{5-75}$$

$$A_2 = s\sum_{i=1}^{\infty}i^2\bar{C}_{-i} = u_{0-}\bar{C}_0 + 2(u_+ - u_-)A_1/s + (u_+ + u_-)A_0/s \tag{5-76}$$

式中：C_0 为样品区带的起点；x_{12} 与 x_{22} 对应。与式（5-67）的情况相同，这一部分的溶质分布也与从样品溶液区带中带入的溶质量有关。

3. 样品区带中溶质的输运

对样品区带的处理与其前和后两部分的情况基本相同，但是由于区带长度有限，因此其结果也将较为复杂。

与式（5-65）、式（5-66）对应的质量平衡方程为

$$(u_{0+} + u_{0-} + s)\bar{C}_0 = u_+\bar{C}_{-1} + u_{0-}\bar{C}_1 + C(0) \tag{5-77}$$

$$(u_{0+} + u_{0-} + s)\bar{C}_1 = u_{0+}\bar{C}_0 + u_{0-}\bar{C}_2 + C(0) \tag{5-78}$$

……

$$(u_{0+} + u_{0-} + s)\bar{C}_{m-1} = u_{0+}\bar{C}_{m-2} + u_{0-}\bar{C}_m + C(0) \tag{5-79}$$

$$(u_{0+} + u_{0-} + s)\bar{C}_m = u_{0+}\bar{C}_{m-1} + u_-\bar{C}_{m+1} + C(0) \tag{5-80}$$

进一步有

$$X_0 = s\sum_{i=1}^{m}\bar{C}_i = u_{0+}(x_{22}-1)\bar{C}_m + u_{0-}(x_{12}-1)\bar{C}_0 + (m+1)C(0) \tag{5-81}$$

$$X_1 = s\sum_{i=1}^{m}i\bar{C}_i = (u_{0+} - u_{0-})X_0/s + u_{0-}\bar{C}_0$$
$$+ u_{0+}[mx_{22} - (m+1)]\bar{C}_m + \frac{m(m+1)}{2}C(0) \tag{5-82}$$

$$X_2 = s\sum_{i=1}^{m}i^2\bar{C}_i = 2(u_{0+} - u_{0-})X_1/s + (u_{0+} + u_{0-})X_0/s - u_{0+}[(m+1)^2 - m^2 x_{22}]\bar{C}_m$$
$$- u_{0-}\bar{C}_0 + \frac{m(2m+1)(m+1)}{6}C(0) \tag{5-83}$$

样品溶液中溶质的分布直接与其前部和后部运行缓冲溶液的性质有关，从其中迁移出去的溶质量及迁移方向的变化使分布复杂化。

§5.6.2　连续堆积判据

注意到总的进样量为$(m+1)C(0)$，以及色谱柱无限长的假设，根据离散函数一阶原点矩和二阶中心矩的计算公式

$$\gamma_1 = \sum_{i=-\infty}^{\infty} iC_i/(m+1)C(0) \tag{5-84}$$

$$\mu_2 = \sum_{i=-\infty}^{\infty} i^2 C_i/(m+1)C(0) - \gamma_1^2 \tag{5-85}$$

可以得到

$$\bar{\gamma}_1 = \frac{\Delta u X_0}{s^2(m+1)C(0)} + \frac{u_+ - u_-}{s^2} + \frac{m}{2s} \tag{5-86}$$

$$L(\mu_2 + \gamma_1^2) = \frac{2(u_+ - u_-)}{s}\bar{\gamma}_1 + \frac{u_+ + u_-}{s^2} + \frac{2\Delta u X_1}{s^2(m+1)C(0)}$$
$$+ \frac{\Delta u X_0}{s^2(m+1)C(0)} + \frac{m(2m+1)}{2s} \tag{5-87}$$

式中：$\Delta u = (u_{0+} - u_{0-}) - (u_+ - u_-)$ 为溶质在两种缓冲溶液中的相对速度。如果采用运行缓冲溶液配置样品，$u_{0+} - u_{0-} = u_+ - u_-$，显然将不可能出现溶质堆积的现象。当 $\Delta u < 0$ 时，区带压缩现象产生。在前边的讨论中，只是定性地认为富集产生的原因为两区带的速度梯度，这里也从理论上得到了证实。

令 $\rho_m(t) = \sum_{i=1}^{m} \bar{C}_i/(m+1)C(0)$ 代表溶质在样品区带中剩余量占总进样量的分数，由式（5-86）有

$$\gamma_1 = \Delta u \int_0^t \rho_m(t)\mathrm{d}t + (u_+ - u_-)t + \frac{m}{2} \tag{5-88}$$

正常情况下，随着洗脱过程的进行，溶质迅速从样品区带中迁移出去，这样可以不考虑样品区带对溶质在色谱柱内位置的数学期望的影响

$$\gamma_1 = (u_+ - u_-)t + \frac{m}{2} \tag{5-89}$$

对应地，由式（5-87），在不存在堆积的情况下

$$\mu_2 = (u_+ + u_-)t + \frac{3m^2 + 2m}{4} \tag{5-90}$$

由 u_+ 和 u_- 的定义，此时不可能有方差随时间变小的结果。

如果溶质因某些原因不能够从样品区带中正常迁移出去，流出曲线的特征将随样品区带性质的变化而变化。为了达到连续堆积的效果，也即随着时间的推移，峰宽逐渐被压缩，必须使得 $\partial\mu_2/\partial t < 0$。结合式（5-85）和式（5-86），得

$$\frac{\partial\mu_2}{\partial t} = 2\Delta u\rho_m\gamma_m - 2\rho_m\gamma_1 + \Delta u\rho_m + (u_+ + u_-) \tag{5-91}$$

式中：γ_m 为样品区带中溶质的数学期望位置；γ_m、γ_1 和 ρ_m 都和时间有关。经过足够长的时间，如果 $\rho_m \neq 0$，那么 γ_m 只能为 0 或者 m，而 γ_1 也应该在其附近。$\partial \mu_2 / \partial_t < 0$ 的条件为

$$2 \Delta u \rho_m \gamma_m - 2 \rho_m \gamma_1 + \Delta u \rho_m + (u_+ + u_-) < 0 \tag{5-92}$$

当 $\gamma_1 \approx \gamma_m \approx 0$ 时，$u_{0+} < u_{0-}$。再由 $\rho_m > 0$ 的性质，结合式（5-88）也必须有 $u_+ > u_-$，因此在样品区带尾部产生连续堆积的条件为

$$\begin{cases} u_{ep0} < k'_0 u_{eo} \\ u_{ep1} > k'_1 u_{eo} \end{cases} \tag{5-93}$$

同理，对于在 m 附近产生的连续堆积，也必须有

$$\begin{cases} u_{ep0} > k'_0 u_{eo} \\ u_{ep1} < k'_1 u_{eo} \end{cases} \tag{5-94}$$

式（5-93）和（5-94）只是产生连续堆积的必要条件，不是充分条件，但可以作为能否产生连续堆积的判据。这是一个双边界条件，以至于将溶质限制在样品区带的附近。连续堆积的产生与电渗流速度及溶质在样品溶液和运行缓冲溶液中的电泳迁移速率有关，也与溶质在两区带中的保留行为有关，只有这些因素相互协调，才能够达到连续堆积的效果。

根据式（5-92），产生连续堆积与样品溶液中溶质的浓度无关，而与溶质在样品区带中的分布有关，因此与样品区带的长度有关。必须有足够长的样品区带长度，才可能观察到连续堆积现象。进样区带过短时，由于边界附近的扩散作用，也会使得溶质所处的化学氛围改变，边界"模糊"将使得区带组成改变，破坏产生连续堆积的条件，使得可能已经出现的连续堆积现象消失，或不明显。这也说明谱带连续堆积的谱带压缩效应与进样体积而不是进样量有关，大体积稀溶液进样可能得到尖锐的色谱峰，而小体积浓的样品不会得到。

样品溶液和运行流动相的组成直接影响到溶质的容量因子和迁移速度，因此是产生连续堆积的决定性因素。施加电压改变时，由于两区带中电场强度分配的差异，将导致溶质迁移速度的变化不同，但是理论上不会影响到连续堆积现象的产生。由于实际分离柱长有限，溶质在色谱柱内的运行时间也有限，施加电压的不同将会影响到富集的具体效果。

§5.6.3　连续堆积与操作条件的关系

根据式（5-64），影响溶质迁移速度和容量因子的因素都可能影响到连续堆积的产生和效果。与后面我们将要讨论的离子交换色谱中的特殊富集作用不同，连续堆积的富集作用相对比较稳定，一定条件下可能用于方法建立，以提高对溶质的检测灵敏度。Smith 等[41]已将连续堆积应用于手性对映体分离的方法建立，

改善以万古霉素基固定相进行手性分离的定量检测限。图 5-18 为在不同样品溶液组成时，采用谱带压缩改善定量检测限得到的色谱流出曲线。谱带压缩在与样

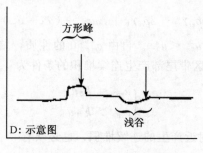

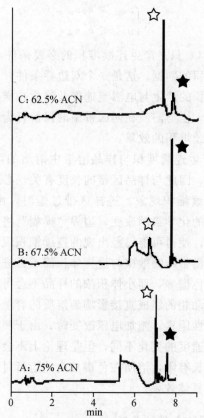

图 5-18　连续堆积用于提高手性分离定量限

样品 A 和 B：63μmol/L 溶于 30％异丙醇中．样品 C：59μmol/L 米安色林溶于 24％异丙醇中

色谱柱：ChirobioticV 5μm，250(335)mm×0.1mm；流动相：醋酸缓冲液 pH4.8；

电压：25kV；进样：10kV，15s（A，B），15kV，25s（C）

图 D 中形成"方形峰"和"浅谷"两个系统区域

品诱导系统峰同时流出时出现，通过调节流动相组成可以选择使其中一种对映体峰尖锐。如果两个峰在系统峰之间流出，将不会出现谱带压缩现象。样品必须被溶解在比流动相超低电导的溶液中。柱效可以由100 000增加到$1.4 \times 10^6 \sim 1.6 \times 10^6$

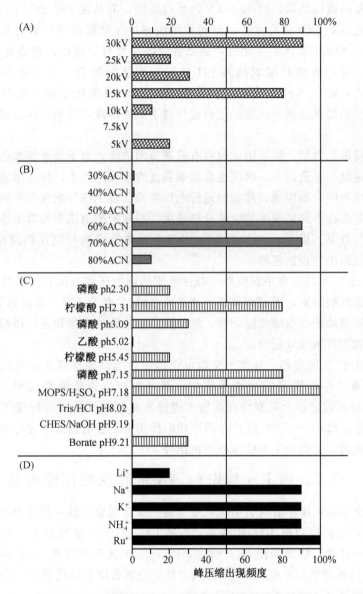

图 5-19　不同条件对 SCX 固定相上峰压缩现象的影响

(A) 电压；(B) 流动相中乙腈浓度；(C) pH 和缓冲溶液类型；

(D) 阳离子种类色谱柱：Spherisorb SCX $3\mu m$，210(310)mm×0.075mm；

进样：10kV, 10s; 溶质; 羟甲金霉素

塔板数/m，定量限提高 10 倍。

　　Ferguson 等[42]对连续堆积的峰压缩进行了广泛的研究。图 5-19 中给出了电压、缓冲溶液组成等对峰压缩产生的影响。由图 5-19 可以看出，峰压缩与施加电压有高度的依赖关系，30 和 15kV 产生峰压缩，但是在 25、20、10 和 5kV 很少发生，而在 7.5kV 没有发生。流动相组成与连续堆积的峰压缩有关，乙腈含量在 30%～80%的范围内变化时，超高柱效峰主要只出现在乙腈浓度为 60%和70%附近。缓冲溶液的组成及其 pH 也影响到连续堆积，当阳离子类型改变（Li^+，Na^+，K^+，NH_4^+，Rb^+）时，在 pH2.3 的磷酸盐缓冲溶液中对于所有的体系，都能够观察到峰压缩。他们也探讨了缓冲溶液浓度和进样量对峰压缩的影响。

　　由连续堆积判据，溶液组成包括有机调节剂浓度、离子强度等都会影响到溶质的迁移速度和容量因子，因此也会影响到连续堆积的产生。样品溶液与运行缓冲溶液组成不同，相应地，施加的运行电压在两区段上的分配也不相同，可以不同步改变溶质在不同区段中的电泳迁移速度，在匹配的电压下可以由连续堆积产生峰压缩的效果。但是，对于图 5-21 中发生的连续堆积与电压的跳跃式关系，目前尚不能给出合理的解释。

　　Enlund 等[43]的研究中发现对于碱性溶质的谱带压缩效应，样品组成和进样体积是主要影响因素，通过调节流动相组成（pH，离子强度，有机调节剂含量）使溶质的流出接近于电渗流标记物、增加样品中乙腈的含量和进样体积都可能使连续堆积的谱带压缩效应产生。

　　不只 SCX 固定相，或离子交换电色谱中才能够观察到连续堆积现象，只要在对应条件可以满足的分离系统中，都可能产生连续堆积现象。Ferguson 等[42]在裸硅胶固定相上观察到在接近于电渗流标记物峰后出峰的带正电溶质有峰压缩现象。Moffatt 等[44]在 C18 固定相的反相毛细管电色谱中进行中性和酸性化合物分离时，也得到了连续堆积的流出峰。

§5.7　离子交换电色谱中的特殊峰压缩现象

　　离子交换电色谱中有时会出现柱效奇高的反常现象。这一现象最初由 Evans 等[28]发现，他们得到图 3-13 的结果。后来 Lobert 等[40]也报道了一种药物在裸胶上有超高柱效，结果如图 5-20 所示。图 5-20 中流出峰远离 EOF 标记物，应与图 3-13 的机理类似。在以 SAX 为固定相的毛细管电色谱过程中，也有人观察到类似的现象[43]。

　　Stahlberg[45]和 Horvath[46]为了揭示这种现象的本质，分别建立了相应的理论模型。Stahlberg 认为对应于非同一的电场强度和非线性吸附等温线的色谱与电泳输运机制的结合，对区带在色谱柱内的输运可能起到一定的稳定作用，使其分布不随迁移过程而变化是产生这种特殊峰压缩现象的原因。Horvath 则认为毛细管电色谱系统中形成的"内部梯度"导致谱带压缩效应的发生，而"内部梯度"是溶质的电泳迁移与其在固定相表面电扩散结合的结果。这些理论可以说明部分实验现象，但是 Lobert[34] 认为他们并没有很好地揭示这一现象的本质。我们在对毛细管电色谱弛豫理论的讨论中，引入了反向流的概念，可以从不同角度对这一现象加以阐述。

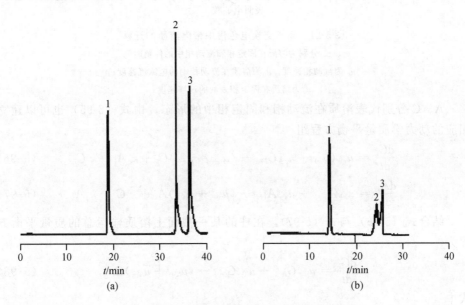

图 5-20　离子交换电色谱中的超高柱效峰

（a）Nucleosil 100-5，10nm 孔，表面积：350m²/g；（b）Nucleosil 300-5，30nm 孔，表面积：100m²/g。

样品：1. 硫脲；2. 去甲替林；3. 阿密曲替林

§5.7.1　考虑溶质在固定相表面迁移的弛豫理论

Horváth 等[46,47] 认为离子交换固定相表面的特殊带电性质，可能导致在固定相表面吸附状态的溶质沿着一定的方向迁移。他们建立的模型如图 5-21 所示。

如果不考虑溶质在两相间传质速率的有限性，基于弛豫理论的基本原理，图 5-21 的物理模型中溶质的输运可以用下面的简化模型来表示

$$C_{i-1} \Leftrightarrow C_i \underset{u_{c-}}{\overset{u_{c+}}{\Longleftrightarrow}} C_{i+1}$$

$$k_d \Updownarrow k_c \tag{5-95}$$

$$A_{i-1} \Leftrightarrow A_i \underset{u_{a-}}{\overset{u_{a+}}{\Longleftrightarrow}} A_{i+1}$$

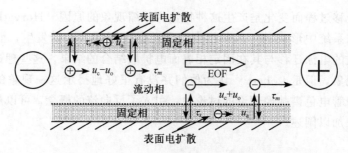

图 5-21　离子交换电色谱中带电溶质的迁移

τ_s、τ_m 分别为溶质在固定相和流动相中的停留时间；

u_c 为流动相速度；u_o 为溶质在流动相中的电泳流速度；

u_a 为溶质在固定相表面的迁移速度

　　A、C 分别代表溶质在流动相和固定相中的形态。由式（5-95）也可以建立相应的动力学质量平衡方程组

$$\frac{\mathrm{d}C_i}{\mathrm{d}t} = u_{c+}C_{i-1} + u_{c-}C_{i+1} - (u_{c+} + u_{c-})C_i + \kappa_\mathrm{d}A_i - \kappa_\mathrm{c}C_i \tag{5-96}$$

$$\frac{\mathrm{d}A_i}{\mathrm{d}t} = u_{a+}A_{i-1} + u_{a-}A_{i+1} - (u_{a+} + u_{a-})A_i + \kappa_\mathrm{c}C_i - \kappa_\mathrm{d}A_i \tag{5-97}$$

　　结合式（5-96）与式（5-97），在柱的某一截面上溶质输运总的质量平衡方程为

$$\frac{\mathrm{d}G_i}{\mathrm{d}t} = u_{\mathrm{T}+}G_{i-1} + u_{\mathrm{T}-}G_{i+1} - (u_{\mathrm{T}+} + u_{\mathrm{T}-})G_i \tag{5-98}$$

式中

$$u_{\mathrm{T}+} = \frac{u_{c+} + k'u_{a+}}{1 + k'} \tag{5-99}$$

$$u_{\mathrm{T}-} = \frac{u_{c-} + k'u_{a-}}{1 + k'} \tag{5-100}$$

　　以 A 和 C 形态存在的溶质皆满足式（5-98）～式（5-100）。式（5-98）表示的过程相当于一个正向迁移速率与逆向迁移速率分别由式（5-99）和式（5-100）表示的毛细管区带电泳过程，其 Laplace 变换解的形式为

$$\bar{C}_m = C(0) \cdot \left[\frac{2u_+}{(u_+ + u_- + s) + \sqrt{(u_+ + u_- + s)^2 - 4u_+u_-}} \right]^m \tag{5-101}$$

　　进一步可以得到流出曲线一阶原点矩和二阶中心矩、三阶中心矩的表达式

$$\gamma_1 = \frac{m}{u_{\mathrm{T}+} - u_{\mathrm{T}-}} \tag{5-102}$$

$$\mu_2 = \frac{m}{(u_{\mathrm{T}+} - u_{\mathrm{T}-})^2} + \frac{2mu_{\mathrm{T}-}}{(u_{\mathrm{T}+} - u_{\mathrm{T}-})^3} \tag{5-103}$$

$$\mu_3 = \frac{m(u_{\mathrm{T}+}^2 + u_{\mathrm{T}-}^2 + 10u_{\mathrm{T}+}u_{\mathrm{T}-})}{(u_{\mathrm{T}+} - u_{\mathrm{T}-})^5} \tag{5-104}$$

式（5-103）中第一项表示速度流对谱带展宽的作用，第二项中包括了分子扩散和电扩散的作用。根据式（5-102）~式（5-104），可以进一步讨论流出曲线的特征。由于三阶中心矩的表达式过于复杂，且和溶质在柱内的富集作用关系不大，因此这里暂不讨论。

§5.7.2　表面电扩散对保留时间的影响

带电溶质在流动相中的迁移与一般反相电色谱中的情况相同，根据式（3-67）和（3-68），有

$$u_{c-} = u_{bepc} - u_{epc} + u_d \tag{5-105}$$

$$u_{c+} = u_{bepc} + u_{eoc} + u_d \tag{5-106}$$

对于固定相表面形态的溶质，同理可以得到

$$u_{a-} = u_{bepa} - u_{epa} + u_d \tag{5-107}$$

$$u_{a+} = u_{bepa} + u_{eoa} + u_d \tag{5-108}$$

式中：下角标 a、c 分别表示溶质处于固定相和流动相中。这里没有考虑分子扩散在两相中的差别。

将式（5-105）~式（5-108）带入式（5-99）和式（5-100）中，进一步与式（5-102）结合，能够得到

$$\gamma_1 = \frac{m(1+k')}{(u_{eoc} + u_{epc}) + k'(u_{eoa} + u_{epa})} \tag{5-109}$$

令 $a = u_{epc}/u_{eoc}$，$b = u_{epa}/u_{epc}$。注意到在固定相表面没有电渗流存在，可以将式（5-109）变换为

$$\gamma_1 = \frac{t_0(1+k')}{1 + a + abk'} \tag{5-110}$$

根据不同的容量因子定义作相应的替换，Horvath 等[46]根据图 5-23 的模型得到与式（5-110）相同形式的表达式。式（5-110）说明带电溶质在固定相表面的电扩散作用可以导致其保留变弱。与一般液相色谱对比，电扩散作用类似于在电色谱柱中产生了一个"内部梯度"，从而导致溶质的流出时间加快。

§5.7.3　表面电扩散对柱效的影响

与式（5-109）的得出同理。将式（5-105）~式（5-108）带入式（5-99）中，可以得到流出曲线二阶中心矩的表达式

$$\mu_2 = \frac{m[(u_{eoc} - u_{epc}) - k'u_{epa} + 2(1+k')u_d + 2(u_{bepc} + k'u_{bepa})]}{[(u_{eoc} + u_{epc}) + k'u_{epa}]^3}(1+k')^2 \tag{5-111}$$

根据分离柱效与流出曲线统计矩的关系，结合式（5-109）与式（5-111）也

可以得到

$$N = \frac{m\left[(u_{eoc} + u_{epc}) + k'u_{epa}\right]}{(u_{eoc} - u_{epc}) - k'u_{epa} + 2(1+k')u_d + 2(u_{bepc} + k'u_{bepa})} \quad (5\text{-}112)$$

将式（5-112）进一步改写为

$$N = \frac{2m(1+a)}{1 - a - abk' + 2k_{ud} + 2k_{ui}} - m \quad (5\text{-}113)$$

式中：$k_{ui} = 2(u_{bepc} + k'u_{bepa})/u_{eoc}$；$k_{ud} = 2(1+k')u_d/u_{eoc}$。

由式（5-113），随着 k_{ui} 增加，溶质在固定相表面迁移速度加快，柱效增高。特别地，对于特定的溶质和分离系统，如果有

$$1 - a - abk' + 2k_{ud} + 2k_{ui} \to 0 \quad (5\text{-}114)$$

将得到极高的柱效。此时，对应的溶质迁移时间

$$t_m = \frac{t_0(1+k')}{2(1 + k_{ud} + k_{ui})} \quad (5\text{-}115)$$

注意到，式（5-114）是一种非常极端的情况，是一种非稳定状态，实验条件的微小改变可能使得测定的柱效有很大改变。事实上，Lobert[40] 完成的实验中，4 次进样的柱效从 250 000 变化到 1 500 000，很不稳定。

在系统一定的情况下，尽管 a 与溶质的性质有关，但关系不很大。这样，根据式（5-115），与连续堆积的情况不同，极高柱效峰可能出现在色谱图的任意位置。这一结论也对图 3-13 和图 5-20 给出了合理的解释。

参 考 文 献

1　Pretorius V, Hopkins B J. J. Chromatogr. , 1974, 99：23

2　Jorgenson J W, Lukacs K D. J. Chromatogr. , 1981, 218：209

3　Knox J H, Grant I H. Chromatogria, 1984, 24：135

4　邹汉法，刘震，叶明亮，张玉奎. 毛细管电色谱理论与实践. 北京：科学出版社，2001

5　李瑞江. 中国科学院大连化学物理研究所博士论文. 大连，1998

6　Heiger D N, Kalternbach P, Seivert H J. Electrophoresis, 1994, 15, 1234~1247

7　Moring S E, Patel R T, van Soest R E J. Anal. Chem. , 1993, 65：3454

8　Majors R E. LC-GC, Column watch：new chromatography columns and accessories at the 1998 pittsburgh conference, Part I, 1998, 16：96

9　Terabe S, Quirino J P. Science, 1998, 282：465

10　Wang S J, Tseng W L, Lin Y W, Chang H T. J. Chromatogr. A, 2002, 979：261

11　Taylor M R, Teale P. J. Chromatogr. A, 1997, 768：89

12　Zhang Y, Zhu J, Zhang L, Zhang W. Anal. Chem. , 2000, 72：5744

13　Hilhorst M J, Somsen G W, de Jong G. J. Chromatographia, 2001, 53：190

14　Hjerten S, Mohabbati S, Westerlund D. J. Chromatogr. A, 2004, 1053：181

15　Pyell U, Rebscher H. J. Chromatogr. A, 1997, 779：155

16　Ding J M，Vouros P. Anal. Chem.，1997，69：379

17　Stead D A，Reid R G，Taylor R B. J. Chromatogr. A，1998，798：259

18　O'Farrell P H. Science，1985，227：1586

19　Tsuda T. Anal. Chem.，1988，60：1677

20　Tsuda T. LC-GC Int，1992，5：26

21　Tsuda T. Chromatogr. Sci. Ser.，1993，64：489

22　Tsuda T. Anal. Chem.，1987，59：521

23　Yang C M，El Rassi Z. Electrophoresis，1999，20：2337

24　Otsuka K，Hayashibara H，Yamauchi S，Quirino J P，Terabe S. J. Chromatogr. A，1999，853：413

25　Tegeler T，EI. Rassi Z. J. Chromatogr. A，2002，945：267

26　金龙珠. 分析化学新进展. 北京：科学出版社，2003

27　平贵臣. 中国科学院大连化学物理研究所博士论文. 大连，2003

28　Smith N W，Evans M B. Chromatographia，1995，41：197

29　Nilsson L B，Westerlund D. Anal. Chem.，1985，57：1835

30　Fornstedt T，Westerlund D，Sokolowski A. J. Liq. Chromatogr.，1988，11：2645

31　Karlsson L，Gyllenhaal O，Karlsson A，Gottfries J. J. Chromatogr. A，1996，749193

32　Carlsson D，Strode J T，Gyllenhaal O，Karlsson A，Karlsson L. Chromatographia，1997，44：289

33　Strode J T，Gyllenhaal O，Torstensson A，Karlsson A，Karlsson L. J. Chromatogr. Sci.，1998，36：257

34　Enlund A M，Andersson M E，Hagman G. J. Chromatogr. A，2004，1044：153

35　卢佩章，戴朝政，张祥民. 色谱理论基础. 北京：科学出版社，1998

36　林炳昌. 非线性色谱. 北京：科学出版社，1994：6

37　张维冰，朱军，尤进茂，张博，平贵臣，张玉奎. 分析化学，2001，29（8）：869

38　张维冰，朱军，张玉奎. 高等学校化学学报，2001，22：1477

39　张维冰，张博，朱军. 化学学报，2001，59：257

40　Steiner F，Lobert T. J. Sep. Sci. 2003，26：1589

41　Smith N W. Presented at ISC'96，Stuttgart，15-20 September 1996

42　Enlund A M，Andersson M E，Hagman G. J. Chromatogr. A，2002，979：335

43　Ferguson P D，Smith N W，Moffatt F，Wren S A C，Evans K P. Presented at HPLC'99，Granada，30 May-4 June 1999

44　Moffatt F，Cooper P A，Jessop K M. Anal. Chem.，1999，71：1119

45　Ståhlberg J. Anal. Chem.，1997，69：3812

46　Xiang R，Horvath Cs. Anal. Chem.，2002，74：762

47　Svec F. J. Sep. Sci.，2004，27：1255

第六章　毛细管电色谱梯度洗脱的输运特征

等度分离过程中流动相组成不变，而在梯度洗脱中流动相组成随运行过程逐渐变化。梯度洗脱的目的是通过改变流动相组成使溶质的迁移速度发生变化，也即对于不同分子结构的溶质通过改变其输运特征达到改变分离选择性的目的。梯度洗脱一般用于具有较宽保留值范围的样品、大分子样品以及含有强保留干扰物样品[1]的分离分析。常用的电色谱梯度洗脱模式包括线性梯度、台阶梯度和分段梯度等。

毛细管电色谱与液相色谱不同，其以电渗流驱动流动相进行样品的分离，因此在完成梯度洗脱过程中所采用的手段以及溶质在色谱柱内的输运规律也不尽相同。尽管液相色谱中采用的台阶梯度洗脱和线性连续梯度洗脱在毛细管电色谱中已经实现[2]，但是在精度和重复性等方面与液相色谱相比还有一定的差距。电压梯度用于改变溶质的输运特征是毛细管电色谱的特色之一，这种模式在液相色谱中尽管也可以通过改变压力实现，但是远不如电压梯度便利。

目前，针对毛细管电色谱梯度洗脱的研究大多集中在接口设计、装置改造等方面，Dorsey[2]以梯度实现过程的仪器设计为主线综述了毛细管电色谱梯度洗脱的发展。他将已经发展的方法粗略地分成三组：最简单的梯度方法可以直接在商品化的仪器上实现[3,4]；第二类方法采用两台计算机控制的高压源，电渗流驱动两组不同性质的流动相混合后进入到电色谱柱中；第三类方法使用一台高效液相色谱梯度泵与进样器相连，并通过分流装置连接到电色谱系统中，构建成加压电色谱系统。每一种方法都有一定的局限性，实际上，毛细管电色谱梯度洗脱至今尚没有达到普适地进行复杂实际样品分离分析方法建立的程度。

§6.1　二元台阶梯度毛细管电色谱中溶质的输运特征

毛细管电色谱等度分离已经被成功应用于不同种类样品的方法建立，可是为了加快分析时间或改善分离选择性，通常需要使流动相组成在运行过程中改变，即采用梯度的洗脱模式。二元二台阶梯度是最简单的一种梯度洗脱模式，可以在大多数商品化仪器上便利地实现，由于流动相组成的改变而导致的溶质输运特征的变化也相对较为简单。

毛细管电色谱与液相色谱不同，流动相种类改变后，由于有机溶剂种类、黏度等性质的改变，导致流动相的总体输运速率也将发生改变，因此不能采用简单的与高效液相色谱中相同的方法进行研究。

§6.1.1　梯度洗脱条件下的电渗流速率变化

由于电色谱中流动相流型的特征，可以认为在整个输运过程中，不同性质的样品区带和运行区带在界面处不发生明显的混返，这样，溶质在柱内的迁移过程可以采用一般的管路输运研究方法进行处理。根据不同区带对流动相整体输运的阻力分配，结合不同区带单独存在时的特征，能够求算出流动相的整体输运速率。

电色谱柱开口部分的流体流速是电渗流和压力驱动的加和，由于其流体横截面积远大于填充部分，因此不考虑这一部分在阻力分配中的作用，只需研究在填充部分中两种不同性质区带对总体流动相输运速率的影响。

如果两种流动相体系单独应用时的电渗流速率分别为：u_{eo1}、u_{eo2}，填充柱长L，而两种流动相占有的区带长度分别为l和$L-l$，则由阻力分配原理，流动相的总体输运速率

$$u_{eo} = (1-l/L)u_{eo1} + l/L \cdot u_{eo2} \tag{6-1}$$

开始时色谱柱内完全被第一种流动相充满，经时间t后第二种流动相在柱内所占有的长度为

$$l = \int_0^t u_{eo} \mathrm{d}t \tag{6-2}$$

u_{eo}与时间有关，将式（6-1）与式（6-2）结合，求解可以得到

$$u_{eo} = u_{eo1} \exp(t/t^*) \tag{6-3}$$

$$l = u_{eo1} t^* [\exp(t/t^*) - 1] \tag{6-4}$$

式中：$t^* = L/(u_{eo2} - u_{eo1}) = t_{02}/(1 - t_{02}/t_{01})$，$t_{01}$、$t_{02}$分别为采用两种流动相时的死时间。

式（6-3）说明当两种流动相电渗流速率不同时，流动相整体输运速率随时间而变化。式（6-4）描述了第二种流动相在色谱柱内占据的长度随时间的变化。当$l=L$时，色谱柱全部被第二种流动相充满，所需时间

$$t_f = t^* \ln \frac{t_{01}}{t_{02}} \tag{6-5}$$

在运行时间超过t_f后，流动相将以u_{eo2}的速率迁移。结合式（6-3）、式（6-5），在整个过程中，流动相输运速率的完整表达式为

$$u_{eo} = H(t-t_1)u_{eo1} - [H(t-t_1) - H(t-t_1-t_f)]\exp[(t-t_1)/t^*]$$

$$+[1-H(t-t_1-t_\mathrm{f})]u_{\mathrm{eo}2} \qquad (6\text{-}6)$$

式中：t_1 为开始时第一种流动相的运行时间；H 为 Haviside 函数，当 $t < t_1$ 时，$H(t-t_1)=1$；而当 $t > t_1$ 时，$H(t-t_1)=0$。

§6.1.2　梯度运行条件下溶质的迁移时间

1. t_1 时间内溶质的迁移

直到 t_1 时间，色谱柱完全被第一种流动相充满，因此与一般等度洗脱的情况相同，溶质在其中的迁移速度

$$u = \frac{u_{\mathrm{eo}1}}{1+k_1'} \qquad (6\text{-}7)$$

式中：k_1' 为溶质在第一种流动相中的容量因子。

对于可以在流动相切换之前流出的弱保留溶质，保留时间可以表示为

$$t_m = \frac{L}{u_{\mathrm{eo}1}}(1+k_1') \qquad (6\text{-}8)$$

如果溶质容量因子足够大，在第一种流动相中不能从色谱柱内洗脱出来，t_1 时间其迁移距离

$$l_1 = \frac{u_{\mathrm{eo}1}t_1}{1+k_1'} \qquad (6\text{-}9)$$

2. 第二种流动相在柱内对溶质的追赶过程

由式（6-6），第二种流动相开始进入色谱柱后，流动相输运速率将随其进入的长度而变化。如果溶质的容量因子适中，在第二种流动相还没有追赶上其区带时流出，则保留时间满足

$$\int_{t_1}^{t_m} \frac{u_{\mathrm{eo}}}{1+k_1'}\mathrm{d}t + \frac{u_{\mathrm{eo}1}t_1}{1+k_1'} = L \qquad (6\text{-}10)$$

结合式（6-6），解之得

$$t_m = t_1 + t^* \ln[(1+k_1')(t_{01}-t_1)/t^* +1] \qquad (6\text{-}11)$$

如果第二种流动相追赶溶质所需时间为 t_c，溶质在 t_1+t_c 时间范围内不能流出时，第二种流动相追赶上溶质区带所需迁移的距离等于溶质在柱内已经迁移的总路程，即

$$\int_{t_1}^{t_1+t_\mathrm{c}} u_{\mathrm{eo}}\,\mathrm{d}t = \frac{u_{\mathrm{eo}1}t_1}{1+k_1'} + \int_{t_1}^{t_1+t_\mathrm{c}} \frac{u_{\mathrm{eo}}}{1+k_1'}\mathrm{d}t \qquad (6\text{-}12)$$

进一步整理有

$$\int_{t_1}^{t_1+t_c} u_{eo}\mathrm{d}t = \frac{u_{eo1}t_1}{k_1'}$$ (6-13)

式（6-13）说明溶质此时在柱内迁移的总路程与第二种流动相的性质无关。式（6-13）也可以进一步改写成

$$t_c = t^* \ln\left(1 + \frac{t_1}{k_1't^*}\right)$$ (6-14)

3. 溶质在第二种流动相中的迁移

第二种流动相追赶上溶质区带后，溶质将在其中完成最后的输运过程。由式（6-13），溶质在色谱柱内尚需完成的迁移距离为 $L - u_{eo1}t_1/k_1'$。当第二种流动相全部充满色谱柱时，没有流出的溶质在柱内的位置为

$$l_2 = \frac{u_{eo1}t_1}{k_1'} + \int_{t_1+t_c}^{t_1+t_f} \frac{u_{eo}}{1+k_2'}\mathrm{d}t$$ (6-15)

此后，溶质的迁移速度将变为

$$u = \frac{u_{eo2}}{1+k_2'}$$ (6-16)

剩余溶质将全部在此条件下被冲洗出色谱柱，结合式（6-15）、（6-16），对应的溶质保留时间

$$t_m = t_1 + t_f + t^*\frac{u_{eo1}}{u_{eo2}}\left[\frac{(1+k_2')L}{u_{eo1}t^*} - \frac{(1+k_2')t_1}{k_1't^*} - \exp(t_f/t^*) + \exp(t_c/t^*)\right]$$ (6-17)

如果两种流动相之间转换所需时间为 t_d，则根据式（6-8）、（6-11）和式（6-17），可以得到在梯度条件下不同区段流出溶质的保留时间计算公式

（1）$t_m < t_1$

$$t_R = t_{01}(1+k_1')$$ (6-18)

（2）$t_1 < t_m < t_1 + t_c$

$$t_m = t_1 + t_d + t_{02}/(1-t_{02}/t_{01})\ln[(t_{01}+k_1't_{01}-t_1)(1-t_{02}/t_{01})/t_{02}+1]$$ (6-19)

（3）$t_1 + t_f < t_m$

$$t_m = t_1 + t_f + t_d - t^* + (1+k_2')t_{02} + \frac{t_{02}(k_1't^* - k_2't_1)}{t_{01}k_1'}$$ (6-20)

根据式（6-18）～式（6-20），可以计算在不同阶段流出溶质的保留时间。

§6.1.3　对迁移时间的实验说明

我们[5]以12种胺类化合物为样品，分别在等度和二元台阶梯度模式下进行研究。在60％甲醇流动相中所有组分可以达到基线分离，总分析时间约115min。在80％乙腈条件下，尽管总的分析时间只有约17min，但是有一些组分不能完全分开。

图6-1为采用二元台阶梯度得到的试验结果。由等度洗脱的实验数据可以得到 $t_{01}=8.00\text{min}$；$t_{02}=3.50\text{min}$。分别采用式（6-5）和式（6-6）计算也可以得到 $t^*=6.22\text{min}$；$t_f=5.14\text{min}$。进一步根据式（6-14）计算每一种溶质在两种流动相体系中的容量因子，结果在表6-1中给出。

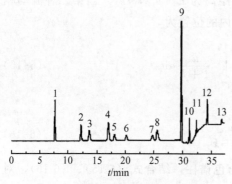

图 6-1　二元台阶梯度毛细管电色谱
分离 12 种胺类化合物

色谱峰：1. 硫脲；2. 苯胺；3. 苯酚；
4. 苯乙醇；5. 氰苯；6. 苯乙酮；7. 苯丙醇；
8. 硝基苯；9. 苯；10. 甲苯；
11. 乙苯；12. 丙苯；13. 丁苯

表 6-1　溶质在不同流动相中的容量因子

溶　质	容量因子		t_c/min
	60％甲醇	80％乙腈	
苯胺	0.67	0.26	11.80
苯酚	0.75	0.34	11.16
苯乙醇	1.18	0.47	8.91
氰苯	1.32	0.52	8.41
苯乙酮	1.59	0.63	7.55
苯丙醇	2.16	0.80	6.29
硝基苯	2.27	1.29	6.09
苯	3.12	1.35	4.94
甲苯	3.69	1.75	4.38
乙苯	7.24	2.17	2.61
丙苯	10.47	2.52	1.91
丁苯	12.88	3.43	1.59

由于在流动相转换系统中进行流动相切换需要一定的时间，这里 $t_d=0.17\text{min}$，在表6-1中已经对有关溶质的保留时间作了相应的修正。在转换之前流出的5种溶质的保留时间可以按照式（6-9）计算，组分6和7在第二种流动相完全充满色谱柱之前流出，因此可以根据式（6-12）计算，而剩余的组分皆在第二种流动相体系下流出，因此必须采用式（6-17）计算。计算结果在表6-2中给出，计算值和试验值的相对误差小于5％，因此理论表达式可以说明中性溶质在毛细管电色谱二元二台阶梯度洗脱中的输运规律。

根据式（6-17）可以进一步说明强保留溶质的输运特征。由于在第二种流动相中电渗流速度较快，溶质的容量因子相对较小，因此，加大电渗流速度可以使

表 6-2 二元二台阶梯度电色谱中溶质保留时间的预测

溶　质	$t_m(\exp)$	$t_m(\mathrm{cal})$	相对误差/%
苯胺	12.53	12.58	-0.40
苯酚	14.00	14.05	-0.36
苯乙醇	17.75	17.52	1.30
氰苯	18.62	18.69	-0.38
苯乙酮	20.76	20.84	-0.39
苯丙醇	25.23	25.28	-0.20
硝基苯	25.87	26.24	-1.43
苯	29.00	29.93	-3.21
甲苯	29.54	30.93	-4.71
乙苯	31.44	31.93	-1.56
丙苯	32.61	32.93	-0.98
丁苯	34.60	33.93	1.94

总的分析时间缩短。式（6-17）也可以用于第二种流动相的选择，第二台阶对于溶质的保留影响很大，随着溶质在第二种流动相中容量因子的增加，总分析时间相应增加。图 6-2 中给出了第二种流动相中电渗流速度对总分析时间影响的理论计算结果。

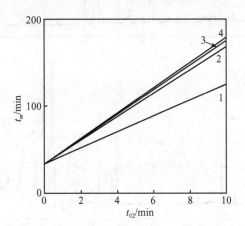

图 6-2　第二种流动相的电渗流速度对总分析时间的影响

(1) $k_1'=20$, $k_2'=10$, $t_{01}=10$, $t_1=30$；(2) $k_1'=20$, $k_2'=15$, $t_{01}=10$, $t_1=30$；

(3) $k_1'=30$, $k_2'=15$, $t_{01}=10$, $t_1=30$；(4) $k_1'=20$, $k_2'=10$, $t_{01}=12$, $t_1=30$

§6.2　三元台阶梯度毛细管电色谱中溶质的输运特征

多台阶梯度洗脱是液相色谱中改善分离选择性和调整分析时间的常用手段，在毛细管电色谱中进行台阶梯度洗脱不如液相色谱方便。台阶梯度的实现可以采用多种方法，包括机械台阶梯度、电开关台阶梯度、采用混合器的台阶梯度等，每种方法各有特点，效果也不尽相同。

三元台阶梯度实际上相当于两个二元台阶梯度的结合，因此通常可以得到更好的分离效果。Lurie 等[6]在 pH 2.5 的流动相体系中采用毛细管电色谱台阶梯度洗脱的方式实现了酸性、碱性和中性药物的同时分离，但由于在该条件下柱系统产生的电渗流速度较低，分析时间较长。图 6-3 中给出了 Ding 等[4]采用等度和三元台阶梯度进行 DNA 片断分析的实际谱图，可以看出分离效果得到明显改善。对于二元台阶梯度的情况，我们已经作了较为详细的探讨。更一般地，也可以采用类似的方法研究三元台阶条件下电色谱分离中溶质的输运特征。

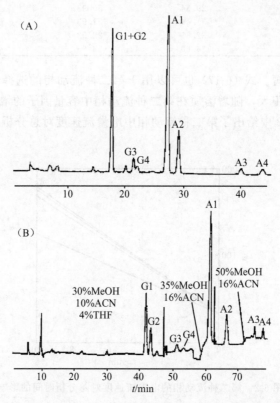

图 6-3　DNA 片段的等度和三元台阶梯度毛细管电色谱分离对比
（A）等度分离：29％ 乙腈＋6mmol/L 乙酸缓冲液；（B）三元台阶梯度分离

§6.2.1　总电渗流速率的变化

梯度洗脱的目的一方面为了使分析时间缩短，另一方面通过流动相组成的改变使分离选择性得到改善。从实用的角度讲，每一个台阶的长度常大于流动相置换所需要的时间，即在色谱柱中最多只有两种流动相同时存在。此时，三元台阶梯度中溶质的输运特征为两个独立的二元梯度洗脱模式的加和，很容易通过式

（6-18）～式（6-20）进行研究。

电色谱过程中，一种流动相在色谱柱中全部置换另一种流动相需要一定的时间，为了不失一般性，这里考虑第二种流动相的施加时间较短，以至于在其没有完全充满色谱柱时，第三种流动相即被引入的情况。电色谱柱中同时有三种流动相存在，因此总的电渗流速率受到三种流动相的综合影响。

由我们前面的工作，第一种流动相运行 t_1 时间后，切换成第二种流动相，再经 t_2 时间切换成第三种流动相。对照式（6-4），t_2 时刻第二种流动相前缘在色谱柱中的位置为

$$l_2 = u_{eo1} t_1^* (\exp(t_2/t_1^*) - 1) \tag{6-21}$$

此时，第一种流动相在色谱柱中尚占据的长度为 $L - l_2$。根据不同种类流体在管路输运过程中阻力分配的原则，经时间 t 第三种流动相在色谱柱中占据的长度为 l 时，总电渗流速率可表示为

$$u_{eo} = l/L \cdot u_{eo3} + l_2/L \cdot u_{eo2} + (L - l_2 - l)/L \cdot u_{eo1} \tag{6-22}$$

求解式（6-22）可以得到

$$l = u_{eo1} t_2^* \exp\left(\frac{t_2}{t_1^*}\right) \left(\exp\left(\frac{t}{t_2^*}\right) - 1\right) \tag{6-23}$$

$$u_{eo} = u_{eo1} \exp\left(\frac{t_2}{t_1^*} + \frac{t}{t_2^*}\right) \tag{6-24}$$

式中：$t_2^* = L/(u_{eo3} - u_{eo1}) = t_{03}/(1 - t_{03}/t_{01})$。这里，$t^*$ 相当于两种流动相同时在色谱柱中存在的折合死时间。

当 $l = L - l_2$ 时，色谱柱中的第一种流动相将被全部赶出，所需的时间为

$$t_{f1} = t_2^* \ln\left[\frac{t_{01} + t_1^* + (t_2^* - t_1^*)\exp(t_2/t_1^*)}{t_2^*}\right] - \frac{t_2^*}{t_1^*} t_2 \tag{6-25}$$

第一种流动相在色谱柱中输运所经历的总时间为 $t_1 + t_2 + t_{f1}$，此后色谱柱中将只剩下第二和第三种流动相，式（6-24）可简写成

$$u_{eo} = (u_{eo3} - L/t_3^*) \exp\left(\frac{t}{t_3^*}\right) \tag{6-26}$$

式中：$t_3^* = L/(u_{eo3} - u_{eo2}) = t_{03}/(1 - t_{03}/t_{02})$。

同理，进一步将第二种流动相全部赶出色谱柱所用的时间

$$t_{f2} = t_3^* \ln\left[\frac{u_{eo1} t_1^*}{u_{eo3} t_3^* - L}(\exp(t_2/t_1^*) - 1) + \exp(t_{f1}/t_1^*)\right] \tag{6-27}$$

根据式（6-23）～（6-27）也可以探讨在不同区段流出的组分保留时间所遵循的规律。

由于多种流动相对色谱柱中流体输运的综合影响，尤其是第二种流动相施加时间的不同，将会对总电渗流变化带来较大影响。图 6-4 中给出了在三种流动相中电渗流速率不变的情况下，第二种流动相施加时间对总电渗流变化趋势

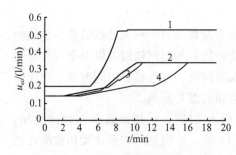

图 6-4　第二种流动相施加时间
对总电渗流的影响

的影响，表 6-3 为图 6-4 对应的实验条件[7]。

t_{f1} 和 t_{f2} 分别表示第一种流动相和第二种流动相被全部赶出色谱柱所需的时间，与表 6-3 中试验 1～3 对应的 t_{f1} 分别为 2.46，0.84 和 −1.21min，而 t_{f2} 分别为 1.55，3.01 和 5.07min。$t_{f1}<0$ 说明不可能有三种流动相同时在色谱柱中存在的情况。

表 6-3　图 6-4 对应的实验条件及计算结果

实　验	t_1/min	t_2/min	t_{01}/min	t_{02}/min	t_{03}/min	l_2/L
1	2	3	7	5	3	0.46
2	3	5	7	5	3	0.82
3	4	7	7	5	3	1
4	5	2.7	5.01	1.94	1.90	0.84

由图 6-4 中可以看出，在实验 1 与 2 中，有三种流动相同时在色谱柱中存在的区段，因此，整个电渗流变化曲线可以分成五个部分：

（1）色谱柱中只有第一种流动相；

（2）第一种流动相和第二种流动相同时存在；

（3）第一种流动相、第二种流动相和第三种流动相同时存在；

（4）第二种流动相和第三种流动相同时存在；

（5）只有第三种流动相存在。

在实验 3 中由于 t_2 较长，已不可能出现三种流动相同时在色谱柱中起作用的情况，图 6-4 中曲线中间阶段的平台部分表示只有第二种流动相存在的情况，即在第三种流动相引入色谱柱之前第一种流动相已全部从色谱柱中流出。第二种流动相的施加时间为 3min，其占有色谱柱长度的分数为 0.46，而施加时间达 5min 时，其占有长度为 0.82。当施加时间为 5.8min 时，第二种流动相刚好把第一种流动相全部赶出。由 l_2 的表达式也可以清楚地看到，第二种流动相在整个色谱柱中的占有长度与其施加时间之间并非简单的线性关系。

图 6-4 中，曲线上升部分的斜率与两种流动相的电渗流速率有关，两种流动相的电渗流速率相差越大，曲线上升速率越快。三种流动相同时作用与两种流动相作用时曲线的上升速率变化不很明显，且上升阶段接近于线性，这是由于第一种流动相与第二种流动相的电渗流速率差与第二种流动相和第三种流动相的电渗流速率差选取相近所致。由实验 4 的结果可以看到，不同流动相中的电渗流速率差别较大时，可以非常明显地区分总电渗流变化的不同阶段，且曲线上升呈近似

指数的形式。

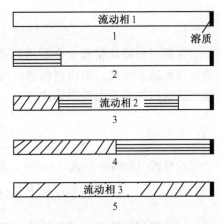

图 6-5 三元台阶梯度洗脱过程中溶质
流出时流动相在色谱柱内的可能分布

§6.2.2 在不同区段流出溶质的保留时间

溶质在不同性质流动相中运行时，容量因子也相应地有所改变，这是通过梯度洗脱改变分离选择性的基础。当组分容量因子的差别较大时，可能在运行过程中的任意时刻皆有溶质流出。图 6-5 中给出了三元台阶梯度洗脱过程中溶质流出时，流动相在色谱柱内的可能分布情况[8]。显然，这五种情况分别对应于图 6-5 中的五个部分。

1. 第一种情况下流出溶质的保留时间

在图 6-5 中 1 的情况下，运行时间小于 t_1，色谱柱全部被第一种流动相充满。在此时间段流出的溶质保留时间符合单独采用第一种流动相进行等度运行时的特征

$$u = \frac{u_{\mathrm{eo1}}}{1 + k_1'} \tag{6-7}$$

式中：u_{eo1}、k_1' 分别为第一种流动相中的电渗流速度和溶质的容量因子。类似地，在下面的讨论中，下角标代表流动相的种类。

2. 第二种情况下流出溶质的保留时间

在图 6-5 中 2 的情况下，运行时间已经超过 t_1，第二种流动相被引入到色谱柱中。一部分溶质的保留时间在 $t_1 + t_2$ 时间段内，即在溶质流出色谱柱时，第二种流动相尚未赶上溶质谱带。对应于这部分溶质的保留时间可以采用二元梯度时讨论过的相应公式计算

$$t_m = t_1 + t_d + t_{02}/(1 - t_{02}/t_{01})\ln\left[(t_{01} + k_1't_{01} - t_1)(1 - t_{02}/t_{01})/t_{02} + 1\right]$$
$$\tag{6-19}$$

3. 第三种情况下流出溶质的保留时间

如果溶质在第二种情况下仍不能流出，如图 6-5 中 3 所示，随着第三种流动相的引入，三种流动相同时对总电渗流起作用，一部分仍留在第一种流动相中的溶质，将随第一种流动相一起流出。

在第一种流动相中不能流出的组分，经 t_1 时间在色谱柱内迁移的距离为

$$l_{q1} = \frac{u_{\mathrm{eo1}} t_1}{1 + k_1'} \tag{6-9}$$

再经过 t_2 时间的运行，第三种流动相引入色谱柱时溶质谱带所处的位置

$$l_{q2} = l_{q1} + \frac{u_{eo1}t_1^*}{1+k_1'}\left[\exp\left(\frac{t_2}{t_1^*}\right)-1\right] \tag{6-28}$$

在第一种流动相被完全赶出色谱柱之前，溶质的进一步迁移将以式（6-22）的电渗流速率完成。溶质在色谱柱内尚未走完的路程为 $L-l_{q2}$，而其迁移出色谱柱所需时间满足下面的表达式

$$L-l_{q2} = \int_0^{t_{m1}} \frac{u_{eo}}{1+k_1'}dt \tag{6-29}$$

结合式（6-24）和式（6-29），整理后可以得到

$$t_{m1} = t_2^*\ln\left[\frac{(L-l_{q2})(1+k_1')}{u_{eo1}t_2^*}\exp\left(-\frac{t_2}{t_1^*}\right)+1\right] \tag{6-30}$$

再注意到两种流动相的转换时间，在此区段流出的组分的保留时间

$$t_m = 2t_d + t_1 + t_2 + t_{m1} \tag{6-31}$$

4. 第四种情况下流出溶质的保留时间

第三种情况下仍不能流出的溶质，被第二种流动相赶上所需的时间为

$$\int_0^{t_{c2}} u_{eo}dt = \int_0^{t_{c2}} \frac{u_{eo}}{1+k_1'}dt + l_{q1} \tag{6-32}$$

进一步有

$$t_{c2} = t_2^*\ln\left[\frac{l_{q2}(1+k_1')}{u_{eo1}t_2^*k_1'}\exp(-t_2/t_1^*)+1\right] \tag{6-33}$$

此时溶质谱带在色谱柱内的位置

$$l_{c2} = \frac{l_{q2}(1+k_1')}{k_1'} \tag{6-34}$$

溶质进入第二种流动相中，至第二种流动相前缘到达色谱柱柱尾时其在色谱柱内的位置

$$l_{f2} = \int_{t_{c2}}^{t_{f2}} \frac{u_{eo}}{1+k_2'}dt + l_{c2} \tag{6-35}$$

在 t_{f2} 以后，又有一部分组分随第二种流动相流出，保留时间满足

$$\int_0^{t_m-t_1-t_2-t_{f2}} \frac{(u_{eo3}-L/t_3^*)}{1+k_2'}\exp\left(\frac{t}{t_3^*}\right)dt = L-l_{c2} \tag{6-36}$$

求解式（6-36），并结合流动相转换时间有

$$t_m = 2t_d + t_1 + t_2 + t_{f2} + t_3^*\ln\left[\frac{(L-l_{f2})(1+k_2')}{u_{eo2}t_3^*-l_0}+1\right] \tag{6-37}$$

5. 第五种情况下流出溶质的保留时间

第二种流动相全部流出色谱柱时，仍有一部分溶质不能流出，第二种流动相

扫过溶质所需时间

$$\int_{t_{c1}}^{t_{c2}} u_{eo} dt - \int_{t_{c1}}^{t_{c2}} \frac{u_{eo}}{1+k'_2} dt = l_2 \qquad (6-38)$$

因此

$$t_{c2} = t_3^* \ln\left\{ \frac{l_2(1+k'_2)}{u_{eo2} t_3^* k'_2} - \frac{u_{eo1} t_2^*}{u_{eo2} t_3^*} \exp(t_2/t_1^*) \left[\exp(t_{f1}/t_2^*) \right. \right.$$
$$\left. \left. - \exp(t_{c1}/t_2^*) \right] + \exp(t_{f1}/t_3^*) \right\} \qquad (6-39)$$

溶质的位置

$$l_{q2} = \frac{l_2(1+k'_2)}{k'_2} \qquad (6-40)$$

此后，第三种流动相全部充满色谱柱，溶质在其中的迁移速率

$$u_{eo} = \frac{u_{eo3}}{1+k'_3} \qquad (6-41)$$

而完成最后迁移的总保留时间

$$t_m = 2t_d + \frac{L-l_{q3}}{u_{eo3}}(1+k'_3) + t_1 + t_2 + t_{c2} \qquad (6-42)$$

根据式（6-7）、（6-19）、（6-31）、（6-37）和式（6-42），可以预测三台阶梯度洗脱情况下，任意时间段流出组分的保留时间。显然，当第二种流动相全部充满色谱柱后再引入第三种流动相的情况可以作为特例进行研究，并可将整个电色谱分离过程分解为两个二台阶的情况加以处理。表 6-4 中给出了一组反相电色谱体系中对 13 种芳香族化合物进行三元梯度分离的实验及预测结果。图 6-6 为表6-4 对应的实际色谱图，其中已经将基线的波动扣除。

表 6-4　对 13 种芳香族化合物容量因子的实验及预测结果

化合物	k'_1	k'_2	k'_3	t_m(exp)	t_m(cal)	相对误差/%
苯胺	0.21	0.24	0.16	6.05	5.85	-3.3
苯甲醇	0.33	0.24	0.16	6.64	6.62	-0.30
苯乙酮	0.46	0.40	0.27	7.48	7.52	0.53
硝基苯	0.61	0.47	0.27	8.21	8.22	0.12
异丙苯	0.73	0.60	0.37	8.69	8.62	-0.81
苯	0.95	0.70	0.43	9.53	9.28	-2.6
苯乙醚	1.10	0.81	0.49	10.00	9.96	-0.4
氯苯	1.39	0.99	0.57	11.00	10.77	-2.1
溴苯	1.60	1.11	0.64	11.41	11.36	-0.44
甲苯	2.17	1.35	0.75	12.08	11.96	-0.99
对二甲苯	2.48	1.47	0.82	12.35	12.24	-0.89
丙苯	3.36	1.94	1.02	12.91	12.77	-1.1
1，2，4，5-四甲基苯	5.90	2.66	1.38	13.67	13.52	-1.1

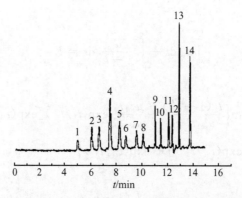

图 6-6　13 种芳香族化合物三元台阶梯度反相电色谱分离谱图

色谱峰：1. 硫脲；2. 苯胺；3. 苯甲醇；4. 苯乙酮；5. 硝基苯；6. 异丙苯；7. 苯；
8. 苯乙醚；9. 氯苯；10. 溴苯；11. 甲苯；12. 对二甲苯；13. 丙苯；14.1，2，4，5-四甲基苯

§6.2.3　流动相变化的表观特征

图 6-7 为我们实际进行三台阶梯度冲洗情况下得到的基线随时间的变化。首先采用第一种流动相（80％甲醇）冲洗 7min，切换成第二种流动相（80％乙腈），进一步在 10.3min 时切换成第三种流动相（90％乙腈）。由于流动相组成不同，对紫外线的吸收存在差异，使基线产生较大的波动，此外，在流动相切换过程中也会产生基线的小的波动，因此我们有可能通过这种实测基线的变化规律，研究不同流动相在色谱柱内的真实停留时间。

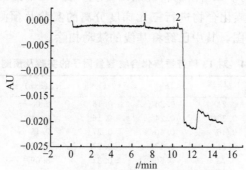

图 6-7　三元台阶梯度电色谱的基线变化

1，2 分别为流动相切换引起的波动

三种流动相单独使用时测得的死时间分别为 5.01，1.94 和 1.90，注意到在流动相切换过程中有约 0.3min 的滞后时间，因此 $t_2=2.7$，计算得到 t_{f1} 和 t_{f2} 分别为 0.32 和 1.64，实验条件下有三种流动相同时在色谱柱中存在的情况，由图 6-7 的实际基线变化得到的 t_{f1} 和 t_{f2} 分别约为 0.5 和 1.8，理论结果与实验值较好相符。

图 6-7 中，第一个小峰代表第一种流动相切换成第二种流动相引起的基线波

动，第二个小峰代表第二种流动相切换成第三种流动相引起的基线波动。由于第三种流动相引入时色谱柱中仍有第一种流动相残留，因此至第三种流动相引入体系，基线仍没有大的波动，由第二个小峰到流动相紫外吸收值急剧下降的时间实际上为三种流动相在色谱柱内共存的时间，这段时间等于 t_{fl}。曲线的谷部长度代表了第二种流动相进一步在色谱柱内停留的时间。此后，第三种流动相开始从柱头流出，基线开始上升。图 6-7 的最后阶段代表了由第三种流动相产生的基线。

在流动相切换过程中，基线急剧波动的现象也说明流动相在色谱柱内几乎不存在混返现象，因此采用阻力分配的原理进行总电渗流预测是合理的。

§6.3　线性梯度毛细管电色谱中溶质的输运特征

毛细管电色谱作为一种快速成熟的微分离技术，在仪器发展上还趋于完善。台阶梯度较易于在一般的电色谱装置上实现，但是较连续梯度的实用性差；加压电色谱可以便利地完成毛细管电色谱的梯度洗脱程序，但是通常会使得由电渗流驱动而产生的高柱效有所损失。

线性梯度是一种较为理想的梯度形式，通过连续改变流动相的组成使具有不同分子结构溶质的分离选择性得到改善。线性梯度的实现可以采用多种方法，其主要目的都是使得流动相组成连续变化，而且尽可能地不影响到分离柱效。采用线性混合器的方法进行线性梯度电色谱由 Tsuda[9] 和 Sepaniak 等[10] 完成，这种方法操作比较繁琐。Huber 等[11] 最先采用更为便捷的流动注射方法进行毛细管电色谱线性梯度研究。双电源系统[12~14]、加压系统[15] 等方法也被用于电色谱线性梯度洗脱。Kahle[16,17] 发展了一种自动微梯度系统，具有非常好的重现性，可以实现连续线性梯度，图 6-8 是他们采用这种方法对五种烷基苯样品的分析结

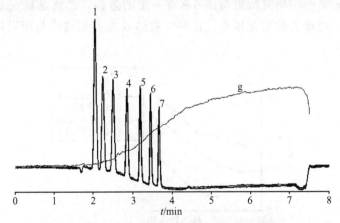

图 6-8　线性梯度电色谱对烷基苯的分离

色谱峰：1. 乙苯；2. 丙苯；3. 丁苯；4. 戊苯；5. 己苯；6. 庚苯；7. 辛苯；g 为梯度曲线

色谱柱：连续床层色谱柱；流动相梯度：30%～70%＋ACN-5～7.5mmol/L Tris；场强：670V/cm

果。这里我们不考虑具体样品的分离问题，只针对线性梯度电色谱中溶质的输运特征加以系统研究，以说明其内在的规律性。

§6.3.1　有机调节剂连续梯度电色谱中溶质的输运

　　流动相中有机调节剂浓度的变化可以对系统中多种参数产生影响。随着有机调节剂的浓度改变，流动相黏度、介电常数等将产生相应的变化，进一步影响到电渗流速度和带电溶质的电泳迁移速度。由表 6-5 中给出的常用有机调节剂浓度与流动相黏度的关系，可以看出两者之间的关系并非单调，也说明了这种影响的复杂性。

表 6-5　25℃ 时流动相黏度与组成的关系

有机溶剂体积分数/%	η_{25}/cP		
	甲醇	乙腈	四氢呋喃
0	0.89	0.89	0.89
10	1.18	1.01	1.06
20	1.40	0.98	1.22
30	1.56	0.98	1.34
40	1.62	0.89	1.38
50	1.62	0.82	1.43
60	1.54	0.72	1.21
70	1.36	0.59	1.04
80	1.12	0.52	0.85
90	0.84	0.46	0.75
100	0.56	0.35	0.46

1. 有机调节剂浓度变化对电渗流速度的影响

　　有机调节剂浓度的改变不仅可以改变流动相的性质，也会影响到双电层的特征。根据第一章的讨论，电渗流的大小依赖于流体的性质和毛细管壁的特征，黏度和双电层厚度是决定电渗流速度的两个重要参量，因此有机调节剂浓度的变化将会对电渗流速度产生较大的影响。

　　图 6-9 中给出了 Moffatt 等[18]在不同有机调节剂配比条件下得到的电渗流随有机调节剂浓度变化的试验结果，在我们[19]的研究中得到的两者关系曲线与此类似。Lister 等[20]的研究结果与图 6-9 有一定的差别，乙腈含量在 20%～70% 之间变化时，电渗流的变化很小。这些实验结果的差别或许与所采用的柱系统有关。

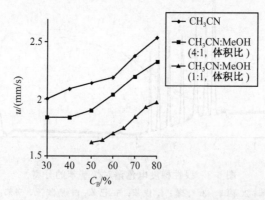

图 6-9　运行缓冲溶液中有机调节剂浓度对流动相线速度的影响

由图 6-9，如果缓冲溶液中有机调节剂的浓度变化范围不很大，为了便于理论处理，可以近似地认为随着流动相中有机调节剂浓度的增加流动相线速度呈线性增加，即

$$u_{eo} = a_{eo} + b_{eo}C_B \tag{6-43}$$

式中：a_{eo}、b_{eo} 为与有机调节剂浓度无关的常数。

2. 等电渗流连续梯度电色谱中溶质的输运

根据式（6-43），在一定范围内电渗流速度与有机调节剂浓度呈近似线性关系。如果对系统同时施加一种反向作用力，使得电渗流速度不变，则在这种系统中进行的线性梯度洗脱将与液相色谱中所遵循的规律基本一致。

Horvath 等[21]发展了一种双梯度系统，在对电色谱线性梯度洗脱的同时施加电压梯度，以调整流动相流速使其维持恒定。对于电压梯度的研究将在 §6.4 中讨论。

为了简化问题，这里假设开始运行时溶质全部集中在柱头，柱内充满组成为 C_0 的流动相。梯度洗脱过程中，给定的线性梯度程序为

$$C = a_0 t + C_0 \tag{6-44}$$

式中：a_0 为常数。

反相电色谱中，溶质的容量因子与流动相中有机调节剂浓度之间满足式（4-42）的关系。将其与式（6-44）结合有

$$\ln k' = a + b(a_0 t + C_0) \tag{6-45}$$

溶质从柱后流出时，满足

$$L = \int_0^{t_m} \frac{u_{eo}}{1 + k'} dt \tag{6-46}$$

将式（6-45）带入式（6-46）中，整理得

$$t_m = \frac{a}{a_0 b} + \frac{C_0}{a_0} - t_0 - \frac{1}{a_0 b}\ln[1 + \exp(-a - bC_0) - \exp(a_0 b t_0)] \tag{6-47}$$

已知梯度程序和溶质的保留值方程，可以通过式（6-47）预测溶质在线性梯度洗脱模式下的保留时间。

对溶质容量因子的实际预测过程中，必须在式（6-47）中加入对流动相滞后时间的修正。实现线性梯度的手段不同，滞后时间也存在较大差异。Lister 等[20]对比了开管柱中采用流动注射接口与不

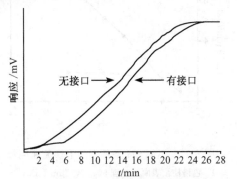

图 6-10　开管柱中采用流动注射接口与不采用流动注射接口的连续梯度曲线对比

梯度:乙腈 - 水(50 ∶ 50)到 (100 ∶ 0) / 20min,

流速:200μL /min. 电压:15kV

采用流动注射接口的连续梯度曲线，结果如图 6-10 所示。可以看出随着滞留体积的增加，梯度曲线有不容忽视的明显滞后。

3. 变电渗流连续梯度电色谱中溶质的输运

在更多的情况下，不采用双梯度的方法，因此随着流动相中有机调节剂浓度的变化，电渗流速度不断变化。将式（6-43）、式（6-45）和式（6-46）结合有

$$L = \int_0^{t_m} \frac{a_{eo} + b_{eo}(a_0 t + C_0)}{1 + \exp[a + b(a_0 t + C_0)]} dt \tag{6-48}$$

进一步求解可得

$$L - u_{eo}(0) t_{m0} = \frac{b_{eo}}{b} \left\{ \int_0^{t_m} \ln[1 + k'(t)] dt - t_m \ln[1 + k'(t_m)] \right\} \tag{6-49}$$

式中：$u_{eo}(0)$ 为以初始有机调节剂浓度运行时的电渗流速度；t_{m0} 为与 $u_{eo}(0)$ 对应的溶质保留时间。

式（6-49）右边两项描述了电渗流变化对溶质保留时间的修正。由于式（6-49）较为复杂，不能够得到解析解，但是在已知各参数或其变化范围时，仍可以方便地采用数值计算的方法研究溶质的输运特征。

§6.3.2　线性 pH 梯度离子交换电色谱中蛋白质的输运特征

在离子交换电色谱中，带电溶质一方面根据其电泳淌度的不同进行分离，另一方面其与固定相的交换平衡对于分离选择性也有着重要的作用。与有机调节剂对溶质迁移的影响类似，pH 变化也具有综合影响的特征。

1. 几点线性假设

随着流动相 pH 的改变，固定相表面的带电性质也会发生相应的变化，因此可能导致双电层厚度的变化，宏观上表现为电渗流速度的改变。

Regnier 等[22] 分别在毛细管表面处理和不处理两种情况下测定电渗流速度随流动相 pH 的变化，结果在图 6-11 中给出。可以看到，如果 pH 的变化范围不很大，尤其是在中间阶段，电渗流速度几乎随 pH 线性变化。一般地，可以将这种线性关系写成

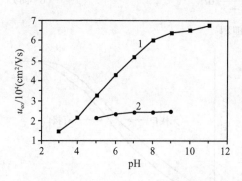

图 6-11　不同 pH 条件下的电渗流速度
1. 色谱柱：表面不处理 50cm×75μm I. D. ；
流动相：10mmol/L 磷酸；2. PAA 表面处理，
40μm(25μm 分离柱长)×75μm I. D. ，流动相：
100mmol/L NaCl＋10mmol/L 磷酸

$$u_{eo} = a_{eoph} + b_{eoph} pH \tag{6-50}$$

式中：a_{eoph}，b_{eoph} 为常数。

蛋白质的带电性质与 pH 的关系近于线性[23]，而其电泳速度与其电荷数呈线性关系，因此，对于一种特定的蛋白质，可以近似地采用线性关系描述其电泳迁移速率与 pH 的关系

$$u_{ep} = a_{epph}(pH - pI) \qquad (pH > pI)$$
$$u_{ep} = 0 \quad (pH \leqslant pI) \tag{6-51}$$

式中：a_{epph} 为常数。

蛋白质与固定相的作用也与其带电性质有关，为了理论处理的方便，同样假设两者之间满足线性关系，即

$$k = a_k(pH - pI) \qquad (pH > pI)$$
$$k = 0 \quad (pH \leqslant pI) \tag{6-52}$$

式中：a_k 为常数。

式（6-50）～式（6-52）的线性关系是为了理论处理的方便得到的，实际过程较这种关系可能复杂得多，因此，由这些线性关系得到的结论只能说明蛋白质输运的一般趋势。

2. 蛋白质的输运特征

除具有极端等电点的蛋白质在通常的 pH 梯度洗脱中会一直带有净电荷外，大多数蛋白质可以在适当的 pH 条件下变为 0 净电荷。如果不考虑蛋白质中性形态与离子交换固定相的作用，从净电荷变为 0 的位置开始，蛋白质将在电渗流的驱动下完成其在色谱柱内的输运过程。因此，线性梯度条件下蛋白质在离子交换电色谱中的输运可以分为两段进行研究。

考虑一特定的分离体系，毛细管中全部由缓冲溶液充满，样品集中在柱头附近的很窄区带中。运行梯度程序从 pH_0 开始，斜率为 b_{ph}。在时间 t，柱头处的 pH 为

$$pH = pH_0 + b_{ph}t \tag{6-53}$$

当 pH＝pI 时，

$$t_I = \frac{pI - pH_0}{b_{ph}} \tag{6-54}$$

流动相的电渗流速度随变 pH 运行缓冲溶液的进入将发生变化，同时因滞后现象存在，色谱柱内的 pH 梯度与在柱头施加的 pH 梯度也会有所不同，如果忽略这些影响，蛋白质在色谱柱内的迁移满足：

$$l = \int_0^t \frac{u_{eo}(t) + u_{ep}(t)}{1 + k(t)} dt \tag{6-55}$$

将式（6-50）～式（6-54）带入式（6-55）中有

$$l = \int_0^{t_I} \frac{u_{eo}(t) + u_{ep}(t)}{1 + k(t)} dt + \int_{t_I}^{t_m} u_{eo}(t) dt \quad (pI < pH) \tag{6-56}$$

$$l = \int_0^{t_m} \frac{u_{eo}(t) + u_{ep}(t)}{1 + k(t)} dt \quad (\text{pI} \geqslant \text{pH}) \tag{6-57}$$

式 (6-57) 的解为

$$t_m = \frac{2u_{eo0}}{b_{eoph}b_{ph}} \left[\sqrt{1 + 2\Delta/u_{eo0}^2} - 1 \right] \tag{6-58}$$

式中：$\Delta = b_{eoph}b_{ph} \left\{ u_{eo0}t_I + \frac{b_{eoph}b_{ph}}{2} t_I^2 - \frac{b_{eoph} + a_{epph}}{a_k} t_I + L \right.$

$$\left. + \left[\frac{u_{eo0} + u_{ep0}}{a_k b_{ph}} - \frac{b_{eoph} + a_{epph}}{a_k^2 b_{ph}} (1 + k_0) \right] \ln(1 + k_0) \right\};$$

下角标 0 对应于 pH$_0$ 的情况。

同理，由式 (6-57) 可以得到对应的溶质保留时间表达式。

尽管式 (6-58) 比较复杂，但是对于复杂的蛋白质组分离，可以根据线性 pH 程序、色谱柱系统的特征，了解特定蛋白质的输运特征，对于分离系统的优化具有一定的指导意义。

§6.4　电压梯度毛细管电色谱方法

毛细管电色谱方法一出现，就开始有采用电压梯度进行分离的研究。采用电压梯度一般只需要一台高压源和相应的控制计算机，不需要添加附加的设备就可以方便地完成相关的研究工作。有多个研究小组[24~27]采用基本相同的设备完成电压梯度研究，差别只是在于电压程序的不同或为了完成不同的样品分析目的。

对于含有不同极性和分子量组分的复杂样品的分离分析，有时需要加快强保留组分的流出速度，以缩短整体分析时间。液相色谱中通常采用梯度洗脱的方法，可是在电色谱中，正像前边讨论的，一方面实现梯度洗脱所要求的设备和条件较为复杂，另一方面，由于溶质输运过程的复杂性，也使得对于程序的控制较为困难。在基本不涉及改善分离选择性，而只求提高分离速度的情况下，电压梯度提供了一条方便、有效的途径。

§6.4.1　电压程序下的溶质保留时间

中性溶质在毛细管电色谱中的分离，其驱动力为电渗流。根据第一章的讨论，电压对电渗流的影响可以一般地写成

$$u_{eo} = \frac{\varepsilon_0 \varepsilon_r \zeta E}{\eta} \cdot \left[1 - \frac{2I_1(kr_0)}{kr_0 I_0(kr_0)} \right] \tag{1-43}$$

在系统中其他条件不变的情况下，随着电压的增加，电渗流速度呈正比例增加。更一般地，可以将上式改写成

$$u_{eo} = a_{eo}V \tag{6-59}$$

式中：a_{eo} 为只与系统有关而与电压无关的常数。

类似地，对于带电溶质，其电泳流速度也随着电压的增加而呈正比例增加。因此理论上，电压梯度与流动相梯度有着本质的差别。电压梯度更类似于在液相色谱中柱两端施加的压力梯度，但是由于反压的限制及机械系统的响应滞后，压力梯度显然不如电压梯度方便。

溶质的容量因子作为热力学参数，只和柱系统及溶质、流动相的性质有关，与电压的施加形式和大小无关。如果采用的电压程序为 $V(t)$，对于容量因子为 k'_i 的溶质，其流出时间可以表示为

$$\frac{L}{(a_{eo} + a_{ep})(1 + k'_i)} = \int_0^{t_{mi}} V(t)\,\mathrm{d}t \tag{6-60}$$

式中：a_{ep} 反映了带电溶质的电泳速度与施加电压的关系。

§6.4.2　电压程序对流出曲线的影响

采用电压梯度可以加快毛细管电色谱中强保留组分的迁移速度，同时电压的增加也可能会引起焦耳热效应增加，使得峰形变宽，电压与电流的线性关系发生变化。

为了说明电压对流出曲线的可能影响，尤慧艳[28]以 95％乙腈/5％ 1mmol/L MES 混合物为流动相，采用硫脲作为电渗流标记物，在不同电压下进行实验，得到图 6-12 的结果。张丽华等[29]也采用一根色谱柱分别在微柱液相色谱和电色谱的分离模式下进行研究，得到图 6-13 的结果。

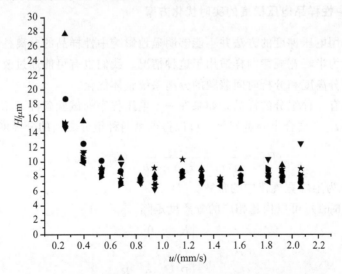

图 6-12　50cm 色谱柱上流动相线速度与柱效的关系

样品：由上至下分别为甲苯、乙苯、丙苯、丁苯、戊苯、己苯、庚苯、辛苯

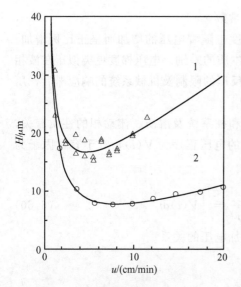

图 6-13　微柱液相色谱和毛细管
电色谱分离模式下的柱效对比
色谱柱: 52/27cm×75μm I.D.,
3μm Spherisorb-ODS
1. 微柱液相色谱: 乙苯; 2. 电色谱: 丙苯

由图 6-12 和图 6-13 可以看到, 毛细管电色谱的分离柱效高于液相色谱, 尤其是在毛细管电色谱模式中塔板高度随流动相流速的提高而增加的趋势比较缓慢。Euerby 等[27]也得到类似的结果。在一般的试验条件下, 电色谱流动相线速度已经接近最佳线速度。当电压达到一定之后, 随着流动相线速度改变时, 曲线趋于平缓, 即柱效几乎不变。因此采用电压程序改变流动相速度几乎不影响分离效率。这也意味着毛细管电色谱比微柱液相色谱更易于实现样品的快速分析。Lee 等[26]为了说明电压对分离的影响, 探讨了一组芳香族化合物在电压程序下的分离, 对于难分离物质对的分离度, 当电压从 15kV 上升到 40kV 时分离度由 1.85 到 1.90 再到 1.70, 变化只有 8%。电压增加太快可能会使峰形变差。Euerby 等[27]采用一个附加的电压梯度强制保留较强的溶质快速流出, 这种情况下必须小心控制才能避免非常陡的电压梯度使得峰形扭曲。

§6.4.3　中性样品电压梯度的实时优化方案

由于采用电压梯度的方法并不能够明显地影响中性样品的分离柱效, 因此可以近似地认为半峰宽规律同样适用于这种情况。我们也有可能通过改变电压程序的方法达到分离度和分析时间兼顾的分离系统整体优化。

对于含有 n 种组分的样品, 如果在一个电压程序的试验条件下第 i 种组分的保留时间为 t_{mi}, 结合半峰宽规律, 可以得到每两种组分之间的分离度

$$R_{ij} = \frac{t_{mj} - t_{mi}}{a(t_{mj} + t_{mi}) + 2b} \quad (t_{mj} > t_{mi}) \qquad (6\text{-}61)$$

式中: a, b 为半峰宽规律中的常数。

由式 (6-61) 可以构建相应的分离度矩阵

$$|A|_0 = \begin{vmatrix} R_{12} & 0 & 0 \\ \vdots & & \vdots \\ R_{1n} & \cdots & R_{n-1,n} \end{vmatrix} \qquad (6\text{-}62)$$

主对角线的数值是我们比较关心的两种邻近组分的分离度, 而其他值反映了

流出峰在整个谱图中的分布，R_{n1} 可以作为分析时间的度量。

在对于多维分离的研究中，我们[31]曾采用分离度矩阵的模评价整体分离效果。对于式（6-62）的分离度矩阵，如果限定最小分离度为 $R_{\min}$，从全局优化的角度考虑，保证流出峰均匀分布，且分析时间最短时，应满足的条件为

$$R_{i-1,i} \geqslant R_{\min} \tag{6-63}$$

$$Y = \min \sum_{i=2}^{n} R_{i-1,i} \tag{6-64}$$

$$Z = \max \prod_{i=2}^{n} R_{i-1,i} \tag{6-65}$$

也就是说，在保证最难分离物质对具有一定分离度的情况下，保证峰分布尽可能均匀的同时，总分离时间最短。

结合式（6-61）有

$$\frac{t_{mi} - t_{mi-1}}{a(t_{mi} + t_{mi-1}) + 2b} \geqslant R_{\min} \tag{6-66}$$

$$Y = \min \sum_{i=2}^{n} \frac{t_{mi} - t_{mi-1}}{a(t_m + t_{mi-1}) + 2b} \tag{6-67}$$

$$Z = \max \prod_{i=2}^{n} \frac{t_{mi} - t_{mi-1}}{a(t_m + t_{mi-1}) + 2b} \tag{6-68}$$

式（6-66）为条件，式（6-67）和式（6-68）为指标。这是一个泛函问题，对于设定的电压程序函数形式，可以通过计算机模拟的方法方便地得到优化方案。

注意到电压程序并不能够非常明显地影响中性样品的分离选择性，这里采用分段线性的设计方案进行讨论。设计对应于每一个组分流出的 n 段线性程序，第 i 段线性程序为

$$V_i(t) = a_{Vi}t + t_{mi-1} \tag{6-69}$$

将式（6-69）带入式（6-60）中有

$$\frac{L}{a_{eo}(1 + k_i')} = \frac{a_{Vi}t_{mi}^2}{2} + t_{mi} \sum_{j=1}^{i-1} a_{Vj}t_{mj} \tag{6-70}$$

这样我们将原泛函问题转换成为一个规划问题，式（6-70）与式（6-66）～（6-68）结合可以求得相应的最佳电压梯度程序及其对应的各组分流出时间。这里的电压梯度程序优化方案是建立在不考虑柱效变化的前提下，针对具体实际样品还需要作适当的调整。显然，这种优化方法同样可以用于加压电色谱中的压力程序梯度。

在实际分析过程中，一般不需要采用实时优化方案也可以得到较为理想的结果。Lee 等[26]设计了 S 型的电压梯度程序进行实际样品的分析，在保证分离度

几乎不变的条件下，由等度的 28min 分析时间减少到 18min。图 6-14 为他们得到的实际分离谱图。

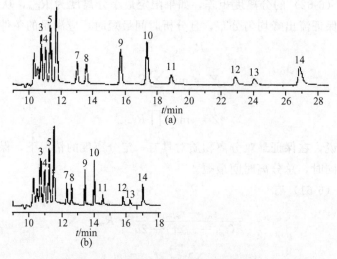

图 6-14　多环芳烃的电压梯度分离

(a) 不采用电压梯度，(b) 采用电压梯度

实验条件：35/43cm×50μm I.D 毛细管柱，装填 1.5μm 微孔 ODS1，230nm UV，运行电压 15kV

(b) 15kV，11min，后线性梯度 10kV/min 到 40kV，流动相：乙腈/50mmol/L Tris，pH 8.1 80：20，

色谱峰：1. 苊, 2. 芴, 3. 菲, 4. 蒽, 5. 荧蒽, 6. 芘, 7. 苯（a）菲; 8. 蘁;

9. 苯（b）苯骈蒽; 10. 苯（k）苯骈蒽; 11. 苯（a）骈芘; 12. 二苯骈（a, h）蒽;

13. 苯（g, h, i）骈芘; 14. 茚（1, 2, 3-cd）芘

　　采用流动相梯度淋洗时通常应考虑流动相组成的滞后问题，可是对于电压梯度可以忽略滞后问题，因此单纯为了加快分析速度的目的，电压梯度是最佳首选方法，其高精度、超便捷是其他分离模式或者通过改变流动相条件很难做到的。

　　由于柱压降的限制，采用压力驱动在普通填充柱上进行流速梯度洗脱不具有实际意义，并且柱效随流速的增加有较大损失。整体柱具有优异的渗透性，在较高的流速下仍能保持很高的柱效，既可以通过改变电压实现速度梯度，也能够通过改变压力降进行流速梯度分离。溶剂的洗脱能力随着有机组分含量的增加而发生变化，采用溶剂梯度洗脱可以使吸附能力差别较大的组分在合理的时间内流出。但在进行第二次同类实验时，需用初始流动相对色谱柱进行认真冲洗，以使其达到平衡，这无疑增加了实验时间。流速梯度在进行同类实验时无需柱平衡，节约了时间和溶剂。Schulte 等[30]采用分段流速梯度在 6min 内分离 9 种 β-blocking 药物，使流动相的流速成为优化分离的变量。尽管流速梯度较溶剂梯度具有较大优势，但有时需将两者结合起来，以在短时间内获得最佳的分离效果。Schulte 等[30]采用流速梯度与溶剂梯度相结合的方法在 5min 内分离了 6 种酚类化合物。

§6.4.4 电压梯度对分离选择性的影响

与加压电色谱中压力对带电样品选择性的调节类似，在电压程序电色谱中，溶质的分离选择性也会发生改变，但是其调节的程度和特征有所不同。

在最简单的情况下，电压先由 0 在很短的时间 τ 增加到一初定值 $V(0)$，然后采用单一电压线性程序升压，这样，总的电压程序可以表示为：

$$V = V(0)/\tau \cdot t, \quad t \leqslant \tau \tag{6-71}$$

$$V = a_V t + V(0), \quad t > \tau \tag{6-72}$$

式中：a_V 为电压增高的斜率。

将式（6-71）和式（6-72）带入式（6-60）中，组分 i 的保留时间可以表示为

$$\frac{a_V(t_{mi}^2 - \tau^2)}{2} + V(0)t_{mi} = b_i \tag{6-73}$$

式中：$b_i = L/(a_{eo} + a_{epi})(1 + k_i')$。进一步有，两种组分的出峰时间差

$$\Delta t_{mji} = \frac{\sqrt{V_0^2 + 2a_V(b_j + a_V \tau^2/2)} - \sqrt{V_0^2 + 2a_V(b_i + a_V \tau^2/2)}}{a_V} \tag{6-74}$$

如果 $\Delta t_{mji} = 0$，必须有 $b_i = b_j$，这说明采用电压梯度的分离模式不可能引起峰倒置。这一点与加压电色谱的分离模式不同，加压电色谱中综合了电色谱与液相色谱两种分离机理，而在电压梯度中，只有电色谱一种机理起作用，电压的改变只能使峰间距按一定的形式改变，Lee 等[25,26]的研究也证实了这一结论。

可以证明，当 $b_i < b_j$ 时，Δt_{mji} 为单调上升函数，即随着 a_V 的增加，峰间距加大，而当 $b_i > b_j$ 时，Δt_{mji} 为单调下降函数，即随着 a_V 的增加，峰间距逐渐减小。

参 考 文 献

1 张玉奎，王杰，张维冰译. 实用高效液相色谱方法建立. 北京：华文出版社，2001

2 Rimmer C A, Piraino S M, Dorsey J G. J. Chromatogr. A, 2000, 887：115

3 Euerby M R, Gilligan D, Johnson C M, Bartle K D. Analyst, 1997, 122：1087

4 Ding J, Szeliga J, Dipple A, Vouros P. J. Chromatogr. A, 1997, 781：327

5 Zhang W, Zhang L, Ping G, Zhang Y, Kettrup A. J. Chromatogr. A, 2001, 922：277

6 Lurie I S, Conver T S, Ford V L. Anal. Chem., 1998, 70：4563

7 张丽华，邹汉法，施维，张玉奎. 分析化学，1998, 26（6）：724

8 Zhang L, Zhang W, Ping G, Zhang Y, Kettrup A. Electrophoresis, 2002, 23（15）：2417

9 Tsuda T. Anal. Chem., 1992, 64：386

10 Sepaniak M J, Swaile D F, Powell A C. J. Chromatogr., 1989, 480：185

11　Huber C G, Choudhary G, Horvath Cs. Anal. Chem. , 1997, 69: 4429

12　Nakashima R, Kitagawa S, Yoshida T, Tsuda T. J. Chromatogr. A, 2004, 1044: 305

13　Eimer T, Unger K K, Tsuda T, Fresenius J. Anal. Chem. , 1995, 352 : 649

14　Behnk B e, Bayer E. J. Chromatogr. A, 1994, 680: 93

15　Yan C, Dadoo R, Zare R N, Anex D S. Anal. Chem. , 1996, 68: 2726

16　Kahle V, Vazlerova M, Welsch T. J. Chromatogr. A, 2003, 990: 3

17　Kahle V, Kostal V, Zeisbergerova M. J. Chromatogr. A, 2004, 1044 : 259

18　Moffatt F, Cooper P A, Jessop K M. J. Chromatogr. A, 1999, 855: 215

19　张凌怡, 张维冰, 张玉奎. 分析化学, 2004, 32 (5): 569

20　Lister A S, Rimmer C A, Dorsey J G. J. Chromatogr. A, 1998, 828 : 105

21　Choudhary G, Horvath Cs, Banks J F. J. Chromatogr. A, 1998, 828: 469

22　Zhang X, Regnier F E. J. Chromatogr. A, 2000, 869: 319

23　张玉奎. 现代生物样品分离分析方法. 北京: 科学出版社, 2003

24　Tsai P, Patel B, Lee C S. Anal. Chem. , 1993, 65: 1439

25　Tsai P, Patel B, Lee C S. Electrophoresis, 1994, 15: 1229

26　Xin B M, Lee M L. J. Microcol. Sep. , 1999, 4: 271

27　Euerby M R, Johnson C M, Cikalo M, Bartle K D. Chromatographia, 1998, 47: 135

28　尤慧艳. 中国科学院大连化学物理研究所博士论文. 大连, 2003

29　张丽华. 中国科学院大连化学物理研究所博士论文. 大连, 2000

30　Schulte M, Lubda D, Delp A, Dingenen J. J. High Resol. Chromatogr. , 2000, 23 (1): 100

31　张玉奎, 张维冰, 张丽华. 色谱, 2003, 21 (4): 299